엄마의 손맛, 바로 그 맛!

어릴 때
먹어본
바로 그 맛을 찾아
만들었습니다

▪▪ 내가 우리 어머니에게 음식 만들기를 배운 것이 엊그제 같은데 이제 나도 어머니가 되어 엄마의 그 맛을 대한민국의 딸들에게 전해주어야 할 때가 되었다고 생각했습니다. 더욱이 30여년 동안 우리 음식만을 연구하고 우리 음식 맛을 지키려고 애써 오면서 바로 우리 음식만큼 우리에게 잘 맞는 음식이 없고 과학적으로나 영양적으로 또한 맛으로도 세계 어느 나라 음식보다 우수한 음식이 우리 음식이라는 것을 알게 되었습니다.
고유의 바로 그 맛을 지키는 길은 각 가정의 딸들에게 그 맛을 제대로 전해주어 그 딸들이 결혼을 해서 가정을 이루면서 가정마다 우리 맛에 익숙해지게 하는 것이 좋겠다는 생각이 들었습니다. 그래서 우리가 자랄 때 먹어왔던 친근한 음식을 찾아 이 책을 꾸몄습니다.

▪▪ 이 책은 우리 입맛에 맞는 음식을 기본으로 하여 계절성이 있는 테마로 요리 구성을 하고, 밑 준비부터 완성 단계까지 상세하게 소개했습니다. 어려운 과정은 이해하기 쉽게 사진 설명을 넣었고요. 또한 한 가지 조리법이라도 여러 가지 재료를 다양하게 사용할 수 있음을 보여 주었습니다.

▪▪ 아무리 세월이 바뀌고 입맛이 변해도 우리가 일상으로 먹는 음식은 크게 변하지 않았습니다. 대한민국의 어느 가정에서나 매일 매끼 우리 밥상에 오르는 음식은 비슷비슷합니다. 그런 기본 음식 만들기를 배우는 것은 대한민국의 딸들이라면 필수과목입니다.
전통은 정체된 것이 아닙니다. 전통을 모체로 하고 새로운 시대의 감각을 살려내는 것이 우리 문화가 발전하는 길이라는 것을 나는 특히 음식을 통해 실감을 하게 됩니다. 그러한 뜻에서도 이 요리책이 독자들에게 도움이 되기를 바랍니다.

한 복 려

1

어려서 먹어본 바로 그 맛!

매일 반찬, 밑반찬

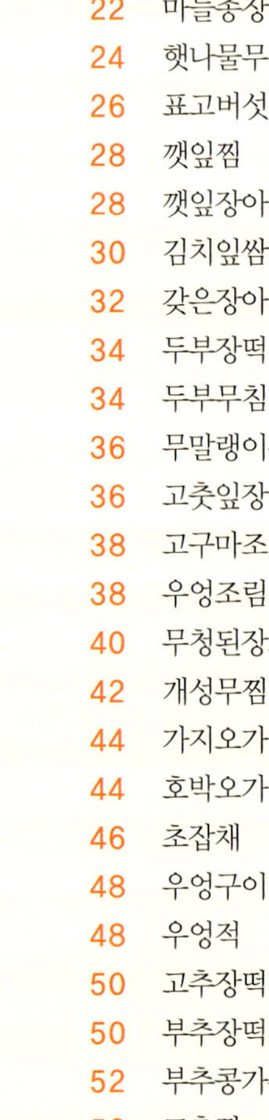

2
엄마의 비법!
국, 찌개, 전골

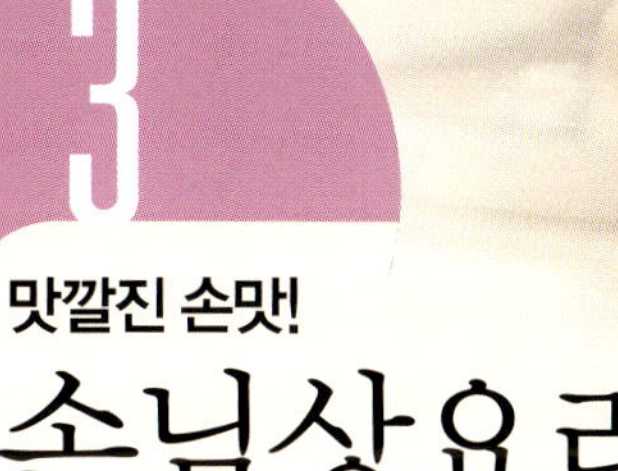

3
맛깔진 손맛!
손님상요리

5
전문가들도 배우고 싶어하는
장금이요리

4
먹으면 약이 되는
궁합 맞춘 요리

6

나만의 맛!
별미 맛김치

plus tip

알아두세요

우리 맛을 제대로 살리는 양념

음식을 만들 때 식품이 지닌 고유한 맛을 살리면서도 음식마다 특유한 맛을 내는데 여러 가지 재료가 사용된다. 이를 양념이라 하며 조미료와 향신료로 나눌 수 있다. 양념은 한문으로 약념(藥念)으로 표기하며 '먹어서 몸에 약처럼 이롭기를 염두에 둔다'는 뜻이다. 조미료는 기본의 맛인 짠맛 · 단맛 · 신맛 · 매운맛 · 쓴맛을 내는 것이며, 소금 · 간장 · 고추장 · 된장 · 식초 · 설탕 등이 있다.
향신료는 자체에 좋은 향이 있거나 매운맛 · 쓴맛 · 고소한 맛 등을 지니며 식품 자체가 지닌 냄새를 없애거나 감소시키고, 특유한 향기로 음식의 맛을 더욱 좋게 하는 역할을 한다.
향신료로 생강 · 겨자 · 후춧가루 · 참기름 · 깨소금 · 파 · 마늘 · 생강 · 천초 등이 쓰인다.

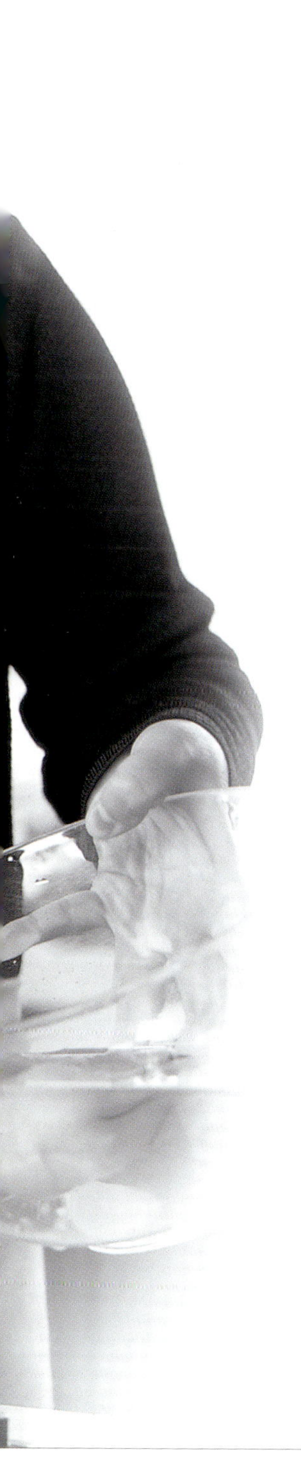

소금

우리가 느끼는 간은 음식에 따라 맛있게 느끼는 농도가 틀리는데, 맑은 국이면 1% 정도가 알맞고 맛이 진한 토장국이나 건지가 많은 찜이나 조림 등의 간은 좀 더 강해야 맛있게 느껴진다. 소금의 종류는 호렴과 재제염(再製鹽), 식탁염, 맛소금 등으로 나눌 수 있는데 호렴은 잡물이 많이 있어 쓴맛이 있고 김장이나 장을 담그는데 사용한다.

음식물의 조미에는 재제염을 사용한다. 소금의 짠맛은 신맛과 함께 있을 때는 신맛을 약하게 느끼게 하고, 단맛은 더욱 달게 느끼게 하는 맛의 상승작용이 있다. 그러므로 단맛의 과자나 정과 등을 만들 때는 설탕의 약 50% 내외가 적당하고, 젓갈류는 10~15%의 염도가 적당하다.

간장

음식에 따라 간장의 종류를 구별해서 써야 하는데, 국, 찌개, 나물 등에는 색이 옅은 국간장을 쓰고 조림이나 육류 양념은 진간장을 쓴다. 조리할 때 조미료로서만이 아니라, 초간장, 양념간장 등을 만드는 데도 쓰인다.

고추장

우리 고유의 간장, 된장과 함께 발효식품으로 세계에서 유일한 매운맛을 내는 복합 발효 조미료이다. 탄수화물의 가수분해로 생긴 단맛과 콩단백에서 오는 아미노산의 감칠맛, 고추의 매운맛, 소금의 짠맛이 잘 조화를 이룬 식품으로 조미료인 동시에 기호식품이다.

된장

조미료뿐만 아니라 단백질 급원 식품 역할까지도 한다. 된장은 주로 토장국과 된장찌개의 맛을 내는데 쓰이고, 상추쌈이나 호박쌈에 곁들이는 쌈장과 장떡의 재료가 된다.

설탕

고려시대부터 쓰여졌으나 민가에까지 널리 쓰이지는 않았으며, 1950년도까지는 정제가 덜 된 황설탕이 많이 쓰였다. 음식의 짠맛을 중화하거나 단맛을 조금 살리기 위해 설탕을 많이 사용하는데 요즘은 건강을 생각해서 설탕 대신 올리고당을 사용한다.

꿀

천연감미료로 인류가 이용한 감미료 중 가장 오래되었다. 단맛이 강하고 흡습성이 있어 음식의 건조도 막아준다. 꿀은 한자로 청(淸)으로 표기하는데 투명하고 품질이 좋은 꿀을 백청, 노란색의 꿀은 황청이라 한다.

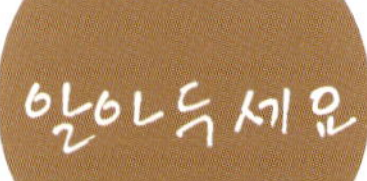

우리 맛을 제대로 살리는 양념

파

흰 부분은 다지거나 채 썰어 양념으로 쓰는 것이 적당하고, 파란 부분은 채 또는 크게 썰어 찌개나 국에 넣는다. 파의 매운맛을 내는 물질은 가열하면 향미 성분이 부드러워지고 단맛이 강해진다.

엿 · 조청

단맛을 내는데 엿과 조청이 쓰였으나 지금은 물엿을 많이 쓴다. 조청은 곡류를 엿기름으로 당화시켜 오래 고아 걸쭉하게 만든 묽은 엿으로 누런색이고 독특한 엿의 향이 남아 있다. 조청을 더 오래 고아서 되직한 것을 식히면 딱딱하게 굳는데, 이것이 엿이다.

식초

재래식 식초는 지금의 식초와는 전혀 다른 독특한 향이 있다. 전통음식은 대개 차가운 음식인 생채와 겨자채, 냉국 등에 넣어 신맛을 내는데 쓰인다. 녹색의 엽록소를 누렇게 변색시키므로 푸른색 나물이나 채소에는 먹기 직전에 무쳐야 한다.

겨자

갓의 씨앗을 빻아서 쓰는데 가루는 매운맛이 안 나므로 더운물로 개어서 따뜻한 곳에 두어 매운맛이 난 다음에 쓴다. 매운맛이 나면 식초, 설탕, 소금으로 간을 맞춰 사용한다.

기름

식물성 기름으로 참기름과 들기름이 주로 쓰인다. 궁중에서는 참깨로 만든 참기름이 음식에 두루 쓰였다. 그리고 나물 무칠 때와 약식이나 유밀과 만들 때도 쓰인다.

후춧가루

우리나라에는 원래 매운맛을 내는 '천초'라는 것이 있었으나 고추가 들어온 이후 천초의 사용 정도가 아주 적어졌다. 통후추는 육류를 삶거나 육수를 만들 때에 넣기도 하고 차를 다릴 때나 배숙 등 음료를 만들 때도 쓰인다.

깨소금

참깨를 잘 일어서 씻어 건져 번철에 볶아서 식기 전에 소금을 약간 넣고 절구에 반쯤 빻아서 양념으로 쓴다. 볶은 깨를 빻지 않고 통깨로 쓰기도 하고 깨를 속껍질까지 비벼서 벗긴 것을 실깨라고 하는데 색이 희고 곱다.

생강

생선이나 육류의 비린내와 누린내를 없애 주고 연화작용을 한다. 생선이나 육류 음식을 할 때에는 재료가 어느 정도 익은 후에 넣는 것이 효과적이다.

마늘

나물이나 김치 또는 양념장 등에는 곱게 다져서 쓰고, 동치미와 나박김치에는 채 썰거나 납작하게 썰어 넣는다. 연한 풋마늘은 푸른 잎까지 모두 채 썰어 양념으로도 쓰고 일반 채소처럼도 쓴다.

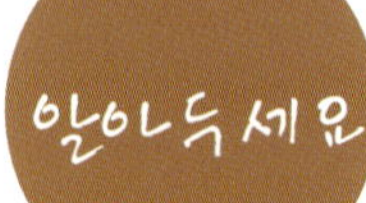

음식의 제 맛을 살려주는 천연조미료

건강에 대한 관심이 높아지면서 음식 맛을 내는 천연조미료를 집에서 손수 만들어 사용하는 가정이 많아졌다. 좀 번거롭다는 생각이 들겠지만 한번 만들어 두면 한참을 사용할 수 있고, 음식에 따라 어울리는 조미료를 달리 사용할 수 있어 음식 맛을 조화롭게 살리기도 하지만 영양적으로도 플러스가 된다. 다만 만들어서 보관을 잘 해야 변질이 되지 않으므로 적당한 크기의 밀폐용기를 마련하여 이름표를 붙인 후 담아서 냉장고에 보관해 두고 사용한다. 천연조미료 중에서도 사용 빈도가 많은 멸치가루나 다시마가루, 새우가루 등은 좀 더 큰 밀폐용기에 담아 두면 자주 만들지 않아도 된다. 어느 날 날 잡아서 여유를 가지고 만들어야 이것저것 만들 수 있다. 감칠맛, 구수한 맛, 시원한 맛을 내는 조미료는 어떤 것이 있으며 어떻게 만들어야 하는지 알아본다.

멸치가루

■ 중간 크기의 말린 멸치 30마리

❶ 중간 크기의 말린 멸치는 머리를 남기고 내장만 빼낸다. ❷ 손질한 멸치를 체에 담고 흐르는 물에 재빨리 헹궈 물기를 턴다. ❸ 팬에 멸치를 넣고 센불에서 볶는다. ❹ 분쇄기에 멸치를 넣어 곱게 갈아 밀폐용기에 담아 냉장실에 두고 먹는다.

호박가루

■ 애호박 1개

❶ 애호박은 씻어서 물기를 닦은 후 얇게 썰어서 채반에 올려 2~3일 정도 볕에서 바짝 말린다. ❷ 말린 호박오가리를 분쇄기에 넣고 곱게 간다.❸ 입자가 거칠게 갈아져도 호박가루의 입자가 단맛이 나므로 괜찮다.

새우가루

■ 말린 두절 새우 1컵

❶ 바짝 말린 두절 새우는 마른 수건에 올려 잔 먼지를 없애고 팬에 올려 바싹 볶는다. ❷ 바삭하게 볶아진 두절 새우를 분쇄기에 넣고 곱게 갈아서 체에 걸러 고운 가루만 조미료로 쓴다.

들깨가루

■ 들깨 1/2컵

❶ 들깨는 물에 잘 씻어 체에 밭쳐 물기를 완전하게 빼고 중간 불에서 오래도록 볶아 고소한 맛이 우러나도록 한다. ❷ 볶은 들깨는 분쇄기에 곱게 두 번 갈아 체에 밭쳐 껍질을 걸러낸다. ❸ 고운 가루만 밀폐용기에 담아 냉동실에서 보관한다.

홍합가루

■ 말린 홍합 100g,
생강가루 1/4 작은술

❶ 말린 홍합을 마른 거즈로 닦아 먼지를 없애고 생강가루와 함께 분쇄기에 넣고 아주 곱게 간다. ❷ 곱게 간 홍합가루를 밀폐용기에 담고 냉동실에 보관하여 먹는다.

다시마가루

■ 다시마 사방 20cm 1장

❶ 다시마의 표면에 묻어 있는 흰 가루는 물에 씻지 말고 약간 젖은 거즈로 닦아 팬에 올려 앞뒤로 바짝 굽는다. ❷ 바삭해진 다시마는 분쇄기에 아주 곱게 갈아 체에 걸러 조미료로 쓴다.

북어가루

■ 통북어 또는 북어채 100g

❶ 북어는 뼈를 발라내고 살만 골라서 분쇄기에 담아 곱게 간다. ❷ 북어가루에 마늘가루 또는 생강가루를 함께 넣어서 보관하면 비린 맛이 없어 좋다. ❸ 밀폐용기에 담아 냉장실에 두고 먹으면 된다.

무가루

■ 무 200g, 생강가루 1/4작은술

❶ 무는 얇게 나박 썰어 볕에서 이틀 정도 바짝 말린다. ❷ 말린 무를 수건으로 먼지를 닦은 후 분쇄기에 생강가루와 함께 곱게 갈아 냉장실에 보관한다.

검은깨가루

■ 검은깨 1/2컵

❶ 검은깨는 물에 담가 잠시 불린 후에 체에 밭쳐 물기를 뺀다. ❷ 깊이가 있는 팬에 검은깨를 기름 없이 담고 중간 불에서 통통해질 때까지 볶는다. ❸ 분쇄기에 두 번 갈아 아주 고운 가루를 만든다. ❹ 밀폐용기에 담아 냉동보관해 두고 먹는다.

표고버섯가루

■ 말린 표고버섯 200g

❶ 말린 표고버섯은 불리지 말고 밑동이 달린 그대로 쓰는데 거즈로 깨끗이 닦아 먼지를 없앤다. ❷ 분쇄기에 두 번 돌려 아주 고운 가루로 순비해서 체에 걸러 입자가 거의 없는 고운 가루로 만들어 밀폐용기에 담아 냉장실에 보관하여 먹는다.

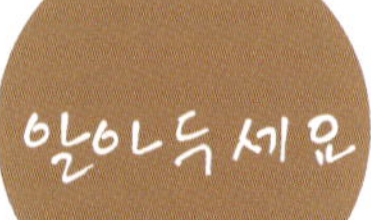

우리 음식에서 빼놓을 수 없는 고명

달걀지단채

달걀의 흰자와 노른자를 나누어 거품이 일지 않게 풀어서 지단을 얇게 부친다. 채 썬 지단은 나물이나 잡채에, 골패형(직사각형)과 완자형(다이아몬드 꼴)은 국이나 찜, 전골, 신선로 등에 웃기로 쓴다.

알쌈

쇠고기를 곱게 다져서 양념하여 작은 완자를 빚어 놓고, 달걀 푼 것을 번철에 떠서 둥글게 편 후 가운데 고기 완자를 놓고 반으로 접어서 반달 모양으로 부친 것이다. 신선로, 비빔밥, 찜 등의 고명으로 쓰인다.

미나리, 오이, 호박

미나리를 씻어 잎을 떼고 다듬어 줄기만을 4cm 길이로 잘라서 소금을 뿌려 살짝 절였다가 번철에 파랗게 볶아서 녹색의 고명으로 쓴다. 실파를 대신 쓰거나 오이나 호박을 푸른 부분만 채로 썰어서 볶아서 쓰기도 한다.

잣

백자 · 실백자 · 해송자라고도 한다. 잣가루는 껍질을 벗기고 고깔을 떼고 정하게 하여 마른 도마에 종이를 깔고 칼로 다져서 쓴다. 궁중에서는 잣가루를 초장에는 물론 육회, 전복초 등에 고명으로 사용했다.

봉오리

쇠고기를 살로 곱게 다지고 양념하여 콩알만하게 완자를 빚어서 밀가루를 묻히고 달걀을 씌워서 번철에 지진다. 신선로에는 작게 만들고 완자탕 거리는 약간 크게 한다.

미나리 초대

미나리나 실파를 씻어서 가지런히 대꼬치에 꿰어 밀가루를 묻히고 달걀을 씌워서 번철에 지진다. 미나리 초대를 미나리적이라고도 한다. 신선로, 찜 등에 알맞은 모양으로 썰어 사용한다.

밤

단단한 겉껍질을 벗기고 창칼로 속껍질까지 말끔히 벗긴 후 쓴다. 찜에는 통째로 넣고, 채 썬 것은 편이나 떡고물로 하고, 삶아서 체에 걸러 단자와 경단의 고물로 쓴다. 납작하고 얇게 썰어서 보쌈김치, 겨자채, 냉채 등에도 넣는다.

우리 음식의 색깔은 다섯 가지다. 붉은색 · 녹색 · 노란색 · 흰색 · 검정색인데 다섯 색 모두 천연의 재료에서 얻는다. 붉은색은 고추 · 대추 · 송기 · 지치뿌리, 녹색은 미나리 · 호박 · 쑥갓 · 오이 · 실파, 노랑은 달걀노른자 · 치자 · 당근, 흰색은 달걀흰자 · 무, 검정색은 석이버섯 · 표고버섯 · 고기 등이다. 이 다섯 가지 색을 모두 써서 하나의 완성된 음식을 만드는 것도 많다.

고추

실고추로 하여 나물이나 조림에 사용한다. 마른 고추 외에 통고추를 조금 굵은 채로 썰어 고명으로 쓰기도 한다. 김치에는 대개 마른 고춧가루를 만들어 사용하지만 여름철에는 통고추나 마른 고추를 물에 불려 갈아서 햇김치를 담그기도 한다.

표고버섯

표고버섯 중 마른 것은 물에 담갔다가 쓰는데 표고를 담근 물은 맛의 성분이 많이 우러나서 맛이 좋으므로 국이나 찌개의 국물로 이용하면 좋다. 표고를 고명으로 쓸 때는 양념하여 볶아서 얹는다.

호두 · 은행

호두는 속살이 부서지지 않게 까서 더운물에 불려서 속껍질을 깨끗이 벗기고, 은행은 단단한 껍질을 까고 번철을 달구어 기름을 약간 두르고 볶아 내어 마른행주나 종이로 비벼서 속껍질을 벗긴다. 은행과 호두는 찜이나 신선로, 전골 등의 고명으로도 쓰인다.

석이버섯

되도록 부서지지 않은 큰 것으로 골라서 뜨거운 물에 불려서 양손으로 비벼서 안쪽의 이끼를 말끔하게 벗겨낸다. 석이를 채로 썰 때는 말아서 썰고, 다져서 쓸 때는 달걀흰자에 섞어 석이 지단을 부친다. 보쌈김치, 국수, 잡채, 떡 등의 고명으로도 쓰인다.

황화채

원추리 꽃을 말린 것인데 일명 넙나물이라고 한다. 물에 불려서 반쪽으로 갈라서 물기를 꼭 짜고 참기름에 볶아서 잡채에 쓴다.

대추

실고추처럼 붉은색 고명으로 쓰이는데 단맛이 있어 떡과 과자류에 많이 쓰인다. 그 밖에 찜에는 크게 썰고, 보쌈김치나 백김치에는 채 썰어 넣는다, 식혜와 차에도 체로 썰어 띄운다.

고기

쇠고기는 곱게 다져 간장, 설탕, 파, 마늘, 깨소금, 참기름, 후춧가루 등으로 양념하여 볶아 식힌 후 다시 곱게 다져서 국수장국이나 비빔국수의 고명으로 쓴다. 채고명은 떡국이나 국수의 고명으로 얹기도 한다.

1.

어려서 먹어 본 바로 그 맛!

매일 반찬 밑반찬

어려서 먹어 본 바로 그 맛이 진짜 우리 음식 맛이다. 봄에는 봄나물과 봄철 생선으로 조림이나 찜 반찬을 만들고, 여름에는 신선한 야채를 이용해서 볶음이나 무침 반찬을 만든다. 또 가을에는 버섯과 가을 생선, 풍성한 과일을 이용해서 입맛을 돋아주는 반찬을, 겨울에는 고기, 달걀과 해조류를 이용해서 갖가지 조리법으로 변화를 주는 우리 음식들은 아무리 매일 먹어도 질리지 않는다. 또 입맛 없을 때 조금만 먹어도 생기가 나는 밑반찬들은 우리 식생활에서만 맛볼 수 있는 귀한 음식이다. 이런 기본적인 반찬류를 집중적으로 알려준다.

같은 재료라도 조리법을 달리하면 항상 새롭게 먹을 수 있다

철철이 나오는 야채, 생선, 조개류 등으로 반찬을 만들면 맛도 좋고 값도 싸고 영양도 좋다. 요즘에는 식재료들이 계절과 상관없이 쏟아져 나오고 있지만 아무래도 제철이 아니면 제 맛이 나지 않는다. 솜씨를 부려도 어릴 때 먹어본 엄마의 손맛이 나지 않는 이유도 재료 자체에 문제가 있다는 것을 체크하자. 장보기를 할 때 식재료들이 가장 맛있을 때가 언제인지를 가려 반찬거리를 준비한다.

봄에는 나물 반찬을 많이 한다

봄철 반찬으로는 햇나물로 만든 음식으로 입맛을 돋울 수 있으며 생선과 조개로 찜, 구이, 조림, 무침을 만들 수 있다. 봄나물은 상큼한 향이 나는 것도 있고 들큰한 맛, 쌉쌀한 맛 등 갖가지이므로 나물의 향과 맛을 살리는 조리 방법을 알아두면 편하다. 억센 것은 삶아야 하고, 연한 것은 날로 하여 초고추장, 초간장 양념으로 무친다. 뿌리가 있는 봄나물은 된장 간을 슴슴하게 하여 무친다. 봄엔 특히 나물을 많이 먹어야 한다. 봄나물에는 비타민 C, 단백질, 칼슘 등이 많이 함유되어 있기 때문이다.

여름에는 재빨리 조리할 수 있는 메뉴를 선택한다

여름철에는 날씨가 덥기 때문에 조리시간이 오래 걸리거나 손이 많이 가는 것 보다는 한번에 조리할 수 있는 조리법을 선택한다. 여름철의 찬은 장아찌처럼 간이 세서 잘 변하지 않는 것이나 구하기 쉬운 여름철 채소 즉, 오이·가지·호박·깻잎·감자 등의 재료를 사용하여 재빨리 조리할 수 있는 나물·찜·부침 등이 좋다. 또 멸치나 북어포, 미역, 건조식품을 볶은 것이나, 조려서 저장 밑반찬으로 만들어 얼마 동안 두고 먹을 수 있는 것도 여름반찬으로 알맞다. 땀을 많이 흘리므로 염분을 보충할 수 있어야 하니 장아찌와 마른 찬 몇 가지를 준비해 놓고 밥상을 차려야 편하다.

가을에는 반찬 재료를 갈무리 한다

가을은 제철의 채소, 생선, 고기, 조개 등으로 장아찌, 젓갈, 자반, 부각을 만들기 좋은 계절이다. 가을철 채소로는 가지, 호박, 토란대, 고구미 줄기, 무, 무청을 반찬 재료로 많이 이용한다. 나물을 말린 후 삶아서 다시 널어 말려두었다가 보름날 볶음나물, 찌개의 건더기, 양념구이로 쓰면 아주 편하다.

겨울에는 짜지 않은 반찬을 만든다

겨울에는 추위 때문에 반찬을 여러 가지 마련하기가 어렵다. 한 끼에 한 번 먹을 수 있는 찬보다는 여러 날을 두고 먹을 수 있는 밑반찬을 몇 가지 해두고 번갈아 식탁에 올리는 것도 주부의 지혜이다. 북어 한 가지라도 주단위로 변화를 주어 찜, 구이, 튀김, 강정 등 조리법을 달리하면 같은 것을 계속 먹는 느낌에서 벗어날 수 있다. 간기가 많은 장아찌나 젓갈보다는 북어나 말린 오가리를 가지고 만든 짜지 않은 찬도 준비해 본다.

how to

더덕은 질긴 듯하면서 아삭한 섬유질이 있어 구이를 하기에는 알맞다. 간이 속까지 잘 배게 하려면 먼저 기름장을 발라 살짝 익힌 다음 두번째에 양념장을 발라 굽는 것이 좋다. 더덕구이 못지 않게 꼬치에 고기와 더덕을 번갈아 꿰어 밀가루옷을 살짝 입혀 지져내는 산적은 모양새가 있어 손님접대 음식으로 좋다. 더덕의 질감을 살리려면 너무 두들기지 말아야 하며 지나치게 진이 생기거나 쓴맛이 나면 물에 담갔다 사용한다.

더덕구이 · 더덕산적

더덕구이

⊙ 기본 재료

더덕 200g, 쇠고기 다진 것 50g
식용유 조금

⊙ 쇠고기 양념

소금 1/2작은술, 참기름 조금
깨소금 · 다진마늘 · 후추 조금씩

⊙ 기름장

참기름 · 간장 1큰술씩
식용유 1/2큰술

⊙ 구이 양념

고추장 3큰술, 물 2작은술
설탕 · 물엿 · 깨소금 1큰술씩

만들기

더덕 껍질을 벗긴다

더덕을 두들긴다

꼬치에 꿴 더덕을 지진다

1 **더덕 껍질 벗기기** 흙을 털어내고 재빨리 씻어서 물기를 닦은 다음 머리 쪽부터 뿌리 방향으로 껍질을 벗긴다.

2 **더덕 두드려 토막내기** 껍질 벗긴 더덕은 방망이로 굴려가며 살살 두드린 다음 5cm 토막으로 썰어 칼집을 넣고 기름장에 재운다.

3 **양념한 고기 채워서 굽기** 더덕의 칼집 사이에 양념한 고기를 조금씩 넣어 채운 후 꼬치에 가지런히 끼워서 달군 팬에 기름을 두르고 앞뒤로 살짝 지진다.

4 **구이양념 바르기** 살짝 지진 꼬치에 구이양념을 바른 다음 다시 한번씩만 뒤집어가며 지진다. 송송 썬 실파를 고명으로 얹어 상에 낸다.

더덕산적

⊙ 기본 재료

더덕 4개, 쇠고기 200g
깨소금 조금, 실고추 조금
설탕 · 식용유 · 밀가루 조금씩

⊙ 밀가루즙

밀가루 4큰술, 물 1컵
진간장 1큰술

⊙ 쇠고기 양념

간장 1큰술, 설탕 1작은술,
참기름 1작은술, 디진파 2작은술
다진 마늘 1작은술
깨소금 1작은술, 후추 조금

밑준비하기

▶ **더덕** 흙을 털어낸 후 물에 재빨리 씻어서 건져 껍질을 벗긴다. 더덕은 껍질을 벗긴 다음에는 가능하면 물에 담가두지 않는다. 물에 넣으면 더덕에 물이 흡수돼 맛이 떨어진다.

▶ **썰기** 손질한 더덕은 2mm 두께, 4cm 길이로 얄팍하게 썬다.

▶ **쇠고기** 4cm길이로 가늘게 썬 다음 쇠고기 양념을 한다.

▶ **밀가루즙** 밀가루에 물과 진간장을 넣어서 묽은 밀가루즙을 만든다.

만들기

고기와 더덕을 촘촘하게 꼬치에 꿴 다음 편평하게 두드린다

1 **꼬치에 끼우기** 꼬치에 쇠고기와 더덕을 번갈아 가며 촘촘히 끼운 다음 칼등으로 면이 고르도록 두드린다.

2 **밀가루 묻히기** 꼬치에 밀가루를 묻힌 후 여분의 가루는 털어 낸다.

3 **팬에 지지기** 팬을 달군 다음 기름을 넉넉히 두르고 꼬치를 밀가루즙에 담갔다가 팬에 가지런히 놓아 지져 뜨거울 때 통깨, 실고추, 설탕을 살살 뿌려 상에 낸다.

how to

봄철 밑반찬으로는 풋마늘대와 마늘종이 대표적이다. 조금은 매우면서 아린 맛은 있지만 간장초장, 고추장에 넣어 삭히므로 마늘 특유의 향과 맛, 아삭하게 씹히는 맛이 일품이다. 미리 먹기 좋은 크기로 썰어 담그면 꺼내 먹을 때 불편함이 없다. 장아찌는 간장, 된장, 고추장 등에 재료를 오랜 시간 재워둬 짭짤한 맛이 배게 하는 음식이다. 짠맛, 초맛은 부패세균의 번식을 막는 중요한 역할을 한다.

풋마늘대장아찌 · 마늘종장아찌

풋마늘대장아찌

⦿ 기본 재료

풋마늘대 1kg, 간장 5컵,
설탕 1컵, 식초 2컵, 물 11/2컵
참기름 · 설탕 · 깨소금 조금씩

밑준비하기

▶ **풋마늘대** 풋마늘대는 굵기가 너무 굵지 않고 크기가 고른 것으로 준비하여 겉껍질은 벗기고 뿌리를 잘라낸 다음 깨끗이 씻어서 물기를 뺀다.

만들기

풋마늘대를 손질한다

간장물을 끓인다

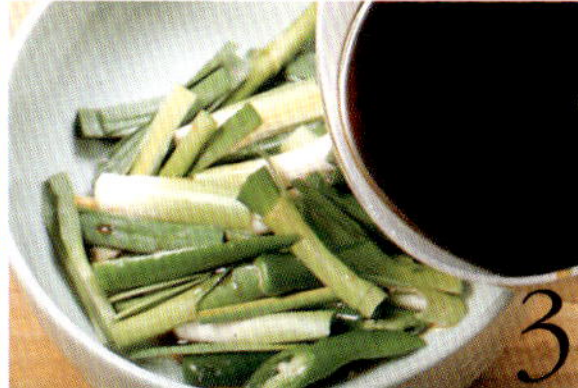
간장물을 붓는다

1. **풋마늘대 손질하기** 굵기가 굵은 것은 반으로 갈라 4~5cm길이로 썬다.
2. **간장물 끓이기** 분량의 간장, 설탕, 식초, 물을 넣고 5분간 끓인 후 식힌다.
3. **간장물 부어 삭히기** 손질한 풋마늘대를 항아리에 담은 후 끓여서 식힌 간장물을 붓고 무거운 것으로 눌러 삭힌다.
4. **무치기** 마늘대가 노르스름한 빛깔이 나도록 3~4일 동안 삭힌 후 꺼내어 장물을 꼭 짠다. 참기름, 깨소금, 설탕을 넣어서 조물조물 무쳐서 먹는다.

마늘종장아찌

⦿ 기본 재료

마늘종 400g

⦿ 소금물

소금 1/2컵, 물 4컵

⦿ 식촛물

식초 1컵, 설탕 1/2컵, 물 3컵
소금 2큰술

⦿ 무침 양념

고운 고춧가루 적당량,
다진 파 · 다진 마늘 적당량씩
설탕 · 참기름 · 통깨 적당량씩

밑준비하기

▶ **마늘종** 연한 마늘종을 골라서 끝의 억센 부분은 잘라내고 소금물을 부어 절인다.

▶ **식촛물** 식촛물을 분량대로 냄비에 넣고 팔팔 끓여서 식힌다.

만들기

절인 마늘종을 식촛물에 삭힌다

삭힌 마늘종을 채반에 말려 토막내어 묶는다

묶은 마늘종은 고추장에 박는다

1. **식촛물 붓기** 절인 마늘종은 열가닥씩 묶어 둥근 타래로 만들어 항아리나 병에 담고 식힌 식촛물을 붓는다.
2. **마늘종 무침하기** 보름쯤 두어 노랗게 삭으면 꺼내어 채반에 널어 꾸득꾸득하게 말려 둔다. 필요할 때 4cm 정도로 썰어 무침양념을 넣어 고루 무쳐 상에 낸다.
3. **장아찌 만들기** 삭힌 마늘종은 간장을 부어두거나 고추장에 박아 장아찌를 만들어도 좋다. 연한 마늘종은 식촛물에 삭힌 뒤에 약간 말려 먹을 때마다 고춧가루, 다진 파, 마늘, 설탕, 참기름, 통깨 등 적당량의 무침 양념에 버무려 상에 낸다.

how to

봄철에는 제철식품인 햇나물 요리가 가족들의 입맛을 돋우는데 최고. 냉이나 달래, 씀바귀, 두릅, 더덕, 쑥갓, 도라지, 미나리, 쑥 등이 대표적이다. 제철나물은 값도 싸고, 각종 비타민과 칼슘, 철분을 섭취할 수 있어 일석이조다. 나물마다 어울리는 양념장에 조물조물 무쳐 상에 내면 풋풋한 향기와 새콤한 맛을 즐길 수 있다.

햇나물 무침

⊙ 기본 재료

냉이 · 원추리 · 씀바귀 200g씩
달래 · 돌나물 · 물쑥 200g씩
취나물 200g

⊙ 초고추장 양념

고추장 3큰술, 설탕 1큰술
마늘 갈은 것 1작은술, 식초 2큰술
깨소금 1큰술

⊙ 된장 양념

된장 3큰술, 조미술 1큰술
다진마늘 · 참기름 1작은술씩
다진파 2작은술, 깨소금 1큰술
고춧가루 조금

⊙ 초간장 양념

간장 3큰술, 설탕 2작은술
식초 2큰술, 고춧가루 1작은술
깨소금 2큰술

plus tip

햇나물은 끓는 물에 빨리 데친다

햇나물은 삶을 때 물을 충분히 끓여 빨리 데쳐내야 영양소 파괴도 줄고 빛깔도 곱다. 잎이 무를 정도로 데쳐낸 나물은 찬물에 충분히 헹구었다가 건져 물기를 짜고 양념한다. 나물은 가열하면 날것에 비해 비타민 등이 손실되기도 하지만 섬유소가 연해지고 전분이 호화되어 소화 흡수율이 높아진다. 햇나물은 주로 무쳐 먹지만 묵은 나물은 물에 불려서 기름에 볶아야 한다.

밑준비하기

냉이는 뿌리에 붙어 있는 흙을 털어내고
누렇게 된 겉잎은 떼어낸 후
흐르는 물에 여러 번 씻어 사용한다

▶ **냉이** 흙을 털어내고 누렇게 변한 겉잎은 깨끗이 다듬어 흐르는 물에 여러 번 씻는다. 여린 뿌리는 그대로 두고 굵은 것은 가늘게 가른다. ▶ **원추리** 밑둥의 흙을 털어내고 씻는다. 굵은 것은 반으로 가른다. ▶ **씀바귀** 뿌리를 깨끗이 씻어서 시든 잎이나 지저분한 부분을 골라낸다.

▶ **달래** 물에 흔들어 씻어 흙을 말끔히 씻어내고, 굵은 뿌리는 칼등으로 두드려서 깨뜨려 4cm 길이로 썬다. ▶ **돌나물** 망에 담아서 흐르는 물에 여러 번 씻어서 헹군다. 손으로 너무 주물럭거리면 풋내가 나므로 주의한다. ▶ **물쑥** 굵은 것은 끓는 물에 데쳐서 껍질을 벗기고 여린 것은 흙을 털어내고 씻는다. ▶ **취나물** 부드럽고 연한 녹색을 띠는 것이 뻣뻣하지 않고 부드럽다. 여린잎만 골라서 깨끗이 씻는다. ▶ **양념장** 초고추장, 된장, 초간장 양념은 분량대로 섞어 각각 만들어 둔다.

만들기

취나물을 데쳐 헹군다

씀바귀는 쓴맛을 우린다

달래의 뿌리를 칼등으로 으깬다

1 **취나물, 냉이, 원추리 데치기** 냉이와 원추리, 취나물, 물쑥은 끓는 물에 소금을 넣고 파랗게 데친 다음 찬물에 담갔다 얼른 헹구어 물기를 뺀다.
2 **씀바귀 쓴맛 우리기** 씀바귀는 삶아서 우린 물이 맑게 될 때까지 물을 여러 번 갈아주면서 쓴맛을 우려낸다.
3 **달래 손질하여 양념장에 재우기** 달래와 돌나물은 찬물에 담가서 싱싱하게 두는데 달래는 뿌리 부분만 따로 초간장양념에 재운다.
4 **초고추장에 무치기** 냉이와, 원추리, 씀바귀는 초고추장으로 무친다.
5 **된장 양념에 무치기** 물쑥과 취나물은 된장 양념으로 무친다.
6 **초간장 양념에 무치기** 달래와 돌나물은 초간장 양념으로 무친다.

how to

버섯은 말려서 먹는 것이 영양이 더 많고 향도 진하다. 생표고가 싱싱하고 흔할 때 좋은 볕에 얼른 말렸다 쓰면 훨씬 경제적이다. 고기를 먹지 못하는 채식주의자들은 고기의 질감과 맛을 가진 식품으로 가장 즐기는 것이 표고버섯이다. 버섯 크기를 일정하게 하고, 물에다 덤벙 담가 씻지 말고 젖은 행주로 하나씩 닦아내고 기둥 끝의 흙만 살짝 털어내고 사용한다.

표고버섯매운볶음

◉ 기본 재료

생표고버섯 12개

◉ 소스용 재료

대파 1대, 마늘 2개, 건고추 1개
당근 30g, 양파 작은 것 1/2개
식용유 1큰술, 고추기름 2큰술
설탕 2큰술, 간장 2작은술
물 4큰술

◉ 튀김옷

녹말가루 5큰술, 달걀 흰자 1개

밑준비하기

표고버섯은 주재료가 되어 일품요리를 만들기보다는 조금씩 다른 음식에 넣어 감칠맛을 내는 식품으로 많이 사용한다

▶ **생표고버섯** 기둥을 돌려서 떼어낸다. 갓은 물기를 꼭 짠 행주로 먼지를 닦아내고, 큰 것은 4등분 한다.

▶ **소스용 야채 준비하기** 대파와 마늘은 굵게 다지고 건고추는 둥글게 썰어 씨를 털어낸다. 당근과 양파는 8mm크기로 납작하게 썬다.

만들기

표고에 달걀 흰자를 섞는다

녹말을 넣어 고루 버무린다

표고버섯을 기름에 튀긴다

기름에 재료를 볶아 소스를 만든다

소스에 튀긴 표고를 넣어 볶는다

중국식 볶음요리는 따끈하게 먹어야 제맛이 난다. 소스가 뜨거울 때 튀긴 표고를 넣어 얼른 볶아낸다

1 달걀 흰자 섞기 생표고버섯에 달걀 흰자를 넣어 버무린다.

2 튀김옷 입히기 달걀옷을 입힌 버섯에 녹말가루를 넣어 골고루 묻힌 후 털어낸다.

3 표고버섯 튀기기 중온의 기름에 튀김옷을 입힌 표고를 넣어 바삭하게 튀겨 기름을 빼눈다.

4 소스 만들기 팬에 식용유와 고추기름을 두르고 손질한 대파와 마늘을 볶다가 향이 나면 고추와 설탕, 간장을 넣고 맛을 낸다. 물을 넣고 끓이다가 녹말물을 조금 타서 넣어 약간 걸쭉하게 한다.

5 소스에 넣어 볶기 튀긴 버섯을 소스에 넣고 얼른 볶아 낸다.

plus tip

말린 표고버섯은 찬물에 불린다

표고는 갓 안쪽이 흰색이고 지나치게 피지 않고 살이 도톰하고 겉이 보송보송한 것을 사야 오래 두고 먹을 수 있다. 표고 중에 '동고'는 겉이 거북이 등처럼 갈라지고 색이 옅고 작은 편인데 맛이 아주 좋고 가격도 비싸다.

말린 표고를 불릴 때는 먼저 찬물에 얼른 씻어서 표고가 충분히 잠길 정도의 물을 부어서 서서히 불리는 방법이 가장 좋다. 표고 우린 물은 국이나 찌개의 국물로 쓴다. 뜨거운 물에 불리면 색이 검어지고 향기가 좋지 않으며 너무 많은 물에 불리면 맛이 덜하다. 급할 때는 미지근한 물에 설탕을 조금 넣고 담그면 빨리 분다.

how to

일일이 깻잎을 한 장씩 펴서 양념장을 끼얹는 것이 번거롭기는 하나 먹을 때는 편하다. 얇은 잎이라 간이 쉽게 배므로 양념장은 옅게 하고 단맛은 피하도록 한다. 아예 상에 낼 접시에 담아서 찐다면 두 번 수고하지 않아도 된다. 연한 깻잎이라면 슴슴한 멸치젓국으로 간해도 맛있다. 이때 양념은 채썰어 사용해야 깨끗하다. 먹기 10분 전쯤 재워야 질기지도, 짜지도 않다. 슴슴한 멸치젓갈은 간장 대신 감칠맛나는 장으로 쓸만하다.

깻잎찜 · 깻잎장아찌

깻잎찜

⊙ 기본 재료

깻잎 40장

⊙ 찜양념

간장 4큰술, 물 4큰술

굵은 파 1대, 마늘 3쪽

깨소금 1큰술, 참기름 2작은술

실고추 조금

밑준비하기

▶ **찜양념 준비하기** 대파와 마늘은 2.5cm길이로 토막을 낸 다음 가늘게 채 썬다. 간장과 물을 1:1로 섞은 다음 제시된 분량의 찜양념을 넣어 양념장을 만든다.

만들기

1 **깻잎 물기 빼기** 깻잎은 흐르는 물에 여러 번 씻어서 꼭지가 위로 가도록 소쿠리에 세워 담아 물기를 뺀다.

2 **깻잎 안치기** 턱이 약간 올라오는 접시에 깻잎과 양념을 켜켜로 안친다.

3 **깻잎 찌기** 김이 오른 찜통에 안친 후 마른보를 덮어서 물이 떨어지지 않도록 하여 살짝 찐다.

깻잎장아찌

⊙ 기본 재료

깻잎 40장

⊙ 멸치젓양념

멸치젓 4큰술, 대파 1개

마늘 3쪽, 생강 1/3톨

고춧가루 2큰술, 깨소금 1큰술

밑준비하기

▶ **깻잎** 깻잎은 흐르는 물에 여러 번 씻어서 꼭지가 위로 가도록 소쿠리에 세워 담아 물기를 뺀다.

만들기

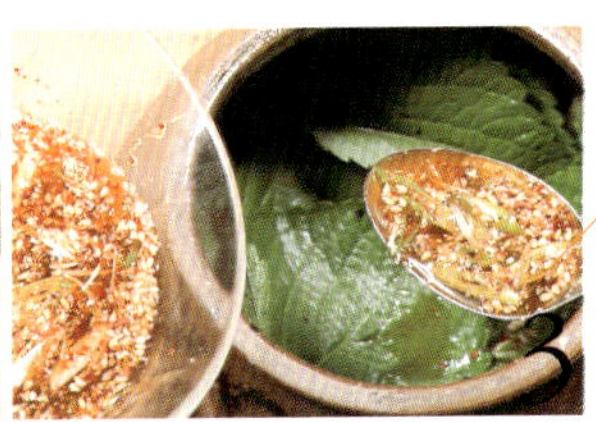

남은 양념장도 마저 부어서 양념장이 골고루 배게 한다

1 **깻잎 물기 빼기** 흐르는 물에 씻어 물기를 뺀다.

2 **멸치젓양념 만들기** 대파와 마늘은 2.5cm길이로 토막을 낸 다음 가늘게 채 썰고, 생강도 가늘게 채 썬다. 채 썬 대파, 마늘, 생강에 분량의 멸치젓양념을 넣고 멸치젓을 부어서 양념장을 만든다.

3 **깻잎 익히기** 뚜껑이 있는 단지나 그릇에 깻잎과 멸치젓양념을 켜켜로 안쳐서 담고 무거운 것으로 눌러서 익힌다. 바로 먹어도 맛있다.

how to

배추김치를 반쯤 길이로 잘라 줄기는 보시기에 담고 반 남은 잎사귀 쪽은 멸치살을 넣은 슴슴한 양념장을 뿌려서 찜으로 찐다. 겨울김장을 일찍 했거나 더운 곳에 두어 빨리 시어진 김치는 매번 찌개나 국을 끓일 수는 없다. 배추김치잎쌈은 신김치를 맛있게 먹을 수 있는 반찬이다. 상에 낼 때는 찜통에 찐 그릇째로 낸다. 찜통에 찌지 않고 밥 뜸들일 때 넣거나 전자 레인지를 이용해도 좋다. 멸치의 감칠맛이 김치 맛을 더 깊게 한다.

김치 잎쌈찜

⊙ 기본 재료

배추김치 1/2포기, 중멸치 50g
대파(흰 부분) 2대, 마늘 3쪽
실고추 조금, 설탕 2큰술
참기름 1큰술

밑준비하기

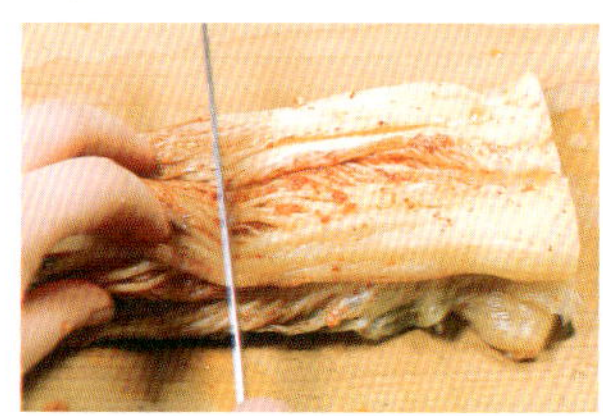

김치잎쌈에 넣을 멸치는 내장과 머리를 떼내야 쓴맛이 나지 않는다

▶ **배추김치** 푹 익은 것으로 준비해 속을 깨끗하게 훑어내고 반으로 썬다.

▶ **멸치** 중간크기 멸치의 내장과 머리를 떼고 반으로 가른다.

만들기

물에 씻은 후 물기를 꼭 짠다

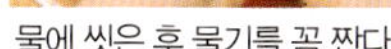

설탕 · 참기름에 무친다

대파 · 마늘은 채 썬다

김치잎에 고명을 얹는다

그릇째 찜통에 찐다

그릇에 김치잎을 깔고 그 위에 고명을 얹고 또 김치잎을 깔고 고명을 얹어 찜통에 쪄낸다

1 **배추김치 물에 씻기** 반으로 자른 후 김치를 물에 씻어서 물기를 꼭 짠다.

2 **양념에 무치기** 물기를 꼭 짠 배춧잎에 설탕과 참기름을 넣고 무친다.

3 **대파 · 마늘 채 썰기** 대파와 마늘은 껍질을 벗기고 깨끗하게 손질해 채 썬다.

4 **고명 얹기** 그릇에 김치잎을 깔고 그 위에 채 썬 파와 마늘, 멸치, 실고추를 조금씩 뿌린다. 같은 방법으로 여러 켜를 얹는다.

5 **찜통에 찌기** 김이 오른 찜통에 김치잎 안친 그릇을 넣어 찐다.

plus tip

김치의 영양

김치는 여러 재료가 어우러진 알칼리성 영양식품으로 각종 비타민과 무기질이 풍부하게 들어 있다. 소금에 절여 저장하는 동안 발효되어 유산균이 생겨서 독특한 신맛이 나며 고추의 매운맛과 잘 어우러져 식욕을 돋우고 소화작용도 돕는다. 특히 고추는 비타민 C가 풍부하고 유산균이 있어 건강에도 좋다.

또한 김치는 원래 채소가 가지고 있는 무기질과 비타민 외에도 발효에 의해 생긴 유산균에 의한 정장 효과가 크다. 식욕증진과 피로회복의 효과도 있으며 각종 효소와 섬유소가 풍부해 음식물의 소화와 배설을 도와준다.

how to

채소 장아찌는 장 속에서 자연스럽게 발효되어 연하게 된 후 먹어야 제맛이다. 그러나 짧은 시간에 만들려면 멸치를 넣은 장국을 끓여서 붓는 과정을 여러 번 반복해야 된다. 장아찌용 재료는 오이나 고추, 깻잎, 가지 등은 좋지만 상추나 호박, 감자는 뭉그러지므로 적합하지 않다. 갖은 장아찌는 마른 북어를 넣고 삭혀, 영양적으로도 보충이 되고 또 발효된 다음의 감칠맛이 진하다.

갖은 장아찌

◉ 기본 재료

무 1/2개, 가지 2개
오이 2개, 북어채 100g
마른 멸치 15개

◉ 양념장

다진 파 5큰술, 다진 마늘 3큰술
다진 생강 1큰술, 통깨 3큰술
고운 고춧가루 2큰술
실고추 2큰술, 설탕 5큰술

◉ 고춧잎 무침

고춧잎 데친 것 1컵
멸치 젓국 · 고춧가루 1/2작은술,
다진 마늘 1/2작은술

밑준비하기

무와 오이 · 가지는 소금물에 절였다가 볕에 말려서 사용한다

▶ **무 · 오이 · 가지** 무는 껍질을 벗긴 후 5cm로 토막을 내어 0.5cm 굵기로 채 썬다. 오이는 소금으로 문질러 씻은 후 5cm 크기로 토막을 낸 후 돌려깎아 무와 같은 굵기로 채 썬다. 가지는 씨를 제거한 후 무와 같은 굵기로 채 썬다. 모두 소금물에 담가 두었다가 건져서 볕에 말린다.

▶ **고춧잎** 씻어서 물기를 뺀 후 데친다.

만들기

북어는 5cm 길이로 잘라 준비한다

고춧잎은 멸치젓에 무친다

재료를 모두 섞어 버무린다

단지에 담고 멸치젓국을 붓는다

국물에 멸치를 넣고 끓여 건진다

장아찌 단지에 국물 끓여 식혀서 붓기를 서너번 한 후 마지막에 멸치국물을 만들어 식혀서 부우면 장아찌 맛이 훨씬 좋아진다

1 **북어 준비하기** 북어는 너무 길거나 굵은 것은 야채와 같은 길이로 준비한다.
2 **오이 · 무 헹구기** 오이와 무가 새들새들 마르면 물에 헹군 다음 물기를 꼭 짠다.
3 **고춧잎 무치기** 멸치젓국 양념에 고춧잎을 무친다.
4 **무 · 오이 · 가지 말린 것 무치기** 양념장을 만들어 절인 무와 오이, 가지를 무친다.
5 **단지에 담기** 고춧잎 무침과 북어, 양념장에 무친 무와 오이, 가지를 한데 섞어서 단지에 차곡차곡 담는다.
6 **야채절인 물 붓기** 냄비에 무, 오이, 가지 절인 물을 넣고 팔팔 끓인 다음 완전히 식혀서 단지에 붓는다. 약 1주일 후에 국물만 따라내 다시 끓여서 식힌 후에 단지에 붓기를 두세 번 한다. 다시 2~3주일 후에 국물을 따라내 끓이는데 이때 마른 국멸치 15개를 넣고 끓여 차게 식혀서 다시 부었다가 약 1개월 후에 꺼내 먹는다.

plus tip

장아찌용 야채는 물기를 빼서 준비한다

장아찌는 짭짤해서 오래 두어도 상하지 않아 필요할 때마다 꺼내어 밑반찬이나 술안주로 삼을 수 있다. 장에 저장하는 동안 장의 맛과 염분이 고루 스며들고 미생물이 발효 작용을 해서 독특한 맛과 질감을 낸다.

워낙 짜므로 얇게 썰거나 채 썰어 한 번 정도만 물에 헹구어 짠맛을 빼고 참기름과 설탕, 깨소금 등을 넣어 고루 무쳐서 먹는다.

야채 장아찌에 쓸 재료는 먼저 소금에 절여서 물기를 빼야 한다. 무나 오이는 소금을 3~4% 뿌려서 절이고, 고춧잎이나 산채는 끓는 물에 잠깐 데쳐서 말려서 쓴다.

how to

간 없이 밑반찬으로 조리하려면 수분을 없앤 후 주머니에 담아 장항아리에 넣어 두부장을 만든다. 쉽게 할 수 있는 밑반찬으로는 단단한 두부를 기름에 지져낸 후 다시 조림장을 얹어 국물 없이 바특하게 조리면 맛있다. 지진 두부를 변화 있게 먹으려면 하루나 이틀 동안, 묽게 만든 맛된장에 재워두었다가 지져 먹으면 별미다.

두부장떡 · 두부무침

두부장떡

⊙ 기본 재료

두부 1모, 된장 1큰술

고추장 1큰술, 소금 조금

만들기

두부는 깨끗한 행주에 싼 후 무거운 것으로 눌러 물기를 충분히 빼고 1.5cm 두께로 썬다.

고추장 · 된장 섞어 양념장 만든다

양념장 발라 재운다

기름에 지져낸다

1 **양념장 만들기** 분량의 고추장과 된장을 섞어서 체에 내려 양념장을 만든다.

2 **소금 간하기** 팬에 기름을 두르고 썰어놓은 두부를 넣어서 노릇하게 지진다. 이때 소금을 뿌려 간한다.

3 **양념장에 재우기** 지져낸 두부에 미리 만들어 놓은 양념장을 발라 재워둔다.

4 **팬에 지져내기** 양념장에 재워둔 두부는 기름에 한번 지져 상에 낸다.

두부무침

⊙ 기본 재료

두부 1모, 소금 1/2작은술

식용유 2큰술

⊙ 콩나물 무침 재료

콩나물 100g, 소금 1/2작은술

다진 파 1작은술

다진 마늘 1/2작은술

깨소금 1작은술, 참기름 2작은술

⊙ 돼지고기 볶음 재료

돼지고기 50g, 고춧가루 1작은술

간장 1/2큰술, 설탕 조금

다진 파 · 마늘 조금

참기름 조금, 후춧가루 조금

만들기

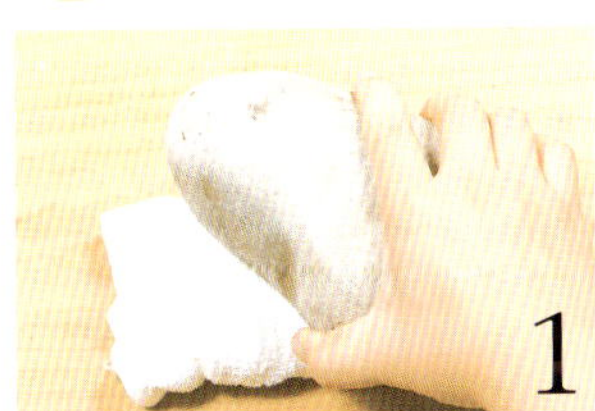

두부의 물기를 짠다

볶은 것을 모두 섞어 양념한다

볶은 두부와 콩나물무침, 돼지고기 볶음을 한데 섞어 양념하여 가볍게 버무린다

1 **두부 물기 빼기** 두부를 소금물에 2분 정도 삶아낸 다음 건져서 찬물에 담가 식힌다. 마른 행주로 단단하게 싼 후 도마 위에 올리고 무거운 것으로 눌러서 물기를 짠다.

2 **두부 팬에 지지기** 물기가 빠져 단단해진 두부는 1.5cm두께로 썰어서 팬에 노릇하게 지져 손가락 굵기로 썬다.

3 **콩나물 삶기** 콩나물은 머리와 꼬리를 뗀 후 끓는 물에 소금을 넣고 삶아 건져내어 다진 파와 마늘, 소금으로 간한다

4 **돼지고기 볶기** 돼지고기는 채 썰어서 간장, 설탕, 다진 파와 마늘, 깨소금, 참기름, 후춧가루로 양념해 팬에 보슬하게 볶아서 식힌다.

5 **재료 섞어 간하기** 그릇에 채 썬 두부와 콩나물, 돼지고기를 넣고 참기름과 고춧가루로 가볍게 섞는다.

how to

고춧잎은 줄기는 쓰지 말고 잎만 훑어서 쓴다. 생것일 때는 삶아서 무치거나 나물로 볶는다. 마지막 추수 때 훑은 것은 억세고 쓴맛이 있으므로 소금물에 담가 쓴맛이 없어지면 말끔히 씻어서 물기를 짠 후 채반에 잠깐 널었다가 쓴다. 고춧잎은 데쳐서 말려두면 무말랭이와 섞어 무침장아찌를 만들 수 있다. 간장만 붓기보다는 멸치젓을 섞으면 감칠맛이 더해져 맛이 좋다.

무말랭이장아찌 · 고춧잎장아찌

무말랭이장아찌

⊙ 기본 재료

무말랭이 1컵, 마른 오징어 1마리
멸치액젓 1/2컵, 통깨 2큰술
실파 50g

⊙ 무침양념

고춧가루 4큰술, 마늘 4쪽
생강 조금, 조청 1/3컵

밑준비하기

▶ **오징어** 3~4시간 불려 반으로 갈라 0.5cm 폭으로 썬다. 썬 오징어에 멸치젓을 넣어 절인다.

▶ **실파** 다듬어서 3㎝길이로 썬다.

만들기

무말랭이는 물기를 꼭 짠다

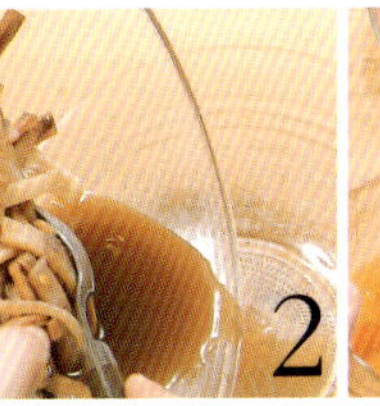

오징어 절였던 액젓을 따라낸다

양념장을 만든다

1 무말랭이 물기 짜기 무말랭이는 물에 불린 다음 물기를 꼭 짜둔다.

2 젓국 따라내기 오징어를 절였던 멸치액젓을 따라낸다.

3 무침양념 만들기 분량의 무침양념 재료를 넣고 오징어를 절였던 멸치액젓을 조금씩 넣으면서 약간 되직한 농도로 양념장을 만든다. 부족한 간은 멸치액젓으로 맞춘다.

4 버무리기 불린 오징어와 물기 짠 무말랭이, 3cm로 썬 실파를 무침양념장으로 무친다.

5 항아리에 담아 삭히기 양념에 무친 무말랭이를 빈병에 꼭꼭 눌러서 담고 3~4일 정도 삭혀서 먹는다.

고춧잎장아찌

⊙ 기본 재료

고춧잎 1.5kg, 물 10컵
소금 1/4컵, 간장 1/2컵
설탕 1큰술, 멸치액젓 1/2컵
다진 마늘 2큰술, 다진 생강 1큰술
실고추 2큰술, 통깨 2큰술

만들기

고춧잎은 눌러서 삭힌다

삭힌 고춧잎은 물기를 짠다

간장에 재료 넣어 장물을 만든다

1 고춧잎 삭히기 고춧잎은 작은고추가 달린 채로 깨끗이 다듬어 삼삼한 소금물에 담가 뜨지 않게 무거운 돌이나 그릇으로 1주일 정도 눌러 둔다.

2 고춧잎 물기 제거하기 깨끗이 씻어 면보에 싸서 물기를 제거한다.

3 장물 끓이기 냄비에 분량의 멸치젓과 간장, 설탕, 물을 넣고 팔팔 끓이다가 채 썬 마늘과 생강을 넣고, 실고추와 통깨를 넣고 끓여 장물을 만든다.

4 단지에 담기 물기를 꼭 짠 고춧잎을 단지에 담고 만들어 놓은 장물을 부은 다음 돌로 눌러 놓는다. 1주일 정도 지나면 장물을 따라내고 다시 끓인 다음 식혀서 단지에 붓는다. 이렇게 해야 맛이 변하지 않고 오래 보관할 수 있다.

how to

고구마조림은 노란색을 살려야 하므로 진간장만 넣지 말고 소금과 술을 같이 쓰면 윤기가 더 난다. 햇고구마는 껍질이 검게 변하지 않았으므로 깨끗이 씻어 그대로 쓰는 것이 먹음직스럽다. 우엉조림은 먼저 삶아서 무르게 한 다음 조리하는 것이 요령이다. 간장을 많이 넣어 끓이는 장물엔 생강을 조금씩 쓰면 간장 특유의 냄새를 없앨 수 있다. 조림은 조리 시간이 길어야 하므로 항상 재료 위로 국물이 올라오도록 붓고 서서히 조리는 것이 요령이다.

고구마조림 · 우엉조림

고구마조림

⊙ 기본 재료

고구마 400g, 치자 1개

⊙ 조림장

진간장 3큰술, 설탕 2큰술
참기름 1큰술, 맛술 1큰술
물 3큰술, 검은깨 2작은술
백반 조금

밑준비하기

둥글게 썬 고구마는 가장자리를 둥글리고 찬물에 담가 전분을 빼야 부서지지 않는다

▶ **고구마** 깨끗이 씻은 후 직경 4cm, 두께 1.5cm의 크기로 둥글게 썬 후 가장자리의 껍질을 벗기고 찬물에 담가서 전분을 뺀다.

▶ **치자** 깨서 노란물을 우린다.

만들기

호일 위에서 백반을 녹인다

고구마와 백반을 넣어 익힌다

양념과 치자우린물 넣어 끓인다

1 백반 녹이기 호일 위에 백반을 올려 불에 녹인다.

2 고구마 삶기 끓는 물에 고구마와 백반을 넣어 삶아낸다.

3 양념 끓이기 냄비에 진간장, 설탕, 참기름, 맛술, 치자우린 물, 물을 고구마가 잠길 정도로 붓고 끓으면 삶은 고구마를 넣어 조린다. 고구마가 부서질 수 있으므로 뒤적이지 말고 서서히, 투명한 빛이 날 때까지 조려 검은깨를 뿌린다.

plus tip

고구마는 백반을 넣어 삶는다

고구마는 전분이 많아 그대로 조리면 살이 부서지고 모양이 밉게 된다. 감자, 밤, 단호박도 마찬가지. 섬유소 조직을 치밀하게 하려면 백반을 물에 타서 섞은 물에 담가 두면 된다. 그렇게 하면 조직이 단단해진다. 백반을 쓸 때는 구워서 가루로 만들어 쓴다.

우엉조림

⊙ 기본 재료

우엉 2개, 간장 3큰술
조청 4큰술, 생강즙 1작은술
통깨 조금, 식초 적당량

만들기

끓는 물에 우엉을 삶아낸다

간장 · 조청을 넣어 장물을 만든다

삶은 우엉 · 생강즙을 넣어 조린다

1 우엉 식촛물에 담갔다가 삶기 우엉은 껍질을 벗긴 다음 3cm 토막으로 썰어서 식촛물에 담가 검은 물을 우려 낸 후 끓는 물에 소금을 넣고 삶아낸다.

2 장물 끓이기 냄비에 분량의 간장과 조청을 넣고 물을 더하여 장물을 끓인다.

3 생강즙 넣어 조리기 장물에 삶아낸 우엉과 생강즙을 넣고 투명하게 조린다.

how to

비타민과 섬유소가 많은 무청에 쇠고기의 맛이 보태져 겨울철 실속있는 밑반찬이 된다. 무청은 약간의 쓴맛이 있으므로 마른 것은 삶아서 물에 담갔다가 사용한다. 생것도 마찬가지로 삶아서 물에 담갔다 쓴다. 무청은 김장 때에 싱싱한 것을 사서 말려 두었다가 겨울철 반찬 재료로 쓰면 유용하다. 속대로만 준비해 두면 된장국, 우거지 생선지짐, 볶음, 나물 등 어떤 요리에나 구수한 찬으로 쓸 수 있다.

무청된장조림

⊙ 기본 재료

말린 무청 400g

쇠고기(홍두깨살) 200g

꽈리고추 100g

⊙ 조림장

간장 6큰술, 통후추 5알

설탕 3큰술, 깨소금 1큰술

생강 1/2톨, 마늘 4쪽, 육수 2컵

밑준비하기

부드럽게 삶은 무청은 찬물에 담가 놓아야 아린 맛이 없어진다.

▶ **무청** 냄비에 물을 넉넉히 붓고 무청을 삶는다. 이때 소다를 조금 넣으면 빨리, 무르게 삶을 수 있다. 삶은 무청은 찬물에 담가 아린 맛을 우려낸다.

만들기

1 무청은 7~8cm 길이로 썬다

2 쇠고기는 무르게 삶는다

3 삶은 쇠고기는 찢어 놓는다

4 조림장 재료를 섞어 조림장을 만든다

5 조림장에 쇠고기와 무청을 넣고 조린다

6 무청이 조려지면 꽈리고추를 넣고 조린다

1 **무청 준비하기** 아린 맛을 우려낸 무청은 물기를 꼭 짠 다음 7~8cm 길이로 썬다.
2 **쇠고기 삶기** 쇠고기는 찬물에 담가 핏물을 뺀 다음 끓는 물에 넣고 삶는다. 꼬치로 찔러보아 익었는지 확인한다.
3 **쇠고기 찢기** 쇠고기가 무르게 삶아지면 꺼내서 굵게 찢는다.
4 **조림장 준비하기** 육수에 분량의 간장과 설탕, 얇게 저민 생강과 마늘, 깨소금, 통후추를 넣고 끓인다.
5 **쇠고기 · 무청 넣기** 조림장에 쇠고기와 무청을 넣고 조린다.
6 **꽈리고추 넣기** 무청이 어느 정도 조려지면 꽈리고추를 넣고 함께 조린다.

plus tip

조림장 만들기 두 가지

• **뿌리채소 조림장**(데친 뿌리채소 300g 기준)/간장 3큰술, 다시마물 1컵, 청주 3큰술, 설탕 3큰술, 고운 고춧가루 1작은 술, 생강즙 1/2큰술, 통깨 적당량을 준비한다.

• **북어구이 양념장**(북어포 2마리 기준)/ 간장 2큰술, 고춧가루 1큰술, 고추장 2큰술, 청주 1큰술, 설탕 2큰술, 다진 생강 1작은술, 다진 파 · 마늘 1큰술씩, 깨소금 1큰술, 후춧가루 조금, 참기름 적당량, 송송 썬 청 · 홍고추 1개씩

how to

찜은 쇠고기, 돼지고기, 닭, 생선, 채소 등이 주재료다. 개성식 찜은 돼지고기, 닭고기, 쇠고기 세 가지 육류를 섞어서 쓰며, 부재료로 무를 많이 넣어 고기맛이 밴 맛있는 무를 즐긴다. 무는 손가락 굵기로 작게 썰고, 돼지갈비는 토막을 낸다. 사태는 질기므로 얇게 펴서 잔칼질을 한다. 여러 종류의 고기를 사용하므로 비슷한 크기로 자르고 밑간을 미리 해, 간이 밴 상태에서 육수를 붓도록 한다. 무는 잘 뭉그러지므로 소금에 살짝 절였다가 쓴다.

개성무찜

⊙ 기본 재료

닭고기 200g, 돼지갈비 400g
쇠고기(사태살) 200g
무 400g, 표고버섯 8개
느타리버섯 100g, 밤 10개
은행 20알, 대추 1컵
쇠고기 육수(물) 5컵

⊙ 불고기 양념장

물엿(조청) 4큰술, 설탕 2큰술
간장 5큰술, 다진 파 4큰술
다진 마늘 2큰술, 생강즙 1작은술
맛술 2큰술, 참기름 1큰술
후추 1작은술, 소금 조금

밑준비하기

돼지갈비는 찬물에 1~2시간 이상 담가 핏물을 빼고 닭 · 사태살은 삶아서 먹기 좋은 크기로 썰어 사용한다

▶ **돼지갈비** 찬물에 담가 핏물을 뺀다. 핏물을 빼는 동안 물을 서너 번 갈아준다.

▶ **닭 · 사태살** 사태살은 다른 고기보다 질기므로 미리 삶아서 쓴다. 삶은 사태살과 닭은 먹기 좋은 크기로 썬다.

만들기

무는 소금에 절여서 물기를 뺀다

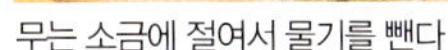

설탕 · 간장으로 양념한다

느타리 버섯은 데친다

고기는 양념장에 버무린다

냄비에 안치고 육수를 붓는다

육수는 재료를 안치고 재료가 잠길만큼 자작하게 붓는다

1 **무 준비하기** 손가락 굵기로 썰어 소금에 절였다 물에 씻어 소금기를 완전히 뺀다.

2 **설탕 · 간장 양념하기** 소금기 뺀 무에 설탕과 간장을 조금 넣고 주물러 양념한다.

3 **표고버섯 준비하기** 미지근한 물에 설탕을 조금 넣고 불린 다음 4등분 한다.

4 **밤 · 은행 · 대추 준비하기** 밤은 껍질을 벗기고 은행은 볶아서 껍질을 벗긴다. 대추는 돌려깎아 씨를 발라낸다.

5 **느타리 버섯 준비하기** 느타리 버섯은 끓는 물에 데쳐서 물기를 꼭 짠다.

6 **고기 양념장에 버무리기** 불고기 양념장 재료를 섞어 손질해 둔 돼지고기와 닭고기 · 쇠고기 사태를 버무린다. 여기에 버섯과 밤 · 대추를 섞은 후 양념이 고루 배도록 4시간 정도 재운다.

7 **육수 붓기** 재료에 간이 충분히 배면 육수를 자작하게 붓고 밑이 눌어 붙지 않게 중불에서 서서히 익힌다.

plus tip

무는 김장무가 가장맛있다

무는 날씨가 선선해지는 가을에 나오는 김장 무가 가장 맛있다.

가을철에는 무를 썰어서 말려 두었다가 필요할 때 불려서 간장으로 무쳐 먹든지 간장에 절였다가 쇠고기를 넣고 볶아 먹으면 맛있다.

날무로 만든 짭짤한 장아찌를 갑장과 또는 숙장과라고 하는데 무 갑장과는 무를 막대 모양으로 썰어 간장에 절여서 쇠고기와 함께 볶는 반찬이다.

how to

말린 채소는 기름을 두르고 볶아야 부드럽다. 고기류를 부재료로 사용하여 맛을 내는데, 호박은 쇠고기로, 가지는 돼지고기로 맛을 낸다. 불린 나물을 쓸 때는 묵은 냄새가 나므로 불리기 전에 말끔히 씻은 다음 물에 담갔다가 사용한다. 이때 나물이 지나치게 불어나 뭉그러지므로 조심한다. 적당하게 불린 나물은 물기를 꼭 짠 후 무치듯이 양념해서 볶아야 맛이 고르게 밴다.

가지오가리 · 호박오가리

⦿ 호박 오가리 재료

호박 오가리 · 다진 쇠고기 100g씩
실고추 · 깨소금 조금씩
식용유 적당량

⦿ 쇠고기 양념

간장 1큰술, 설탕 1/2큰술
다진 파 2작은술, 깨소금 1작은술
다진 마늘 · 참기름 1작은술씩
후춧가루 조금

⦿ 가지 오가리 재료

가지 오가리 100g,
다진 돼지고기 100g, 실파 조금
실고추 조금, 식용류 적당량

⦿ 돼지고기 양념

고추장 · 깨소금 1큰술씩
설탕 · 다진 파 2작은술씩
다진 마늘 · 청주 · 참기름 1작은술씩
생강즙 · 간장 조금씩

plus tip

가지와 호박의 영양성분

가지의 주성분은 당질로 칼슘, 철분 등이며 조직이 스폰지 상태여서 기름을 잘 흡수하므로 식물성 기름을 써서 요리하면 불포화 지방산과 비타민 E를 많이 섭취할 수 있다. 표면이 쭈글쭈글한 가지는 오래된 것이므로 표면이 탱탱하고 꼭지가 마르지 않은 것을 고른다.

호박은 당질이 주성분이지만 비타민 A가 카로틴의 형태로 많이 들어 있는 영양식품이다. 몸체가 고르고 윤기가 있으며 연한 녹색을 띠는 것이 싱싱하다.

밑준비하기

호박 오가리는 하룻밤 정도 물에 담가 불리고 실고추와 실파를 송송 썬다

▶ **호박 · 가지 오가리** 각각 잠길 정도의 물에 담가 하룻밤 정도 충분히 불린다.

▶ **실고추 · 실파** 실고추는 짧게 끊고, 실파는 송송 썬다.

만들기

쇠고기 양념과 돼지고기 양념을 따로 만든다

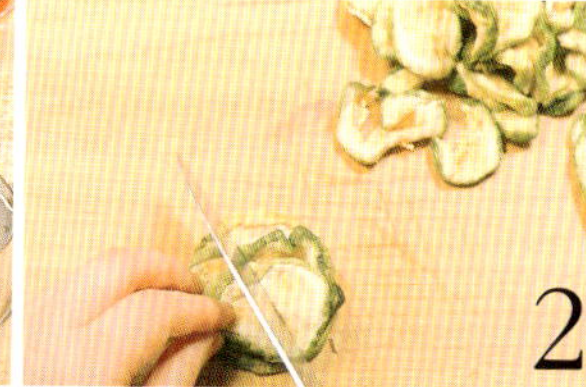

불린 호박 오가리는 반으로 썬다

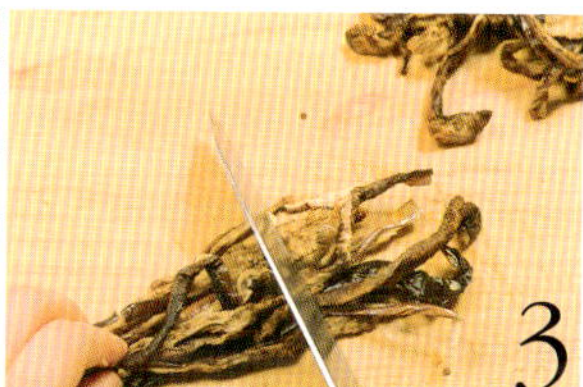

가지는 적당한 크기로 썬다

호박 오가리와 가지 오가리는 각각 양념한다

가지와 돼지고기를 볶으면서 양념한다

호박오가리 나물과 가지오가리 나물은 각각 양념하여 따로 볶아 다른 접시에 담는다

1 **다진 쇠고기 · 돼지고기 양념하기** 쇠고기와 돼지고기 양념을 각각 만들어 다진 쇠고기와 돼지고기에 각각 넣고 무친다.

2 **호박 오가리 준비하기** 불린 호박오가리 중 큰 것은 반으로 자른다.

3 **가지 오가리 준비하기** 가지 오가리는 결을 살려서 먹기 알맞은 크기로 썬다.

4 **호박 · 가시 오가리 양념하기** 호박과 가지 오가리는 소금과 참기름, 다진 마늘을 넣어서 조물조물 무친다.

5 **호박 오가리 볶기** 팬을 달군 다음 기름을 두르고 호박 오가리를 먼저 볶다가 기름이 돌면 옆으로 밀어두고 양념한 쇠고기를 볶는다. 적당히 볶아지면 깨소금과 참기름, 실고추를 넣고 버무린다.

6 **가지 오가리 볶기** 가지 오가리도 호박과 같은 방법으로 볶다가 돼지고기를 넣어 볶으면서 깨소금과 참기름, 실고추, 실파를 넣어 버무린다.

how to

아삭아삭 씹히는 나물과 향긋한 과일 등을 넣어 매콤하고 새콤하게 묻힌 채소음식. 일명 맵게 했다 해서 매운 잡채라고도 한다. 나물은 익힌 것이지만 무르지 않고 씹히는 질감이 있어야 하므로 줄기나 뿌리채소를 사용한다. 여러 가지 나물이 들어가므로 겨자장 하나로 간을 맞추기 힘들다. 한 가지 한 가지 나물에 밑간을 잘 해야 전체적으로 맛이 좋다.

초잡채

⦿ **기본 재료**

콩나물 50g, 고사리 50g
도라지 · 우엉 50g씩
당근 · 무 50g씩
사과 1/4개, 배 1/4개
밤 2개, 고운고춧가루 1큰술

⦿ 고명

잣 1큰술, 은행 10알
석이버섯 조금

⦿ 겨자소스

겨자 불린 것 1큰술, 식초 3큰술
설탕 3큰술, 소금 1/2큰술
콩나물 삶은물 3큰술

밑준비하기

사과와 배, 밤은 채썰어서 설탕물에 잠시 담갔다가 건져 랩을 씌워 차에 두었다가 사용한다

- **콩나물** 머리와 꼬리를 떼고 깨끗이 씻은 다음 물 1컵을 붓고 살짝 삶아낸다. 삶은 물은 따라내어 따로 두고 콩나물은 망에 담아서 냉장고에 넣어 차게 식힌다.
- **우엉** 6cm 길이로 가늘게 채썰어서 끓는 소금물에 넣어 데친다.
- **은행** 끓는 물에 삶아 껍질을 벗긴다.
- **과일** 채 썰어서 설탕물에 잠시 담가두었다가 건진다.
- **밤** 껍질을 벗기고 얇게 썬 다음 채썰어서 슴슴한 설탕물에 넣었다가 건져 랩을 씌워 차게 둔다.
- **도라지** 6cm 길이로 채썰어서 소금으로 문질러 씻어서 헹궈 삶는다.
- **고사리** 썰기 굵고 질긴 것은 다듬어 끊어내고 연한 부분만 깨끗이 씻어 4~5cm 길이로 썬다.
- **당근 · 무** 가늘게 채썰어 끓는 소금물에 살짝 데친다. 무는 6cm 토막으로 썰어서 우엉 굵기로 채썬 다음 끓는 물에 살짝 데쳐 차게 식힌다.
- **석이버섯** 뜨거운 물에 넣었다가 바로 건져서 부드러워지면 소금을 뿌려 비빈다. 빨래를 하듯이 문지르면 안쪽의 검은 때가 벗겨진다. 깨끗이 헹궈 건져 곱게 채썬다.

만들기

겨자소스를 만든다

모든 재료를 고춧가루로 버무린다

먹기 직전에 겨자소스로 버무린다

1 **겨자소스 만들기** 겨자불린 것에 식초, 설탕, 소금 등 분량의 양념을 넣고 콩나물 삶은 물을 넣어서 묽게 농도를 맞춘다.

2 **고춧가루 넣기** 준비해 놓은 모든 재료를 섞은 다음 고운 고춧가루로 버무려 색을 낸다.

3 **겨자소스로 버무리기** 먹기 전에 겨자소스로 버무려 접시에 담는다.

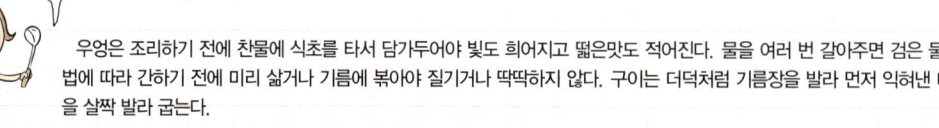

우엉은 조리하기 전에 찬물에 식초를 타서 담가두어야 빛도 희어지고 떫은맛도 적어진다. 물을 여러 번 갈아주면 검은 물이 더 잘 빠진다. 우엉은 조리법에 따라 간하기 전에 미리 삶거나 기름에 볶아야 질기거나 딱딱하지 않다. 구이는 더덕처럼 기름장을 발라 먼저 익혀낸 다음 양념간장이나 양념고추장을 살짝 발라 굽는다.

우엉구이 · 우엉적

우엉구이

⊙ 기본 재료

우엉 1개, 식용유 적당량

⊙ 기름장

간장 1큰술, 참기름 1큰술

⊙ 구이 양념장

고추장 3큰술, 물 2큰술

고운고춧가루 · 참기름 1작은술씩

깨소금 1큰술

밑준비하기

우엉으로 반찬을 만들 때는 우선 식촛물에 담가 검은 물을 빼야 하고 섬유질이 단단하므로 자근자근 두드려 사용한다

▶ **우엉** 우엉은 껍질을 벗겨 서너 토막으로 썰어 식초를 탄 물에 담갔다가 검은 물이 빠진 다음 구이용은 그대로 물기를 빼두고 적감은 끓는 물에 살짝 데친다.

▶ **두드리기** 우엉은 섬유질이 단단하고 질기므로 방망이로 깨지지 않을 정도로 자근자근 두드린다.

▶ **썰기** 구이용 우엉은 6~7cm 길이로 썰어서 3mm 두께로 썰고, 적은 12cm 길이로 썰어 3mm 두께로 썬다.

만들기

기름장에 무친다

양념장을 발라 굽는다

구이용 우엉은 삶지 말고 그대로 기름장에 무쳐 초벌구이 한 다음 양념장을 발라 앞뒤로 살짝 굽는다

1 **기름장에 무치기** 기름장을 분량대로 섞어서 구이용으로 썰어둔 우엉에 넣어 손으로 살살 무친다. 구이용 우엉은 삶지 않아야 우엉의 향긋함을 살릴 수 있다.

2 **팬에 굽기** 기름을 두른 프라이팬에 기름장을 무친 우엉을 가지런히 올려서 초벌구이를 하고 우엉이 노릇하게 지져지면 앞뒤로 구이 양념을 발라가며 굽는다.

우엉적

⊙ 기본 재료

우엉 1개, 물 1/2컵, 간장 2큰술

설탕 1큰술, 참기름 조금

식용유 적당량

⊙ 밀가루반죽

밀가루 1/2컵, 물 2/3컵

통깨 2큰술, 소금 1/2작은술

⊙ 식촛물

물 2컵, 식초 1/2큰술

만들기

조림장을 끓이다가 우엉을 넣고 조린다

1 **우엉 조리기** 냄비에 물, 간장, 설탕, 참기름, 물을 분량만큼 붓고 끓기 시작하면 적감으로 썰어 놓은 우엉을 넣어서 간이 배도록 3~4분간 조린다. 조린 우엉은 망에 옮겨 담아서 조림장물을 뺀다.

2 **꼬치에 끼우기** 우엉이 한김 식으면 꼬치에 납작한 채로 서너개씩 끼운다.

3 **밀가루반죽 묻혀 지지기** 밀가루에 통깨와 소금을 넣고 물을 한번에 부어 거품기로 힘있게 저어 멍울이 없는 묽은 밀가루반죽을 만들어 꼬치에 꿴 우엉을 담갔다가 기름 두른 팬에 올려 지진다.

how to

향기가 있고 매콤한 맛이 나는 고추, 깻잎, 부추, 파, 양파 등은 여름철 입맛 나는 음식에 많이 사용된다. 이런 채소들을 넉넉히 넣고 간은 고추장, 된장으로 한다면 더욱 입맛 당기는 음식이 된다. 장떡은 밀전병류로 볼 수 있으나 채소를 썬 것이 많이 들어가 끈기가 덜 하다. 고추장 간이 들어가면 반죽이 삭기도 하므로 반죽한 후 바로 부치는 것이 좋다. 두꺼우면 맛이 없으므로 꾹꾹 눌러가며 얇게 부친다.

고추장떡 · 부추장떡

고추장떡

⊙ 기본 재료

- 밀가루 1컵, 찹쌀가루 1컵
- 풋고추 4개, 홍고추 1개
- 대파 1뿌리, 깨소금 1큰술
- 물 4큰술, 고춧가루 1큰술
- 된장 2작은술, 후춧가루 조금
- 식용유 적당량

밑준비하기

고추는 반 갈라서 씨를 뺀 다음
사선으로 가늘게 채 썰어 물에 담가
매운맛을 제거한다.

만들기

1 밀가루 · 찹쌀가루에 고추를 넣는다

2 갖은 재료를 넣어 반죽한다

1 **고추 넣기** 밀가루와 찹쌀가루를 섞은 다음 채썬 고추를 넣는다.
2 **반죽에 양념하기** 된장과 고춧가루(또는 고추장), 깨소금, 후춧가루, 물을 섞어 반죽을 만든다.
3 **부치기** 달구어진 팬에 기름을 두르고 반죽을 떠 넣고 얇게 지진다.

부추장떡

⊙ 기본 재료

- 부추 반단, 밀가루 2컵
- 풋고추 1개, 새우살 1/2컵
- 소금 1작은술, 물 1.5컵
- 식용유 적당량

만들기

1 부추를 썬다

4 밀가루를 넣어 버무린다

부추는 반죽할 때 치대면
풋내가 나고 상하기 쉬우므로
밀가루를 넣고 부추잎이
상하지 않게 가볍게 반죽한다

1 **부추 썰기** 깨끗하게 골라서 씻은 다음 물기를 빼고 5cm 길이로 썬다.
2 **새우살 · 고추 준비하기** 새우는 내장을 빼고 대강 다지고, 풋고추는 가늘게 채 썬다.
3 **부추, 고추, 새우살에 간하기** 부추와 고추, 새우살을 넓은 그릇에 담고 소금으로 간한다.
4 **반죽에 버무리기** 간을 한 재료에 밀가루를 넣고 가볍게 반죽한다.
5 **지지기** 달구어진 팬에 기름을 두르고 반죽을 얇게 펴서 지진다.

how to

호박을 들기름에 지지면 구수하다. 만일 찜통에 찐다면 양념장에 참기름을 넉넉히 섞어 고소한 맛을 살린다. 꽈리고추는 조림이 아니면 밀가루 옷을 입혀 살짝 쪄서 양념장을 얹어 먹는다. 부추는 날콩가루를 입혀 찌면 고소한 맛이 괜찮다. 가루가 말라있어 잘 붙지 않으면 콩가루에 스프레이로 물을 조금 뿌려 두었다가 사용한다. 먹기 바로 직전에 양념장에 무쳐야만 축축하지 않다.

부추콩가루찜 · 고추찜 · 애호박부침

⊙ 기본 재료

애호박 1개, 식용유 적당량
꽈리고추 2컵, 밀가루 1/2컵
부추 반단, 콩가루 1/2컵

⊙ 양념장

진간장 2큰술, 국간장 2큰술
물 4큰술, 고춧가루 1큰술
다진 파 2큰술, 다진 마늘 1큰술
설탕 2큰술, 물엿 2작은술
깨소금 2큰술, 참기름 1큰술
후춧가루 조금

부추콩가루찜

부추에 콩가루를 묻혀 찐다

1 **부추 씻어 물기 빼기** 티없이 말끔히 다듬어서 씻어 건진다.

2 **콩가루 묻혀 찌기** 부추는 반 갈라서 콩가루를 묻혀 김이 오른 찜통에 찐다. 뜨거울 때 양념장을 얹어 낸다.

고추찜

꽈리고추는 꼭지를 따 손질한다

고추에 밀가루를 묻힌다

꽈리고추는 꼭지를 떼고 구멍을 내야 양념맛이 속까지 들어가 맛있다

1 **꽈리고추 준비하기** 꽈리고추는 꼭지를 떼고 양념이 속까지 잘 배이도록 구멍을 낸다.

2 **찜통에 찌기** 구멍낸 꽈리고추에 밀가루를 묻혀서 김이 오른 찜통에 찐다. 뜨거울 때 양념장을 끼얹어 낸다.

애호박부침

애호박은 도톰하게 썬다

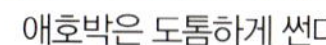

노릇하게 팬에 지진다

양념장을 끼얹어 상에 낸다

1 **애호박 썰기** 애호박은 깨끗이 씻어서 1cm두께로 도톰하게 썬다.

2 **팬에 지지기** 도톰하게 썬 호박을 기름 두른 팬에 얹어 겉이 노릇하도록 얼른 지진다.

3 **양념장 얹어 내기** 뜨거울 때 양념장을 끼얹어 상에 낸다.

▶ **양념장** 간장과 고춧가루, 다진 파, 마늘 등 분량의 양념장 재료를 섞어 미리 만들어 놓는다.

plus tip

고추, 부추, 호박의 좋은 점

호박의 주성분은 당질이며 비타민 A와 C가 풍부하다. 연한 녹색의 애호박을 따다가 전을 부치거나 나물을 하면 맛은 물론 영양적으로 우수하다. 몸체가 쪽 고르고 윤기가 있으며 연한 녹색을 띠는 것이 좋다.

고추는 특유의 매운맛이 있어 적당히 먹으면 위액의 분비를 촉진시켜 소화를 돕고 피를 잘 돌게 한다. 껍질이 두텁고 윤기가 나며 반으로 갈라 보아 씨가 적은 것이 찜하기에 좋다.

부추는 비타민 A가 풍부한 건강 채소다. 독특한 향을 내는 성분이 혈액순환을 돕고 신진대사를 활발하게 해 몸을 따뜻하게 해준다. 부추는 어린 것일수록 맛이 좋으므로 너무 크거나 억세지 않은 것을 고른다.

how to

몸이 단단한 채소를 단지에 넣고 달인 초간장을 부어 2~3일 정도 익히면 장아찌가 된다. 한 가지씩 만들어 먹기보다 여러 가지를 함께 섞어 만들면 한 번에 여러 가지 채소를 맛 볼 수 있다. 같이 만들 수 있는 채소는 오이, 무, 당근, 양파, 풋고추, 마늘종 등이다. 장아찌의 기본은 물기를 빼는 일. 소금물에 절여서 건져 수득하게 된 상태에서 장물을 부어야 한다. 장물은 간장, 식초, 설탕을 섞어 팔팔 끓여 식혀서 붓기를 서너번 해야 변하지 않는다.

야채모듬 장아찌

⊙ 기본 재료

오이 절임, 오이(작은 것) 10개
소금 1/2컵

⊙ 당근 · 무 절임

당근 1/2개, 무 200g
소금 2큰술

⊙ 양파 절임

양파 2개, 소금 2큰술
식초 1큰술, 설탕 1작은술

⊙ 단촛물

간장 2컵, 식초 2컵, 물 2컵
설탕 1/2컵, 소금 2큰술
생강채 1큰술

밑준비하기

단촛물은 일단 한 번 끓여 식혀서 부어야 한다. 간장 2컵, 물2컵, 식초 2컵, 설탕, 소금, 생강채를 섞어서 끓이면 된다

만들기

오이는 소금물에 절인다

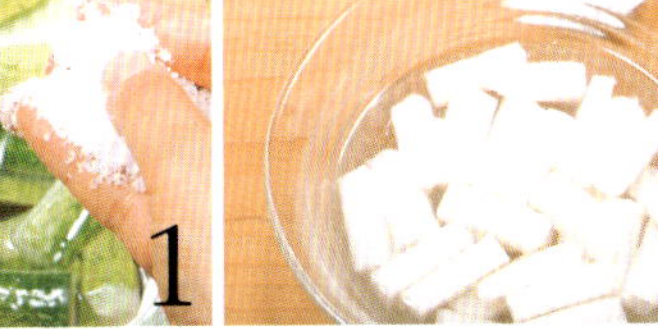
당근 · 무도 소금물에 절인다

양파는 설탕 · 소금에 절인다

절인 재료들은 면보에 싸서 물기를 뺀다

재료를 단지에 담고 단촛물을 부어 익힌다

야채에 부었던 단촛물을 2~3일 후에 따라내어 다시 한 번 끓여서 식힌 후 단지에 다시 붓고 익힌다. 이렇게 하기를 서너번 한다

1 **오이 준비하기** 오이는 손가락 둘째 마디 크기로 썰어서 소금과 물을 넣고 절인다.

2 **당근 · 무 준비하기** 당근과 무도 손가락 둘째 마디 크기로 썰어서 소금에 절인다.

3 **양파 준비하기** 양파는 1.5cm폭으로 썰어서 소금, 식초, 설탕을 넣은 물에 담가 둔다.

4 **야채 물기 짜기** 준비한 야채는 면보로 감싸 물기를 꼭 짠 다음 단지에 담는다.

5 **단촛물 넣기** 야채를 넣은 단지에 단촛물을 붓고 마개를 단단하게 봉하여 2~3일 익혀서 먹는다. 오래 두고 먹으려면 단촛물을 서너번 끓어서 붓는데 다시 끓일 때는 물을 보태서 끓여야 한다.

plus tip

제철채소를 이용한 밑반찬

징아찌는 제철에 흔한 채소를 간장, 고추장, 된장 등에 넣어 장기간 저장하는 음식이다. 대개는 1년쯤 지나야 제대로 맛이 나므로 미리미리 준비해 두어야 한다. 장아찌의 매력은 짭짤한 맛과 아삭아삭 씹는 맛에 있다. 밥을 주식으로 하는 우리의 음식 문화에서 개운한 밑반찬 역할을 하는 중요한 식품이다. 워낙 짜므로 얇게 썰거나 채 썰어 한 번 정도만 물에 헹구어 짠맛을 빼고 참기름, 설탕, 깨소금 등을 넣어 고루 무쳐서 먹는다.

간장장아찌를 담그려면 간장에 식초, 설탕, 생강, 마늘, 마른 고추를 넣고 일단 끓여서 식힌 것을 쓰는 것이 더 맛있다. 재료를 항아리나 보존 용기에 차곡차곡 담고 무거운 것으로 누른 다음 달인 장물을 부어 둔다.

how to

장아찌를 궁중에서는 장과라 부르는데 그 중에 장아찌 질감을 살려 만든 것은 갑장과라 한다. 우선 장이나 소금에 절여야 하고 맛을 내기 위해 쇠고기와 표고버섯을 넣고 센 불에 얼른 볶아 씹히는 맛이 있게 만든다. 갑장과는 일명 숙장과라 한다. 열무도 역시 연한 것을 택하여 오이와 마찬가지로 이용한다. 모두 센 불에서 얼른 볶아야 하고 참기름, 깨소금, 파, 마늘 등의 양념을 조화있게 써야 맛이 있다. 볶아낸 후 다시 한 번 무친다.

오이갑장과 · 열무장과

오이갑장과

⦿ 기본 재료

오이 2개, 소금 2큰술
쇠고기 50g, 표고버섯 2장
식용유 적당량

⦿ 전체 간

참기름 1/2큰술, 깨소금 1큰술
실고추 조금

⦿ 고기양념

간장 1/2큰술, 소금 1/3작은술
설탕 2작은술, 다진 파 2작은술
다진 마늘 1작은술
참기름 · 깨소금 1작은술씩
후춧가루 조금

밑준비하기

▶ **표고버섯 · 다진 고기 양념** 표고버섯은 불려서 기둥을 떼고 깨끗이 헹군 다음 물기를 꼭 짠다. 가운데 부분이 도톰하여 굵기가 굵게 썰어지므로 생선의 포를 뜨듯이 얇게 저며 여러 장을 떠낸 다음 가늘게 채 썬다. 다진 고기는 표고버섯과 섞어 분량의 고기양념으로 양념한다.

만들기

오이는 소금물에 절인다

절인 오이를 면보에 감싸 물기를 제거한다

물기 뺀 오이를 볶는다

1 **오이 손질해서 절이기** 오이는 깨끗이 씻은 다음 가시를 도려내고 3cm 길이로 토막을 낸 다음 1cm 굵기로 썰어 슴슴한 소금물에 절인다.

2 **오이 물기 짜기** 오이가 절여지면 행주에 싸서 물기를 꼭 짠다. 또는 무거운 것으로 눌러두면 힘들이지 않고 짜진다.

3 **재료 볶기** 팬에 기름을 두르고 고기와 버섯을 먼저 볶다가 고기가 익으면 한쪽 옆으로 밀어 놓고 절인 오이를 넣어서 볶아 섞은 후 전체간을 맞춘다.

열무장과

⦿ 기본 재료

열무 200g, 소금 2큰술
쇠고기 50g, 표고버섯 2장
식용유 적당량

⦿ 전체 간

참기름 1/2큰술, 깨소금 1큰술
실고추 조금

⦿ 고기양념

간장 1/2큰술, 소금 1/3작은술
설탕 2작은술, 다진 파 2작은술
다진 마늘 1작은술
참기름 깨소금 1작은술씩
후춧가루 조금

만들기

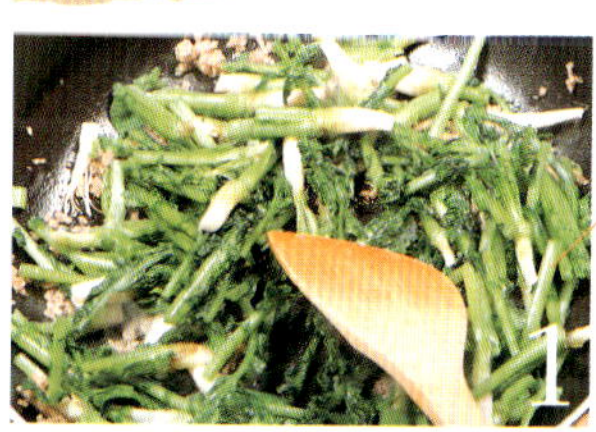

절인 열무를 5cm 길이로 잘라 양념한
쇠고기와 표고버섯을 섞어 프라이팬에 볶는다.
이때 전체 간을 한다

1 **열무 손질하기** 뿌리를 그대로 두면서 겉잎은 떼어내어 따로 쓰고 속의 여린 열무잎만 흐르는 물에 흔들어서 흙없이 씻어 슴슴한 소금물에 잠기도록 두어서 절인다.

2 **열무 물기 짜기** 절인 열무는 찬물에 얼른 씻어서 건진 다음 마른행주에 싸서 눌러 짠다. 손으로 비틀어 짜면 열무 잎에 멍이 들어서 나쁘다.

3 **열무 썰기** 물기를 짠 열무를 가지런히 도마 위에 올려놓고 5cm 길이로 자른다.

4 **재료 볶기** 팬에 기름을 두르고 양념한 고기와 버섯을 먼저 볶다가 고기가 익으면 한쪽 옆으로 밀어놓고 절인 열무를 넣어서 볶아 전체 간을 맞춘다.

how to

홍어찜은 예전에는 집안에 큰일이 있으면 빠지지 않았던 대표적인 잔치 음식이다. 홍어살의 쫀득함과 아삭하게 씹히는 무, 미나리, 오이 등의 싱싱한 채소로 만들어 입맛 당기는 찬이다. 시원하고 단맛이 나는 배와 미나리는 밑바닥에 깔고 그 위에 새콤하게 무친 붉은 홍어무침을 올려 산뜻하면서 맛깔스럽게 담아본다. 1인분 분량씩 담으면 보기도 좋고 덜어 먹기도 편하다.

홍어회

⊙ 기본 재료

홍어 1마리(800g), 무 150g
오이 반개, 도라지 50g, 배 반개
미나리 50g

⊙ 식촛물

설탕 1/2컵, 식초 1/2컵
소금 2큰술

⊙ 양념장

고운 고춧가루 4큰술
다진 마늘 1큰술, 물엿 2큰술
설탕 1큰술, 식초 2큰술
소금 1작은술, 간장 조금
생강즙 1/2작은술
깨소금 · 참기름 조금씩

⊙ 홍어고춧물

고춧가루 4큰술, 다진마늘 1큰술

밑준비하기

▶ **홍어** 껍질을 벗긴 홍어는 막걸리로 씻는다. 홍어는 껍질을 벗기는 과정이 까다로우므로 구입할 때 손질해 온다. 양날개와 가운데 연골이 많은 부위를 크게 나누어 썬다.

▶ **식촛물에 재우기** 홍어는 4cm폭으로 얇게 썬 후 1시간 정도 식촛물에 재운다.

▶ **무 · 오이** 2~3mm 두께에 1.5cm 폭으로 납작하게 썰어서 소금에 절인다.

▶ **도라지** 소금을 넣고 힘주어 주물러 씻어서 여러 번 헹군 다음 물기를 뺀다.

▶ **미나리** 줄기만 깨끗이 씻어서 4cm길이로 썬다.

▶ **배** 껍질을 벗긴 다음 미나리와 같은 길이로 채썬다. 배는 갈변하기 쉬우므로 설탕물에 담갔다가 건져서 랩을 씌워둔다.

▶ **양념장** 고춧가루, 다진마늘, 물엿, 설탕 등 양념장 재료를 분량대로 섞어 만든다.

만들기

홍어를 저며 썬다

식촛물에 절인 홍어의 물기를 짠다

홍어에 고춧물을 들인다

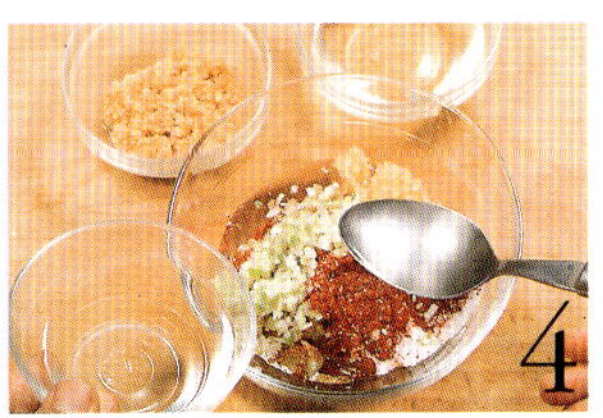

양념장을 만들어 버무린다

절인 홍어는 깨끗한 행주에 싸서 무거운 것으로 눌러 물기를 뺀다

1 **홍어 물기 짜기** 절인 홍어는 깨끗한 행주에 싸서 무거운 것으로 눌러 물기를 뺀다. 손으로 비틀어 짜면 모양이 망가지므로 모양 그대로 눌러서 짜는 것이 좋다. 조리 전용 탈수기를 사용해도 좋다.

2 **야채 물기 짜기** 소금에 절인 도라지, 무, 오이도 물기 없이 꼭 짠다.

3 **고춧물 들이기** 홍어에 고춧가루와 다진 마늘을 넣어서 주물러 붉게 물을 들인다.

4 **양념장에 버무리기** 배와 미나리를 뺀 모든 재료를 섞어 양념장에 버무린다. 먹기 직전에 소주와 레몬즙을 뿌리면 맛이 더욱 산뜻하다. 접시에 배와 미나리를 가지런히 깔고 버무린 재료를 얹는다.

plus tip

홍어 이야기

요즘에는 홍어를 식초에 담갔다가 채소와 버무린 홍어회를 즐겨 먹지만 예전에는 토막내어 녹말을 묻히고 끓는 물에 데쳐서 초고추장을 찍어 먹는 홍어어채를 많이 만들어 먹었다.

how to

우렁이는 보기보다 맛이 있는 재료이다. 씹을수록 달콤한 맛이 나는 우렁이에 연한 봄나물 잎새를 새콤하게 무쳐 섞어 먹으면 입맛 없을 때 그만이다. 쌉쌀한 나물의 맛에 고춧가루, 깨소금, 참기름을 조금 많다 싶게 넣어 얼른 무쳐 풍성하게 담아낸다. 초무침은 산뜻하고 깨끗한 맛을 내기 위해 소금간만 하는 것이 일반적인데 간장을 살짝 넣는 것이 더욱 감칠맛이 난다. 마늘은 많이 쓰지 않는 게 좋다.

우렁미나리회

⊙ 기본 재료

우렁이 300g, 미나리 100g
봄동 80g, 유채 80g
자투리 야채(파, 마늘, 양파 등) 조금씩

⊙ 양념장

고운고춧가루 4큰술
식초 3큰술, 물 2큰술
설탕 2큰술, 소금 1/2작은술
간장 1작은술, 마늘 4알

밑준비하기

우렁이는 맑은 물이 나올 때까지 소금물에 깨끗이 씻어 냉동시켜 두면 사철 먹을 수 있다.

▶ **우렁이** 우렁이는 소금에 주물러 씻어서 찬물에 여러 번 헹군다.

▶ **우렁이 데치기** 끓는 물에 준비한 야채 자투리를 넣고 향이 나면 우렁이를 넣어서 살짝 데친다.

▶ **나물** 미나리는 잎을 떼고 4cm길이로 자른다. 봄동은 여린 잎만 준비하여 2cm폭으로 썬다. 유채도 여리고 작은 잎만 골라서 찬물에 담가둔다.

만들기

우렁이를 끓는 물에 데친다

미나리 잎을 떼고 줄기만 다듬는다

봄나물을 다듬어 찬물에 담가둔다

양념장을 만든다

미나리는 잎을 떼고 줄기만 다듬어 사용한다

1 **우렁이 데치기** 소금물에 깨끗이 씻은 우렁이를 끓는 물에 데친다.
2 **미나리 다듬기** 미나리는 줄기만 다듬는다.
3 **봄나물 손질하기** 봄나물을 다듬어 찬물에 담가둔다.
4 **양념장 만들기** 양념장 재료를 분량대로 섞어 양념장을 만들어 놓는다. 마늘은 강판에 갈아서 넣는다.
5 **버무리기** 우렁이에 먼저 양념장을 넣어 버무려 맛을 들이고, 손질해둔 미나리, 봄동, 유채를 넣고 섞는다. 먹을 때 남은 양념을 더 넣어 간을 맞추고, 깨소금, 참기름을 넉넉하게 넣어 살짝 뒤적여 마무리한다.

plus tip

봄철에 상큼하게 먹는 미나리

미나리는 무기질 중에 칼륨이 많이 들어 있고, 비타민을 고루 함유한 알칼리성 식품이다. 미나리를 먹으면 정신이 맑아지고 혈액도 깨끗해진다고 하는데 특수한 정유 성분과 무기질이 들어 있기 때문이다.

미나리는 살짝 데쳐서 나물을 하거나 미나리강회를 만들면 특유의 상큼한 맛과 향을 즐길 수 있다.

미나리강회는 끓는 물에 살짝 데쳐서 상투 모양으로 도르르 감고 그 속에 잣을 박아 넣어 고추장에 찍어 먹는데 봄철의 상큼한 맛을 대표하는 음식이다.

미나리 나물을 조리하는 방법은 두가지가 있는데, 날 것을 소금에 절였다가 기름에 볶는 것과 데쳐서 짧게 끊어서 다진 생강과 식초, 기름을 넣어 무친 초나물이 있다. 초고추장을 넣어서 무쳐도 맛있다.

how to

달콤하면서도 연한 게살에 알맞게 배어든 간과 양념 맛이 일품인 게장은 오랫동안 두고 먹을 수 있는 밑반찬이다. 게무침은 바로 무쳐 먹는 즉석 반찬. 게는 딱딱한 껍질에 간이 배지 않는 것과 먹을 때의 불편함을 고려하여 손질할 때 미리 토막을 내거나 칼집을 많이 넣어 간이 잘 배게 한다. 빨갛게 겉에만 양념이 묻어 있는 것이 아니라 게살 속까지 맛이 잘 밸 수 있게 조리하는 것이 포인트.

꽃게장 · 꽃게무침

꽃게장

⦿ 기본 재료

꽃게 10마리(약 600g)
간장 2컵, 국간장 1컵, 물 1/2컵
생강 1톨, 마늘 1/2컵
마른고추 2개

밑준비하기

▶ 게 껍질째 솔로 문질러서 깨끗이 씻어 헹군다. 등딱지를 떼어내고 안쪽 몸통에 붙어있는 수염 모양의 허파를 떼어낸다. 앞다리는 간이 잘 배도록 칼집을 넣는다.

▶ 생강 얇게 편으로 썬다. ▶ 마른고추 반으로 찢어서 씨를 털어낸다.

만들기

게에 간장을 붓는다

간장물을 따라낸다

따라낸 간장에 물을 더하여 끓인다

1 **간장 붓기** 손질한 게는 단지에 담고 생강, 마늘, 마른고추를 넣고 간장을 부어 뚜껑을 덮어둔다.

2 **끓이기** 1주일 후에 간장물을 따라 냄비에 붓고 물을 더 넣어 끓인다. 한소끔 끓어오르면 불을 약하게 해 20분 정도 더 끓인 다음 완전히 식혀 다시 게장에 붓는다.

3 **익히기** 같은 방법을 이틀간 두 번 반복한 다음 보름간 두었다가 꺼내 먹는다. 이때가 가장 맛이 좋다. 간장과 게장을 따로 보관했다가 먹을 때 간장물을 끼얹는다.

꽃게무침

⦿ 기본 재료

꽃게 4마리, 풋고추 2개
홍고추 1개, 미나리 20g

⦿ 양념장

꽃게 절인 간장 1/2컵
홍고추 3개, 고춧가루 1큰술
대파 4cm, 마늘 4알, 생강 1쪽
물엿 2큰술, 설탕 2작은술
깨소금 1큰술

만들기

간장, 다진 파, 마늘, 생강을 믹서에 간다

물엿, 깨소금, 설탕을 넣어 간을 맞춘다

꽃게 무침은 양념장 맛이 좋아야 하므로 물엿, 깨소금, 설탕으로 맛을 낸다

1 **꽃게 손질하기** 꽃게는 딱지를 떼고 집게발은 떼어낸 후 반으로 가른다. 작은 다리는 다리 끝을 잘라낸다. 몸통은 4등분한다.

2 **간장 붓기** 꽃게에 간장을 부어서 간이 잘 배도록 둔다.

3 **재료 썰기** 대파는 반으로 가른 다음 곱게 다지고, 마늘은 얇게 편으로 썰어서 향이 배도록 함께 섞는다.

4 **간장물 따라내기** 꽃게가 절여지면 간장물을 따라낸다.

5 **양념장 믹서에 갈기** 믹서에 홍고추와 고춧가루, 꽃게 절인 간장, 다진 파, 마늘, 생강을 넣고 곱게 간다.

6 **양념장에 간 맞추기** 양념장에 물엿과 설탕, 깨소금을 넣어서 간을 맞춘다.

7 **버무리기** 게를 양념장에 넣어 먼저 버무린 다음 어슷 썬 풋고추 · 홍고추와 4cm 길이로 썬 미나리를 넣고 가볍게 버무린다.

how to

대합구이는 대표적인 봄조개인 대합의 맛과 조개 모양을 살린 맛있는 요리이다. 대합살은 씹히는 맛이 있어야 하므로 굵게 다지고, 간과 양념은 적게 쓰는 편이 조개 맛을 살릴 수 있다. 전(지짐)의 방법으로 하여 은근한 불에 구워 고소함과 구이의 풍미를 동시에 느낄 수 있다. 정성을 들인 만큼 맛도 있고 보기에도 좋은 음식이다.

대합구이

⊙ 기본 재료

대합(중) 6개, 조갯살 100g
쇠고기(우둔살) 100g
두부 50g, 밀가루 3큰술
달걀 2개, 홍고추 · 쑥갓잎 조금씩

⊙ 양념

소금 1큰술, 다진 파 4작은술
설탕 · 참기름 1작은술씩
다진 마늘 · 깨소금 2작은술씩
후춧가루 조금

⊙ 초간장

간장 2큰술, 식초 2큰술
물 1큰술, 설탕 조금

밑준비하기

대합은 껍질 겉면에 지저분한 것이 달라붙어 있으므로 솔로 박박 문질러 씻는다

▶ **대합** 소금으로 비비거나 솔로 하나하나 깨끗이 닦아서 헹군다.
▶ **쇠고기** 기름이 없는 쪽으로 다진다. ▶ **두부** 칼등으로 으깬 후 행주에 싸서 꼭 짠다.
▶ **조갯살** 검은 내장을 발라낸다.

만들기

끓는 물에 대합을 데친다

조갯살을 익혀 대합살과 섞어 다진다

대합 껍질 안쪽에 밀가루를 묻힌다

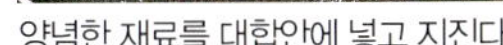
양념한 재료를 대합안에 넣고 지진다

지진 대합을 석쇠에 굽는다

조개껍질의 가장자리가 지글지글 기름이 돌면서 갈색이 나면 불에서 꺼낸다

1 **대합 데치기** 깨끗이 씻은 대합을 냄비에 담고 생강, 마늘, 자투리 야채를 넣은 후 물을 잘박하게 부은 후 데쳐 살을 발라낸다.
2 **조갯살 다지기** 조갯살은 센불에서 잠깐, 물기 없이 익힌 다음 데친 대합살과 섞어 굵게 다진다.
3 **양념하기** 다져놓은 쇠고기와 으깬 두부, 다진 조갯살을 섞어 갖은 양념을 한다.
4 **껍질에 재료 넣기** 대합 껍질의 안쪽에 기름을 얇게 바르고 밀가루를 살짝 뿌린 후 다져놓은 재료를 채우고 윗면을 고르게 한다.
5 **지지기** 윗면에만 밀가루를 얇게 묻힌 후 여분의 밀가루는 털어내고 달걀물에 담갔다가 달구어진 팬에 기름을 둘러서 지진다.
6 **석쇠에 굽기** 달걀옷을 입힌 부분이 노릇하게 지져지면 껍질이 밑으로 가도록 하여 석쇠에 얹어 굽는다.

plus tip

대합을 맛있게 먹으려면

대합은 씻어 조장에 씩어서 회로 먹거나 조개의 살만 꺼내어 씻어서 얇게 저며 파, 마늘, 고추를 가늘게 썰어서 얹고 초장이나 겨자장에 찍어 먹는다. 대합은 주로 탕, 찌개, 전골에 많이 넣으며, 살을 발라서 전을 부치거나 껍질에 도로 채워서 찜이나 구이를 하면 깔끔하게 즐길 수 있다.

how to

모두가 좋아하는 담백한 맛의 잔조기로 양념을 많이 쓰지 않고 반찬으로 먹기 알맞게 만든 간단한 찜이다. 조기에 간을 해 살짝 말려 한 마리씩 포장하여 냉동해 두었다가 약간의 양념과 슴슴한 장물만 끼얹어 찌면 된다. 슴슴한 생선의 맛을 돋우기 위해서는 겨자장 또는 초장에 찍어 먹는다. 콩나물, 미나리 데친 것을 곁들여 먹으면 씹히는 맛과 향취를 즐길 수 있다.

조기찜

⊙ 기본 재료

조기(15cm길이) 4마리
무 400g, 미나리 100g
콩나물 200g

⊙ 조기 밑간

소금 1큰술 , 흰후춧가루 조금
청주 2큰술

⊙ 찜양념

국간장 2큰술, 소금 조금
대파(흰부분) 5cm, 마늘 3알
생강 1쪽, 물 2/3컵, 실고추 조금

⊙ 겨자장

갠겨자 1큰술, 설탕 2작은술
식초 1큰술, 물 1큰술
참기름 · 간장 조금씩

⊙ 초간장

간장 2큰술, 식초 2작은술
물 1큰술, 설탕 조금
다진 홍고추 · 풋고추 1큰술씩

plus tip

참조기 고르는 방법

조기는 참조기가 맛이 좋다. 참조기는 몸통이 통통하고 머리가 반원 모양이며 몸빛은 회색을 띤 황금색이다. 입술이 붉고 아가미 안쪽이 까맣다.

조기는 맛이 슴슴해 회로 먹기보다는 맑은 장국이나 얼큰한 매운탕을 끓여 먹는다. 자반 조기는 참기름을 발라서 구우면 맛이 좋다. 물을 부어 파와 고추, 버섯을 넣고 쪄 먹기도 한다.

밑준비하기

▶ **조기** 알이 배지 않은 싱싱한 것으로 골라 비늘을 긁고 내장을 꺼내어 흐르는 물에 씻어서 깨끗이 물기를 뺀다.

▶ **말리기** 손질한 조기는 양면에 칼집을 어슷하게 2cm 정도의 간격으로 깊이 넣고 소금, 후추, 청주로 밑간하여 소쿠리에 담아서 2~3일 꾸덕하게 말린다.

▶ **찜양념** 대파는 2.5cm 길이로 토막내어 채썰고, 마늘과 생강은 가늘게 채썰어 나머지 양념과 섞어서 찜양념을 만든다.

▶ **무** 1cm 두께로 각지고 도톰하게 썰어서 모서리를 다듬은 후 끓는 물에 소금을 넣고 투명하게 삶아 찬물에 헹구어 건진다.

▶ **양념장** 찍어먹는 겨자장과 초간장을 분량대로 섞어 만든 다음 차게 둔다.

만들기

토막낸 무를 끓는 소금물에 삶는다

삶은 무에 설탕을 뿌린다

무 위에 조기를 얹고 양념장을 얹는다

양념장 올린 조기를 찜통에 찐다

삶은 무에 설탕을 뿌리면 무맛이 좋아진다

1 **냄비에 무 넣기** 열전달이 잘되는 그릇에 삶은 무를 깔고 설탕을 조금 뿌린다. 설탕을 뿌리면 무 맛이 좋다.

2 **조기 올리기** 무 위에 꾸덕하게 말려두었던 조기를 씻어서 올리고 찜양념을 고루 얹는다. 생선을 넣을 때는 머리가 왼쪽, 배가 앞쪽으로 오게 한다.

3 **찌기** 김이 오른 찜통에 넣어 40분간 찐다.

4 **양념장 곁들이기** 뜨거울 때 접시에 옮겨 담아 겨자장과 초간장을 곁들여낸다. 조기찜은 겨자장이나 초간장과 먹어야 맛이 산뜻하지만 식성에 따라 다진 파, 마늘과 간장, 깨소금, 고춧가루를 넣은 양념간장을 만들어 같이 내어도 좋다.

5 **미나리 · 콩나물 데치기** 미나리와 콩나물은 끓는 물에 데친 다음 차게 식혀서 함께 곁들여 낸다.

how to

고등어자반은 한손이라 해서 크고 작은 것을 한 마리씩 짝지어 판다. 자반으로 조리를 할 때는 간이 알맞게 배는 것이 중요하다. 슴슴하게 하려면 채소를 부재료로 쓰면 된다. 감자, 무, 무청 등을 깔고 자반을 안쳐 찌면 생선이 타지도 않고 그 맛이 채소에 배어 채소도 맛있게 먹을 수 있다. 가지는 여름철의 특별한 재료이니 자반찜에 같이 써보면 매우 맛이 있다. 단, 가지는 오래 익으면 풀어지니 두툼하게 썰어 기름에 지져서 사용한다.

자반고등어찜

⊙ 기본 재료

고등어 2마리, 가지 2개
꽈리고추 1컵, 쌀뜨물 1컵

⊙ 양념장

고춧가루 1큰술, 대파 1/2대
다진 마늘 3큰술, 물 2/3컵
참기름 1큰술

밑준비하기

▶ **가지** 5cm길이로 토막을 낸 다음 반으로 갈라 물에 담가 아린 맛을 우려낸 후 건져서 물기를 걷는다. 드문드문 껍질을 벗겨도 좋다. ▶ **고추** 꼭지를 떼고 구멍을 낸다.

▶ **대파 · 마늘** 작게 썬다. ▶ **양념장** 썰어 놓은 꽈리고추와 다진 파 · 마늘에 고춧가루, 참기름 등을 모두 넣고 물을 부어 고루 섞어 양념장을 만든다.

만들기

자반고등어는 쌀뜨물에 짠맛을 우려낸다

자반고등어의 물기를 제거한다

5cm길이로 토막을 낸다

센 불에서 노릇하게 지진다

가지는 소금을 뿌려 지진다

재료를 넣어 양념장을 끼얹는다

쌀뜨물을 부어서 익힌다

가지는 센불에서 재빨리 익히는데 소금을 조금 뿌리면 색이 곱다

1 **고등어 절이기** 물 좋은 고등어를 골라 배를 가르고 내장을 말끔히 뺀 다음 한 번 정도 흔들어 씻어 편평하게 펼치고 굵은 소금을 넉넉히 뿌려서 절인다.

2 **고등어 짠맛 우리기** 절인 고등어의 소금을 털어내고 머리를 떼어낸 다음 깨끗이 씻어서 통째로 쌀뜨물에 담가 짠맛을 우려낸다.

3 **고등어 물기 제거하기** 짠맛이 우러난 고등어를 찬물에 헹군 다음 건져서 마른 행주로 물기를 대강 닦아낸 후 5cm길이로 토막을 낸다.

4 **고등어 · 가지 지지기** 팬에 기름을 넉넉히 두르고 고등어를 센 불에서 얼른, 겉이 노릇해지도록 지지면서 가지도 놓아서 함께 지져 소금간을 한다.

5 **양념장 끼얹기** 냄비에 가지와 고등어, 고추를 옆옆이 안친 다음 양념장을 끼얹는다.

6 **쌀뜨물 붓기** 고등어 안친 냄비에 쌀뜨물을 자작하게 붓고 약한 불로 찐다.

how to

말린 오징어를 물에 불렸다가 밀가루옷을 입혀서 전처럼 지지면 맛있는 찬이 된다. 말린 오징어는 알맞게 불리면 매우 부드럽기 때문에 조림 간장에 조려 밑반찬으로도 사용한다. 다시마는 탕에 넣거나 기름에 튀겨 쓰지만 의외로 옷을 입혀 적을 부쳐도 맛이 있다. 우선 말린 것을 슴슴한 소금물이나 설탕물에 불려 풀을 바르듯이 다시마에 옷을 얇게 입혀, 두겹 내지 네겹으로 겹쳐서 기름에 지지면 썰어 놓은 단면이 희고 검은 띠를 이루어 색다르다.

오징어산적 · 다시마산적

오징어산적

⦿ 기본 재료

마른오징어 2마리

⦿ 밀가루즙

밀가루 2컵, 물 2컵

소금 1작은술, 식용유 적당량

plus tip

오징어 모양 살려 지지는 방법

적을 할 때 오징어와 다시마는 두꺼운 것을 써야 맛이 좋다. 오징어는 껍질을 벗기지 않고 지지며, 지질 때 위에서 꾹꾹 눌러야 모양이 틀어지지 않는다. 재료 자체에 맛이 없을 때는 슴슴한 장물에 한번 조린 후 지진다.

밑준비하기

밀가루와 물을 같은 양으로 섞어 멍울없이 푼 다음 랩을 씌워 냉장고에 넣었다 전옷으로 사용한다

▶ **밀가루즙** 밀가루와 물은 같은 양으로 넣고 푼다. 소금은 적을 부치기 직전에 넣어 간한다. 랩을 씌워 냉장고에 하룻밤 두면 끈기가 더 잘 생긴다.

만들기

1 마른오징어는 불린다

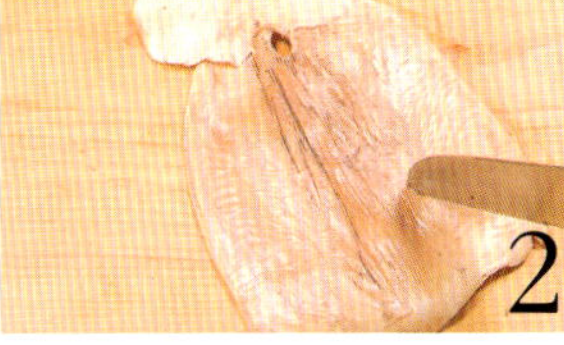

2 오징어에 칼집을 넣는다

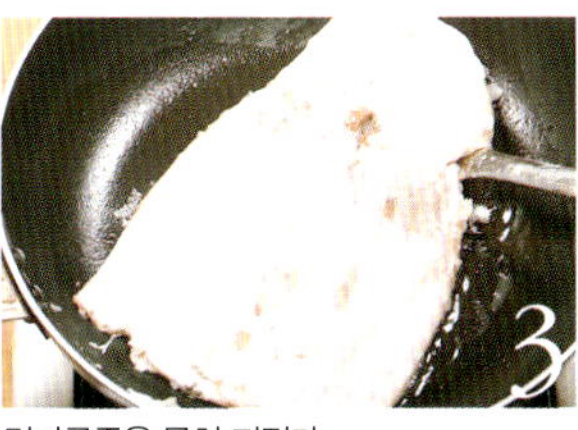

3 밀가루즙을 묻혀 지진다

1 **오징어 불리기** 마른오징어는 말랑해질 정도로 하룻 동안을 충분히 불린다.

2 **칼집 넣기** 불린 오징어 몸통에 앞뒤로 칼집을 여러 번 넣어 팬에 지질 때 오그라들지 않게 한다.

3 **지지기** 밀가루즙에 오징어를 넣었다가 건져내어 팬에 지져 먹기 좋은 크기로 썬다.

다시마산적

⦿ 기본 재료

다시마(10cm 길이) 5장

식용유 적당량

⦿ 조림장

맛술 1/4컵, 물 1/2컵

설탕 2큰술, 간장 1/4컵

⦿ 밀가루즙

밀가루 3컵, 물 3컵

소금 1작은술

만들기

1 다시마는 찬물에 불린다

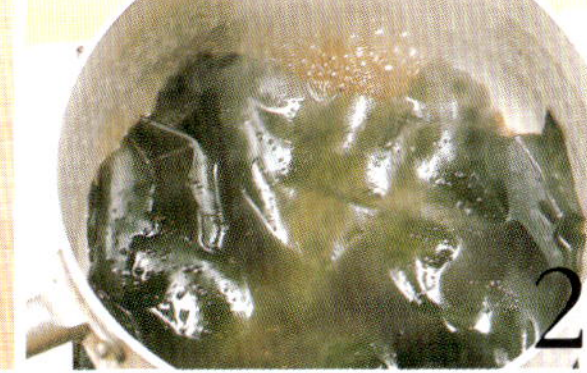

2 조림장에 넣어서 조린다

3 조린 다시마는 장물을 뺀다

1 **다시마 불리기** 다시마는 두꺼운 것으로 준비하여 찬물에 1시간 정도 불린 후 체에 건져 물기를 뺀다.

2 **다시마 조리기** 조림장을 만들어 끓이면서 불린 다시마를 넣고 한번 조려낸다.

3 **장물 빼기** 조린 다시마는 체에 밭쳐 장물을 뺀다.

4 **지지기** 장물을 뺀 다시마에 밀가루를 묻힌 후 밀가루즙에 넣었다가 3장을 겹쳐서 달구어진 팬에 기름을 넉넉히 두르고 지진다.

how to

생선조림은 생선살 속까지 간이 배야 하기 때문에 칼로 저미는 부분을 넓게 한다. 병어는 큰 것은 4토막 십자형으로 썰고, 작은 것은 위에 칼집만 내고 제모양대로 조린다. 생선을 조릴 때는 항상 채소를 부재료로 써서 냄비 밑에 깔아야 생선이 타지 않고, 채소에 생선의 감칠맛이 아래로 내려가 잘 밴다. 생선조림은 살이 연해서 도중에 뒤적이면 모양이 흩어진다. 국물은 재료가 덮이도록 부어야 하고 가운데를 비워 고인 양념장물을 위에 끼얹는다.

병어고추장 양념조림

◉ 기본 재료

병어 2마리, 감자 2개
무 8cm토막, 고구마줄기 200g
양파 작은 것 1개, 청양고추 3개
대파 1뿌리, 쇠고기 100g

◉ 조림 양념

마른고추 4개, 생강 반톨
다진 마늘 1큰술, 설탕 1큰술
물 3컵

◉ 쇠고기 양념

국간장 1큰술, 다진 마늘 1작은술
후춧가루 조금

밑준비하기

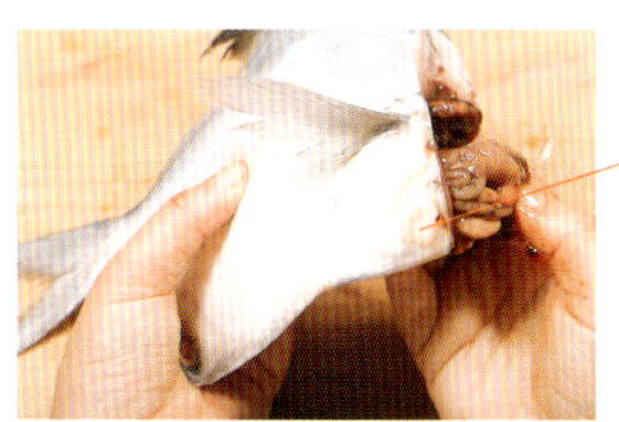

병어는 칼끝으로 비늘을 긁어낸 다음 머리를 잘라 내장을 빼낸다.

▶ **쇠고기 양념하기** 쇠고기는 얄팍하게 썰어서 분량의 국거리 양념으로 양념한다.

▶ **조림양념 만들기** 마른고추는 물을 자작하게 부어서 불린 다음 그 물과 함께 곱게 간다. 생강이나 마늘은 이때 함께 갈거나 따로 다져도 좋다. 고추 간 것과 다른 양념을 더하여 조림양념을 만든다. 급할 때는 고춧가루를 불려서 써도 된다.

만들기

병어는 2~3등분 한다

무는 4등분해 한 번 데친다

고구마 줄기는 껍질을 벗긴다

쇠고기와 무를 먼저 안친다

병어를 안친 후 조림장과 물을 붓고 조린다

조림양념과 재료가 잠길만큼 물을 부어 양념이 밸정도로 조린다.

1 **병어 썰기** 내장 뺀 병어는 꼬리와 지느러미를 자르고 몸통을 2~3등분 한다.

2 **감자 · 무 손질하기** 감자는 1cm두께로 동글게 썰어서 찬물에 담가 두고, 무는 1cm 두께로 썰어서 4등분한 후 모서리를 다듬어서 끓는 물에 한번 데친다.

3 **양파 · 대파 · 고추 준비하기** 양파는 굵게 세로로 썰고, 대파는 4cm길이로 토막을 내어 2~3등분 한다. 청양고추는 어슷 썰어서 씨를 털어낸다.

4 **고구마줄기 껍질 벗기기** 고구마줄기는 소금에 살짝 절여서 껍질을 벗긴다.

5 **냄비에 재료 안치기** 냄비에 먼저 양념한 쇠고기를 밑에 깔고 무와 감자, 고구마줄기를 안친 후 맨 위에 병어를 올린다.

6 **조림양념 넣어 끓이기** 조림양념과 물 3컵을 부어서 뚜껑을 덮어 처음 5분은 센 불에서 끓이다가 불을 줄여서 10분간 조린다.

plus tip

생선조림이 맛있으려면

생선을 조릴 때 무를 가장 많이 쓰지만 겨울에는 무청, 고구마줄기 여름에는 감자, 열무 등을 사용해도 맛있다. 생선조림은 깊은 냄비에 분량을 많이 할수록 채소와 생선 맛이 어우러져 맛있다. 국물은 충분히 붓는다.

how to

북어를 말리기 전의 중간 상태로, 꾸득한 상태의 것을 코다리북어라 한다. 코다리북어는 구이를 하기에는 무르지만 찹쌀옷을 입혀 굽는 요리에는 적당하다. 기름기가 없는 생선이라 찹쌀옷을 입혀 기름에 지지면 바삭하면서도 풀기가 있어 쫀득한 맛도 난다. 양념고추장은 지나치게 짜지 않게, 묽게 만든다. 찹쌀가루를 묻혀 지지면 빨리 타버리므로 약한 불에서 지지고, 껍질 부분에는 미리 칼집을 넣어 조리한다. 그래야 휘지 않는다.

코다리찹쌀 양념구이

⊙ 기본 재료

코다리 5마리, 다진 쇠고기 350g
찹쌀가루 2컵, 밀가루 적당량
실깨 · 비늘잣 조금씩

⊙ 고기 양념

간장 3큰술, 설탕 1 1/2큰술
다진 파 1큰술, 다진 마늘 1/2큰술
깨소금 2작은술
후춧가루 1/2작은술

⊙ 북어 양념

간장 1큰술, 참기름 2큰술
설탕 1작은술, 후추 조금

⊙ 고추장 양념

고추장 5큰술, 물 2큰술
물엿 2큰술, 꿀 1큰술
설탕 1/2큰술, 다진 마늘 2작은술
참기름 1작은술, 깨소금 1작은술
양파즙 1큰술

밑준비하기

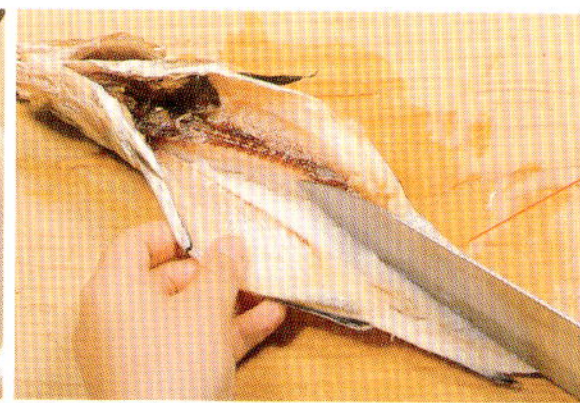

코다리는 쌀뜨물에 담갔다가 배를 갈라야 비린내도 없어지고 살도 부드럽다

▶ **코다리** 쌀뜨물에 담가 비린내 없이 씻은 후 흐르는 물에 헹구어 물기를 뺀다. 물기를 말끔히 닦아서 손질한 코다리는 배쪽을 갈라서 넓게 편다.

▶ **양념장 만들기** 고기 양념과 북어 양념, 고추장 양념은 분량의 재료를 섞어서 각각 만들어 둔다.

만들기

1 코다리의 물기를 제거한다

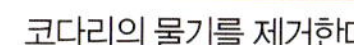

2 북어 양념장을 밑간한다

4-1 코다리에 밀가루를 고루 뿌린다

4-2 양념한 쇠고기를 고루 펴 바른다

5 찹쌀가루를 묻혀 팬에 지진다

6 고추장 양념을 발라 굽는다

1 코다리 물기 제거하기 코다리는 뼈를 발라낸 다음 머리와 꼬리, 지느러미를 제거하고 키친 타월이나 마른 행주로 눌러 물기를 닦은 후 껍질 쪽에 칼집을 여러 번 넣어준다.

2 밑간하기 코다리의 안쪽 부분에 북어 양념을 고루 발라서 밑간한다.

3 고기 반죽 만들기 다진 쇠고기에 고기양념을 넣어서 고루 섞은 다음 많이 치대어 고기 반죽을 만든다.

4 코다리에 반죽 묻히기 코다리의 배부분에 밀가루를 묻힌 후 고기 반죽을 올려 바르듯이 묻히고 찹쌀가루를 뿌린다.

5 지지기 팬을 충분히 달군 다음 기름을 넉넉히 두르고 찹쌀가루를 묻힌 코다리를 앞뒤가 노릇하게 지져낸다.

6 양념장 발라 지지기 북어가 바삭하게 구워지면 준비한 고추장 양념을 발라 한 번 더 앞뒤로 지진다. 접시에 담고 통깨와 잣으로 장식한다.

plus tip

황태는 3월경이 제맛!

코다리는 명태를 북어로 말리는 과정 중, 중간 상태로 빈쯤 마른 것이다. 명태 중 제일로 치는 것은 결이 부드럽고 노르스름한 황태이다.

황태를 말리기에 적당한 날씨는 영하 20℃쯤으로 떨어졌다가 때로 적당히 따뜻해지는 겨울철이 적당하다. 이렇게 추운 날씨에 덕장에 매달려 겨울을 지내고 날이 풀리는 3월쯤 되면 황금빛의 황태가 된다.

how to

굴은 겨울철 별미다. 생굴을 초고추장이나 초간장에 야채와 함께 무쳐 먹기도 하고, 굴과 배, 무를 넣고 초장에 무쳐 먹기도 한다. 무침 양념에 멸치액젓이나 레몬즙을 넣으면 굴 맛이 더욱 신선하다.

굴무침 두 가지

⊙ 기본 재료

굴 400g, 무 1k, 밤 4개
미나리 100g, 배 1개

⊙ 무침양념 1

고춧가루 4큰술, 식초 2큰술
물 2큰술, 멸치액젓 1큰술
소금 2큰술, 설탕 1큰술
다진 마늘 1큰술, 다진 파 2큰술
생강즙 1/3작은술

⊙ 무침양념 2

고춧가루 2작은술, 식초 2큰술
물 1큰술, 깨소금 2큰술
설탕 1큰술, 레몬즙 1큰술

밑준비하기

무침양념 두 가지를 만드는데 한 가지는 멸치액젓을 넣고 짭짤한 맛을 내고 또 한 가지는 레몬즙을 넣어 새콤한 맛을 살린다

▶ **굴** 몸질이 오돌오돌하고 유백색이며 손가락으로 눌러보아 탄력이 있는 것이 싱싱한 굴이다. 찬 소금물에 헹구듯 씻어 껍질과 잡티를 가려낸다. 손질한 굴은 체에 밭쳐 물기를 뺀다.

▶ **무침양념 만들기** 분량의 재료를 섞어 무침양념 2가지를 준비한다.

만들기

무는 껍질을 벗긴 후 채 썬다

밤은 얇게 편으로 썬다

미나리는 3mm 길이로 썬다

배는 껍질을 벗겨 채 썬다

무침양념에 각각 버무린다

무침양념에 따라 맛이 확실히 다르므로 따로따로 무쳐 상에 낸다

1 **무 채 썰기** 무는 흙을 털어내고 솔로 껍질을 깨끗이 문질러 씻어 3mm 굵기로 채 썬다.
2 **밤 썰기** 밤은 껍질을 벗긴 다음 반으로 갈라 얇게 편으로 썬다.
3 **미나리 준비하기** 미나리는 잎은 떼어내고 줄기만 나듬어 씻어 물기를 뺀 다음 3mm 길이로 썬다.
4 **배 채 썰기** 배는 껍질을 벗기고 무와 같이 채 썬다.
5 **무침양념에 무치기** 준비한 재료를 반으로 나눠 무침양념에 각각 무친다.

plus tip

굴은 반드시 소금물에서 씻는다

굴은 세계 곳곳에서 많이 나며 종류가 80여 종에 이른다. 날로 먹을 때는 큰 것보다는 작은 굴이 맛있다. 천연 굴은 알이 작고 양식 굴은 대개 크지만 야무진 맛이 없다.

굴을 맹물에 씻으면 수용성 영양분과 단맛이 빠져나가 맹숭한 맛이 난다. 소쿠리나 망에 굴을 담고 소금물에 넣어서 굴 깍지나 잡티를 골라내고 손으로 휘저어 씻는다.

날로 먹을 때는 무를 강판에 갈아 섞어서 씻으면 잡티나 껍질이 묻어나와 깨끗해진다. 살 가장자리에 검은 테가 또렷하게 나 있는 것이 껍질을 깐 지 얼마 되지 않은 것이다.

how to

뱅어포는 구멍이 숭숭 나 있어 양념장을 바르면 구멍 밑으로 빠져나가므로 여러 장을 겹쳐놓고 바른다. 뱅어포 자체가 간이 돼 있으므로 너무 짜게 간하지 말고, 약하게 간해서 굽는다. 말린 것이라 센 불에서 구우면 타기 쉬으므로 석쇠에 끼워서 불에서 멀리 두고 서서히 굽거나 팬에 기름을 두르고 은근히 누르면서 굽는데, 양념장을 바른 후 잠깐 두어, 수분을 없앤 후 구워야 양념이 팬에 흘러내리지 않는다.

명태껍질무침 · 뱅어포구이

명태껍질무침

⊙ 기본 재료

명태껍질 200g, 식용유 적당량

⊙ 무침 양념장

고춧가루 2큰술, 설탕 1큰술

물엿 2큰술, 참기름 1큰술

깨소금 1큰술, 다진 마늘 조금

plus tip

명태껍질 조리법

명태껍질은 북어포를 만드는 과정에서 생긴 껍질을 말린 것이다. 건어물 가게에서 판다. 기름에 볶으면 오그라들므로 바삭해지면 바로 양념을 넣고 버무린다. 껍질이 바삭하게 튀겨지지 않으면 맛이 질겨진다.

밑준비하기

명태껍질은 물에 씻지 말고 젖은 행주로 비벼서 먼지를 제거한다.

만들기

명태껍질은 가위로 자른다

기름에 바삭하게 튀긴다

양념장에 버무린다

1 **명태껍질 자르기** 손질한 명태껍질은 가위로 먹기 좋은 크기로 자른다.

2 **튀기기** 기름을 넉넉하게 넣은 팬에서 명태껍질을 바삭하게 튀겨낸다.

3 **양념장에 버무리기** 분량의 재료를 섞어 양념장을 만든 후 볶은 껍질에 넣고 재빨리 섞는다.

뱅어포구이

⊙ 기본 재료

뱅어포 20장

⊙ 구이 양념장

간상 2작은술, 고추장 3큰술

다진 마늘 2작은술

참기름 · 깨소금 1큰술씩

설탕 1큰술, 물엿 1작은술

만들기

뱅어포를 살짝 굽는다

구이 양념장을 바르다

팬에 바삭하게 굽는다

1 **뱅어포 굽기** 뱅어포는 마른 팬에 살짝 굽는다.

2 **구이 양념장 바르기** 분량의 재료를 섞어 구이 양념장을 만든 후 구운 뱅어포에 골고루 바른다.

3 **뱅어포 말리기** 채반에 비닐을 깔고 양념장을 바른 뱅어포를 얹어 볕에서 꾸득하게 말린다.

4 **굽기** 팬에 기름을 조금 두르고 양념한 뱅어포를 바삭하게 굽는다.

how to

북어찜은 통북어나 껍질이 붙은 포북어를 큼직하게 잘라 슴슴한 양념장을 넣고 부드럽게 끓이는 음식이다. 찜은 양념장에 끓이는 방법과 수증기에 찌는 방법이 있는데 몸이 단단하고 껍질이 있는 것은 끓여서 찜으로 한다. 북어찜을 할 때 통북어는 물에 오래 담가두어야 하나 포북어는 뼈를 제거하고 펼친 것이라 물을 쉽게 빨아들이므로 5분 이내로 잠깐만 담근다.

북어강정 · 북어찜

북어강정

⊙ 기본 재료

북어 1마리

⊙ 북어 밑간 양념

다진 마늘 · 소금 · 후추 1작은술씩

참기름 조금

⊙ 튀김재료

녹말가루 · 튀김기름 적당량씩

청 · 홍피망 · 양파 1/2개씩

⊙ 조림장

고추장 2큰술, 간장 1작은술

다진 파 · 물엿 · 청주 1큰술씩

설탕 · 다진 마늘 1/2큰술

생강즙 1/2작은술

깨소금 · 후추 조금씩

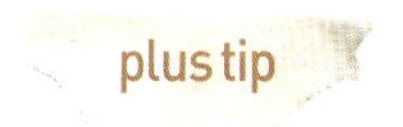

plus tip

통북어 불리는 법

통북어는 방망이로 두들겨 젖은 행주로 싸서 무거운 도마로 눌러두거나 쌀뜨물에 담가 불린다.

밑준비하기

부드럽게 불린 북어는
물기를 제거하고
사방 3cm 크기로 자른다

▶ **북어포** 물에 담가 부드러워지면 건져서 행주로 감싸 물기를 꼭 짠 후 가위로 3cm 크기의 정사각 모양으로 자른다. ▶ **피망** 청 · 홍피망과 양파는 북어와 같은 크기로 썰어 소금으로 간을 해 팬에 살짝 볶아준다.

만들기

1 북어는 밑간한다

2 밑간한 북어에 녹말가루를 묻혀 튀긴다

3 조림장에 버무린다

1 **북어 밑간하기** 손질해 놓은 북어에 분량의 소금과 후추, 다진 마늘, 참기름을 넣고 밑간한다.

2 **북어 튀기기** 밑간한 북어에 녹말가루를 묻혀 기름에 튀긴다.

3 **조림장 끓여 버무리기** 냄비에 조림장 재료를 분량대로 넣고 끓이다가 튀긴 북어와 볶은 피망을 넣고 골고루 버무린다.

북어찜

⊙ 기본 재료

껍질북어 4마리

⊙ 양념장

파인애플 주스 2컵, 간장 4큰술

검은 물엿 2큰술, 다진 마늘 1큰술

다진 파 2큰술, 멸치국물 3컵

생강즙 · 후춧가루 조금씩

깨소금 · 참기름 1큰술씩

만들기

1 양념장을 만든다

2-1 양념장에 북어를 무친다

2-2 랩을 씌워 하루 정도 재운다

1 **양념장 만들기** 그릇에 분량의 파인애플 주스와 모든 양념을 넣어 양념장을 만든다. 파인애플 주스는 파인애플 통조림 국물을 이용한다.

2 **양념장에 재우기** 북어를 하나씩 양념장에 묻혀서 그릇에 차곡차곡 담고, 남은 양념을 모두 끼얹은 후 랩으로 씌워 하루 정도 재운다.

3 **익히기** 냄비에 북어와 북어를 재웠던 양념장을 안치고 뚜껑을 덮어 서서히 끓이면서 익힌다.

how to

조개의 맛은 감칠 맛의 대표라 생것부터 말린 것, 젓갈 모두가 옛부터 즐겼던 음식이다. 말린 조갯살은 멸치처럼 국물을 내는데 쓰이지는 않지만, 채소와 섞어 밑반찬을 하는데 요긴하다. 마른 조갯살은 적당히 불려야 특유의 조개맛이 빠지지 않아 맛있고 쫄깃하다. 고추장조림, 간장조림을 할 때에는 조개 자체의 간기를 염두에 두고 고추장이나 간장을 넣는다. 간이 강하면 조갯살이 더 오그라들어 질겨지므로 주의한다.

마른 조갯살 고추장조림 · 간장조림

마른조갯살 고추장조림

⊙ 기본 재료

마른 조갯살 200g

통깨 1큰술, 물엿 1큰술

⊙ 조림장

고추장 3큰술, 간장 1큰술

물 1/2컵, 다진 마늘 1큰술

참기름 1큰술

밑준비하기

마른 조갯살은 찬물에 담가 부드러워질 때까지 불린다. 그렇지 않으면 딱딱해서 어른들은 드시기가 불편하다

▶ **조갯살** 마른 조갯살을 찬물에 담가 부드러워질 때까지 불려 마른 행주에 싸서 물기를 뺀다. 조갯살이 매우 딱딱할 경우 부드러워 질 때까지 불린다.

만들기

마른행주에 감싸 물기를 닦는다

끓는 조림장에 넣고 조린다

물엿 넣어 조린다

1 **조갯살 물기 제거하기** 조갯살이 부드럽게 불었으면 마른행주에 싸서 물기를 뺀다.

2 **조림장에 조리기** 냄비에 고추장과 간장, 다진 마늘, 물 등을 분량대로 넣고 끓이다가 물기를 제거한 조갯살을 넣고 불을 줄여 약한 불에서 서서히 간이 배도록 조린다.

3 **물엿 넣어 조리기** 반 정도 조려졌을 때 물엿을 넣고 바닥에 약간 남아 있을 정도로 조린 다음 참기름, 통깨를 넣고 마무리한다.

마른조갯살 간장조림

⊙ 기본 재료

마른 조갯살 200g

간장 3큰술, 설탕 2큰술

통깨 조금, 참기름 3큰술

만들기

조갯살을 팬에 살짝 볶는다

간장과 설탕을 넣고 조린다

통깨 · 참기름을 넣어 볶는다

1 **조갯살 기름에 볶기** 물기 뺀 조갯살을 중온의 기름에 살짝 볶는다. 너무 오래 볶으면 다시 질겨지므로 주의한다.

2 **간장 · 설탕 넣어 조리기** 조갯살을 볶으면서 분량의 간장과 설탕을 넣고 불을 약하게 하여 간이 서서히 배도록 조린다.

3 **통깨 · 참기름으로 맛내기** 윤기나게 조려지면 통깨와 참기름으로 맛을 낸다.

how to

기름에 튀겨낸 반찬은 사찰에서는 별미찬이다. 그 중에 풋고추 튀김이나 미역, 김, 파래 등에 들기름을 발라 굽거나 맛있는 간장으로 무치는 반찬은 영양도 좋고, 입맛도 돋운다. 특히 미역 끝에 달려있는 미역귀는 한잎씩 떼어 소금기 없이 손질해 두었다가 기름에 잘 튀겨내어 고소한 기름장으로 무쳐내면 맛있다. 미역귀는 짠맛이 많아 젖은 수건으로 잘 닦아내야 하며 눅눅한 채 튀기지 말아야 한다. 간을 할 때 간장은 거의 쓰지 않는다.

미역귀무침 · 고추부각무침

미역귀무침

⊙ 기본 재료

미역귀 100g, 식용유 적당량

⊙ 무침장

국간장 1작은술, 설탕 2큰술

식초 1큰술, 참기름 1큰술

물엿 1큰술, 깨소금 1큰술

고춧가루 2작은술

만들기

미역귀는 마른 행주로 문질러 먼지를 닦아낸다

손질한 미역귀를 고온의 기름에 튀긴다

무침장에 튀긴 미역귀를 버무린다

1 **미역귀 손질하기** 굴곡이 있는 미역귀를 마른 행주를 이용해 구석구석 먼지를 닦는다.

2 **튀기기** 손질해 놓은 미역귀는 고온의 튀김기름에 바삭하게 튀긴다.

2 **무침장에 버무리기** 무침장 재료를 분량대로 섞어서 차게 두었다가 튀긴 미역귀에 넣고 버무린다.

고추부각무침

⊙ 기본 재료

고추 300g, 밀가루 1컵

소금 조금, 튀김기름 적당량

설탕 조금

밑준비하기

고추는 연한 것으로 골라 물에 씻어 건져 물기를 털지 말고 그대로 밀가루에 넣어 가루가 뭉치지 않게 살짝 버무린다.

만들기

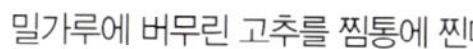

밀가루에 버무린 고추를 찜통에 찐다

쪄낸 고추를 햇볕에 말린다

말린 고추를 튀겨서 설탕을 뿌린다

1 **찜통에 찌기** 밀가루에 버무린 고추를 찜통에 넣어 찐다.

2 **고추 말리기** 쪄낸 고추는 채반에 널어 햇볕에서 바삭하게 말린다.

3 **튀겨서 설탕 뿌리기** 고추가 마르면 광주리나 종이 봉지에 담아 건조한 장소에 두었다가 먹을 때 조금씩 꺼내어 180°C의 기름에 살짝 튀긴다. 상에 낼 때는 목기나 접시에 먹음직스럽게 담고 설탕을 솔솔 뿌린다.

how to

게를 껍질째로 먹으려면 튀기는 방법이 가장 좋다. 이때 몸통은 토막을 내고 다리는 두들기거나 끊어야 속까지 기름과 간이 잘 밴다. 튀김을 할 때 녹말을 몸통에 묻히는데, 그 이유는 녹말이 수분을 흡수하고, 익으면서 막이 형성되어 재료의 수분이 밖으로 빠져나가는 것을 막기 때문이다. 게는 단백질이 풍부하고 특히 필수 아미노산을 많이 함유하고 있어 발육기의 아이들에게 매우 좋은 식품이다.

꽃게볶음무침

⊙ 기본 재료

게 2마리, 술 1큰술, 후추 조금

녹말가루 1/2컵, 튀김기름 적당량

⊙ 무침 소스

간장 2큰술, 고춧가루 2큰술

대파 5㎝, 마늘 2톨, 생강 1쪽

홍고추 1개, 풋고추 2개

물엿 2큰술, 설탕 1큰술

깨소금 1큰술

밑준비하기

게의 껍질쪽은 솔로 문질러 씻고 등껍질을 열어 지저분한 것을 떼어낸다

▶ **게** 솔로 문질러서 씻은 다음 등껍질을 떼어내고, 안쪽의 모래집 등 지저분한 것은 떼어낸다. 손질한 게는 먹기 좋은 크기로 토막을 내는데, 큰 것은 4등분 하고 작은 것은 그대로 쓴다. 방게는 그대로 쓴다.

plus tip

꽃게 손질 요령

싱싱한 꽃게는 그대로 쪄서 먹거나 끓는 물에 삶아서 살을 발라먹는 것이 가장 맛있다. 죽었거나 냉동된 것은 고추장이나 된장을 풀고 무나 채소를 넣어 찌개를 끓여 먹으면 된다. 게를 쉽게 손질하려면 등껍질을 열고 그 틈새에 엄지손가락을 넣어 당기면 껍질이 벌어진다. 껍질이 말끔히 떨어져야 신선한 것이고, 검은 내장물이 흐르면 상한 것이므로 이럴 때는 내장을 모두 버리도록 한다.

다음으로는 몸통 양쪽의 흰털 같은 것을 떼어내고 발끝과 몸통을 적당히 자르며, 다리도 가위나 칼로 틈이 벌어지게 깬다. 게살만 쓰려면 다리를 방망이로 눌러서 밀어 살을 뺀다.

꽃게는 지방 함량이 적고 맛이 담백하여 환자나 노인뿐만 아니라 비만증, 성인병, 간장병 환자에게도 좋은 식품이다. 게의 독특한 감칠맛은 글리신과 알긴, 베타인, 타우린이라는 성분 때문이다.

만들기

1 술과 후춧가루로 밑간 한다

2 무침 양념 재료는 굵게 다진다

3 분량대로 섞어 양념을 만든다

4 녹말가루를 묻혀 튀겨 낸다

5 튀긴 게에 양념 넣어 고루 섞는다

튀긴 게는 기름을 빼고 식기 전에 무침양념에 무친다. 그래야 간이 잘 밴다

1 **꽃게 밑간하기** 손질한 게를 그릇에 담고 술, 후춧가루로 양념하여 10분 정도 재워 둔다.

2 **무침 양념 재료 다지기** 마늘과 생강은 다지고, 홍고추와 풋고추도 굵게 다진다. 대파는 8mm크기로 굵게 다진다.

3 **무침 소스 만들기** 무침 소스 재료를 분량대로 섞어서 만든다.

4 **꽃게 튀기기** 밑간해둔 게에 녹말가루를 넉넉히 묻힌 다음 여분의 가루는 털어내고 180℃로 달구어진 기름에 바삭하게 튀겨낸다.

5 **무침 양념에 재우기** 튀긴 게는 기름을 뺀 다음 그릇에 담고 식기 전에 무침양념을 뿌려서 버무려 간이 배도록 재운다. 게가 뜨거우면 간이 빨리 밴다.

how to

밑반찬을 일명 자반이라고도 부르는데 밥먹는 것을 도와주는 찬이라는 뜻이다. 그래서 거의 짠 맛이 많다. 밑반찬 중에 짜지 않은 것으로 부각이나 튀각이 있다. 부각은 잎이 얇은 채소나 해조류에 풀칠을 해서 말렸다가 기름에 튀겨 부풀어 오르게 하고 바삭하게 해서 먹는 찬이다. 부각은 재료가 흔한 때 말려두었다가 겨울에 찬이 마땅치 않으면 꺼내어 튀겨 먹는 비상식이다. 가을에 준비했다가 겨울과 봄에 먹는다.

부각 세 가지

깻잎부각

⊙ 기본 재료

깻잎 100장, 통깨 2큰술
튀김기름 적당량

⊙ 찹쌀풀 재료

찹쌀가루 1/2컵, 물 1컵
소금 1큰술

plus tip

부각으로 좋은 재료

한번에 튀겨 놓으면 변할 염려가 있어 먹을 만큼만 튀겨 밀폐통에 담아두고 먹는다. 부각은 햇살이 좋은 날 바싹 말려야 한다. 부각 재료로는 깻잎, 김, 다시마 외에 깨송이, 국화잎, 쑥, 취나물 등이 있다.

밑준비하기

찹쌀풀은 깻잎부각, 김부각에 모두 사용되므로 좀 넉넉히 만들어 각각 사용한다

▶ **찹쌀풀** 찹쌀을 1~2시간쯤 불렸다가 가루를 내어 찹쌀가루 1컵에 물 2컵 비율로 붓고 소금간을 한 다음 주걱으로 잘 저으면서 풀을 쑨다. 농도는 조금 되직한 것이 좋다.

만들기

1 **깻잎에 찹쌀풀 바르기** 물기를 뺀 깻잎 앞뒤에 차게 식힌 찹쌀풀을 바른다.
2 **찹쌀풀 바른 깻잎 말리기** 넓은 채반에 비닐을 깔고 풀바른 깻잎을 가지런히 붙지 않도록 늘어 놓는다. 깻잎 위에 통깨 등의 고명을 조금씩 올려서 장식한다.
3 **말리기** 깻잎을 앞뒤로 뒤집어 가면서 바짝 말려둔다.
4 **튀기기** 필요할 때마다 꺼내어 중온의 기름에 튀겨낸다. 찹쌀풀이 하얗게 일어나면 바로 꺼낸다.

김부각

⊙ 기본 재료

김 20장, 통깨 1큰술, 고춧가루
1작은술, 튀김기름 적당량

⊙ 찹쌀풀 재료

찹쌀가루 1컵, 물 2컵, 소금 조금

만들기

1 **김 티 없애기** 두꺼운 김을 준비해 손으로 비벼 티를 없앤다.
2 **찹쌀풀 바르기** 비닐이나 랩을 깔고 그 위에 김을 놓은 다음 붓으로 풀을 고루 바른 뒤 그 위에 다른 김을 한 장 올려 다시 풀을 바른다.
3 **고명 얹기** 찹쌀풀을 바른 김 위에 통깨와 고춧가루를 숟가락 끝으로 찍어 군데군데 꽃무늬 놓듯 바른다.
4 **햇볕에 말리기** 고명을 올린 김을 채반에 쭉 펼쳐 놓고 햇볕에 바싹 말려 둔다.
5 **튀기기** 마른 부각은 185℃정도의 높은 기름에 넣어 얼른 튀겨 낸다. 기름이 배지 않게 건지자마자 한지를 깐 소쿠리나 망에 담는다.

다시마부각

⊙ 기본 재료

다시마 10가닥, 튀김기름 적당량

⊙ 찹쌀밥 재료

찹쌀 1컵, 물 1컵, 소금 조금

만들기

1 **다시마 썰기** 다시마는 젖은 행주로 닦아 8cm 길이로 썬다.
2 **다시마 말리기** 손질한 다시마는 반듯하게 펴서 꾸덕꾸덕하게 말린다.
3 **찹쌀밥 하기** 찹쌀을 찜통에 쪄 밥을 한다.
4 **다시마에 찹쌀밥 붙이기** 다시마의 한 면에만 찹쌀밥알을 붙여 채반에 놓고 말린다.
5 **튀기기** 기름에 튀겨낸다

how to

장조림은 옛부터 두고두고 먹을 수 있는 고기반찬 중 최고로 친다. 장조림은 생선, 채소로도 할 수 있지만 쇠고기를 조린 것을 장조림이라 하는 것은 대표적인 조림이기 때문이다. 쇠고기를 아주 무르지도, 돌덩어리처럼 딱딱하지도 않게 간장물에 조리는 것이 장조림맛을 좌우한다. 장조림에 좋은 쇠고기는 홍두깨살, 우둔살, 사태 등 비교적 질긴 부위이다.

쇠고기장조림

⊙ 기본 재료

쇠고기(홍두깨살) 600g
달걀 2개, 물 5컵, 간장 1컵
설탕 4큰술, 마늘 5개, 생강 1쪽
통후추 1/2큰술, 마른고추 1개

밑준비하기

장조림을 만들 때 삶은 달걀을 함께 넣고 조리면 달걀 속에 간이 배어 맛나게 먹을 수 있다

- **쇠고기** 쇠고기는 덩어리째로 물에 1~2시간 동안 담가 핏물을 뺀다.
- **썰기** 고기 덩어리가 너무 크면 속까지 조림장이 잘 배지 않으므로 사방 5cm길이 정도로 썬다.
- **삶기** 냄비에 물을 붓고 파, 통후추, 마늘과 함께 고기 토막을 넣어 물이 반 정도 줄 때까지 삶는다.
- **달걀** 미지근한 물에 넣어 노른자가 가운데 오도록 주걱으로 굴리면서 삶아 건져 껍질을 벗긴다. 달걀 삶을 때 식초를 한방울 떨어뜨리면 껍질이 잘 벗겨진다.
- **마른고추, 마늘, 생강** 마른고추는 반으로 갈라서 씨를 털고, 마늘과 생강은 얇게 저며 놓는다.

만들기

향신채 넣은 물에 고기를 삶는다

고기 삶은 물을 면보에 거른다

조림장에 삶은 고기를 넣어 조린다

1. **핏물뺀 고기 삶기** 핏물뺀 고기를 향신채 넣은 물에 넣고 고기의 핏물이 묻어나지 않을 정도로 삶는다.
2. **면보에 거르기** 고기 삶은 물은 면보에 거른다.
3. **조리기** 삶아놓은 고기는 고기 삶은 물에 담고 간장과 설탕을 넣어서 간을 한다. 미리 썰어놓은 마른 고추, 마늘, 생강과 삶은 달걀을 넣어 조린다.
4. **조림장 붓기** 고기에 간이 들어 기무스름하게 조려지면 불에서 내려 식힌 후 병이나 용기에 담고 장조림장을 함께 부어 보관한다.
5. **상에 내기** 상에 낼 때는 고기는 결대로 가늘게 찢거나 얇게 저미고 달걀은 먹기좋게 썰어 그릇에 담고 간장을 조금 부어낸다.

plus tip

쇠고기로 만드는 여러 가지

쇠고기를 이용한 밑반찬으로 장똑또기와 진주좌반, 천리찬, 만나지, 장조림이 있다.

장똑또기 우둔을 얇게 저며 가늘게 썰고 또 가로로 썰어 번철에 볶는다. 누른 즙이 다 빠지면 이것에 장을 치고 기름과 꿀을 넣어 다시 볶아 검정깨, 후춧가루, 계핏가루를 넣는다.

진주좌반 쇠볼기를 얇게 저며 가늘게 썰어 또 가로로 진주같이 썰어 번철에 볶으면 고기가 반만 익어 누런 즙이 다 빠진다. 이때 간장을 넣고 볶은 후 후춧가루를 넣는다.

천리찬 쇠고기를 다져서 재웠다가 물을 조금 붓고 볶아서 도마에 놓고 다지고, 그 물에 파와 마늘, 기름, 꿀, 깨소금, 후춧가루를 넣고 진간장을 넣어 물기 없이 볶는다.

만나지 고기를 썰어서 삶은 다음 다져서 양념한 밑반찬이다.

how to

돼지고기 삼겹살은 기름을 빼고 누릇하게 지져 조리면 윤기도 나고 기름이 겉돌지 않는다. 부재료로 알감자를 사용하면 매우 맛있다. 알감자는 껍질을 벗기지 않고 사용해야 물러지지 않는다. 조림장은 옅은 농도와 끈기에서 서서히 조리되 처음에는 뚜껑을 덮어 약한 불로 맛이 잘 배게 하고 장물이 조금 남으면 뚜껑을 열고 굴리면서 조린다.

알감자삼겹살조림

⊙ 기본 재료

알감자 400g, 물 1컵반
삼겹살 덩어리 400g
완두콩 1/2컵, 식용유 4큰술

⊙ 조림장

진간장 8큰술, 흰물엿 4큰술
흰설탕 2큰술, 청주 3큰술
생강편 100g, 통마늘 80g
통후추 1큰술, 대파 1뿌리
건고추 2개

밑준비하기

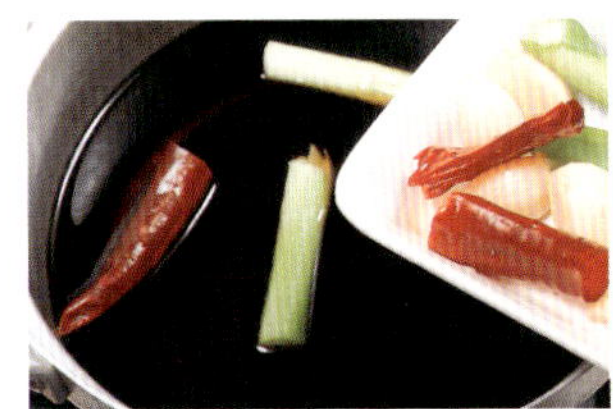
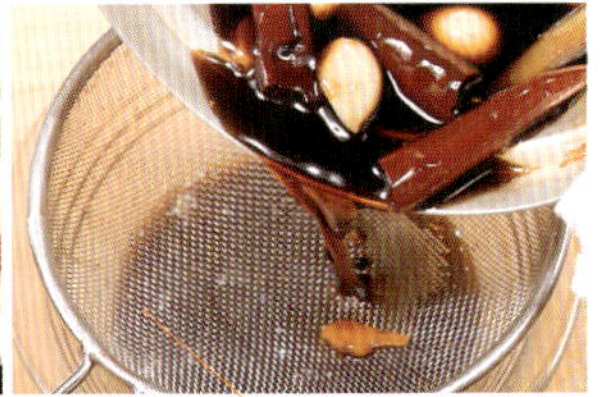
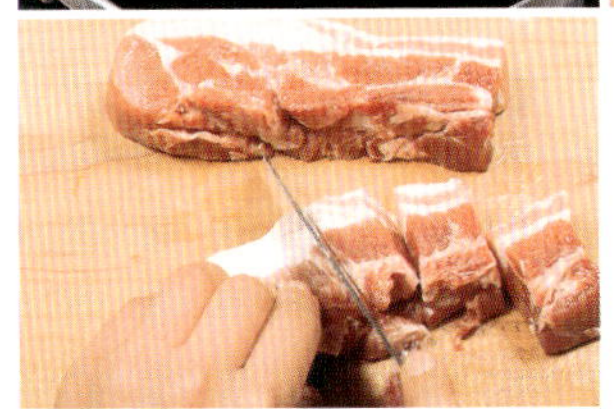

조림장을 만들 때 향신채를 함께 넣고 끓여야 간장에 향도 배고 잡내도 없어진다

▶ **조림장** 분량의 조림장 재료를 냄비에 넣어 은근한 불에서 1시간 30분 정도 끓인다. 조림장이 2/3 정도로 줄어들면 고운망에 맑게 거른다. ▶ **완두콩** 완두콩은 깍지 없이 씻어서 건져둔다.

▶ **알감자** 알감자는 물에 담가 부드러운 수세미로 서로 부딪치도록 굴려가며 씻어서 헹구어 건진다. ▶ **삼겹살** 삼겹살은 알감자 만한 크기로 썬다.

만들기

알감자는 팬에 볶는다

삼겹살은 노릇하게 지진다

알감자와 돼지고기를 조림장에 조린다

다 익으면 완두콩을 넣고 익힌다

돼지고기와 알감자가 속까지 무르게 조려지면 씻어놓은 완두콩 나중에 넣고 콩이 익을 때까지 조린다

1 **알감자 볶기** 손질한 알감자를 달군 팬에 넣고 먼저 볶아낸다.

2 **삼겹살 지지기** 삼겹살은 팬에 기름이 빠지도록 노릇하게 지진다.

3 **조림장 넣어 조리기** 냄비에 볶은 알감자와 삼겹살을 넣고 조림장과 물을 부어서 희식하여 서서히 조린다. 다 조려지면 완두콩을 넣어서 조금 더 조리다가 불에서 내린다.

plus tip

알감자조림의 맛내기 포인트

돼지고기를 얇게 썰어 볶다가 큼직하게 썬 감자를 넣고 물이 재료가 잠길 만큼 붓는다. 간장과 설탕을 슴슴하게 맞추어 넣어 조린다. 간이 너무 강하면 딱딱하게 된다. 생감자를 넣어서 조린다면 국물이 많은 상태여야 한다. 감자로 만든 음식은 냉장고에 넣었다가 그대로 먹으면 맛이 없다. 데우거나 실온에 두어 그대로 먹어야 한다. 검게 조려진 음식에 푸른 빛의 완두를 넣으면 음식이 한층 돋보인다.

how to

나물 중 제일 많이 먹는 것이 콩나물이다. 콩나물은 물을 붓고 삶아야 하는데 도중에 뚜껑을 열면 콩비린내가 나므로 주의한다. 오히려 뚜껑을 덮지 않고 센 불에서 볶으면 물은 생기지 않고 씹히는 질감도 아삭거린다. 중국요리의 둥근 팬이 볶음을 순간적으로 하기에 편리한 도구이다. 고춧가루, 파, 마늘, 깨소금, 참기름을 넉넉히 넣어 맛을 내며 특히 뜨겁게 볶은 상태에서 간장을 넣는 것이 볶음의 맛을 살리는 비결이다.

콩나물돼지고기볶음

⊙ 기본 재료

콩나물 200g, 돼지고기 100g
실파 50g, 풋고추 1개
홍고추 반개, 소금 1작은술
식용유 4큰술

⊙ 돼지고기 양념

간장 2작은술, 다진 마늘 1작은술
생강즙 조금, 고춧가루 1작은술
깨소금 1큰술, 참기름 2작은술
후춧가루 조금

밑준비하기

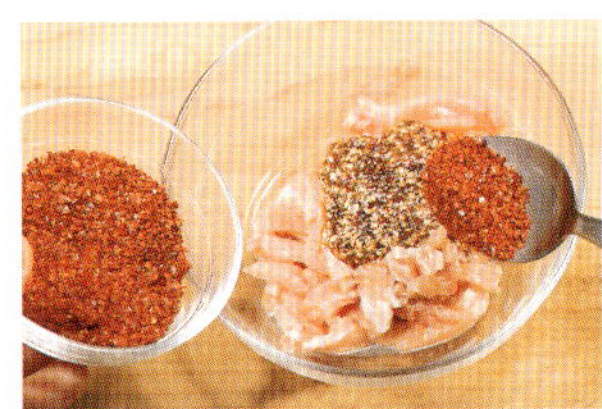

▶ **돼지고기** 얄팍하게 채 썰어서 돼지고기 양념재료로 양념한다.
▶ **실파 · 고추** 실파는 송송 썰고, 고추는 반 갈라 씨를 뺀 다음 잘게 썬다.
▶ **콩나물** 흐르는 물에 깨끗이 씻어서 물기를 뺀다.

만들기

1
채 썬 돼지고기를 볶는다

2-1
고기 볶은 것에 콩나물을 넣어 볶는다

2-2
볶아졌으면 참기름 · 소금으로 맛을 낸다

3
썰어놓은 고추를 넣어 마무리한다

고기와 콩나물이 어우러지게 볶아졌으면
잘게 썬 고추를 넣어
맛을 내고 나중에 실파를 뿌린다

1 **돼지고기 볶기** 팬을 달군 다음 기름 2큰술을 두르고 먼저 돼지고기를 넣어서 볶는다.

2 **콩나물 넣어 볶기** 돼지고기가 익어서 색이 변하면 한쪽으로 밀어놓고 다시 기름 2큰술을 더한 다음 콩나물을 넣어서 소금 간하여 볶는다.

3 **마무리하기** 콩나물이 어느 정도 숨이 죽으면 썰어 둔 고추를 넣어서 맛을 낸 후 접시에 담고 실파 송송 썬 것을 듬뿍 뿌린다.

plus tip

콩나물의 영양

콩은 단백질과 지방이 많은 영양 식품이지만 비타민 C는 없다. 그런데 콩나물로 자라면 비타민 C가 생겨 콩나물 두 줌 정도면 하루에 필요한 비타민 C가 충족된다.

콩나물로 국을 끓이면 단백질 성분이 대부분 수용성으로 바뀌어 소화 흡수가 잘 된다.

그 중에 아스파라긴신이라는 성분은 콩나물국의 독특한 향미를 내기도 하지만 피로 회복과 숙취에 큰 효과가 있다. 특히 아스파라긴산은 뿌리에 많이 들어 있으므로 뿌리를 떼어내지 말고 먹는 것이 좋다.

옛날에는 콩나물을 삶지 않고 날것을 고기와 함께 볶거나 무나물같이 고명으로 얹어 먹기도 했다.

how to

닭야채볶음은 구하기 쉬운 야채를 섞어 푸짐하게 해먹는 반찬 겸 술안주이다. 볶음양념에 고추장과 고춧가루를 섞고 양파즙과 카레가루를 넣어 또 다른 매운 맛을 추가한 음식이다. 즉석에서 볶음으로 해먹는 요리이므로 채소는 날로도 먹을 수 있는 채소 선택에 신경을 쓴다.

닭야채 볶음

◉ 기본 재료

닭 반마리, 돼지호박 반개
양배추 200g, 양파 1개
파프리카 1개, 깻잎 4장

◉ 양념장

고추장 3큰술, 청주 3큰술
파 다진것 3큰술, 맛술 3큰술
카레가루 1/2큰술, 물엿 1큰술
양파즙 1큰술, 다진 마늘 2큰술
고춧가루 · 간장 · 설탕 2큰술씩
다진 생강 2작은술, 들기름 1큰술
깨소금 · 참기름 1큰술씩

plus tip

닭고기의 좋은 점

닭은 다른 육류와는 달리 근육 속에 기름이 섞여 있지 않기 때문에 맛이 담백하고 소화흡수가 잘 돼 위가 약한 사람이나 어린이, 임산부, 노약자에게 좋은 식품이다. 주성분은 단백질이며 지방도 들어 있다. 닭가슴살 부위의 단백질은 쇠고기나 돼지고기보다 많으며 그 중에서도 필수 아미노산이 많이 함유되어 있다. 체중 때문에 걱정하는 사람이라면 기름기가 거의 없는 닭가슴살을 충분히 섭취하는 것이 좋다. 닭가슴살은 가슴 주변의 살코기만으로 이루어진 부위로 다른 고기의 안심에 해당된다. 담백하고 부드러운 맛이 나며 소화흡수가 잘 된다.

닭고기는 특유의 누린내가 있으므로 조리할 때 마늘, 생강, 파와 같은 향미채소를 넉넉히 넣는 것이 좋다.

밑준비하기

닭고기는 배를 가르고 내장을 꺼내 버린 뒤 깨끗이 씻어서 물기를 닦고 작게 토막을 낸다.

만들기

양념장 재료를 섞어 양념장을 만든다

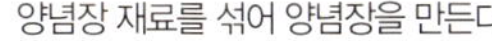

양배추와 깻잎은 크기대로 썬다

호박은 반달썰기 한다

닭고기를 양념장에 재워 랩을 씌운다

닭을 익히다가 준비한 야채를 넣어 볶는다

팬이 달궈지면 양념에 재운 닭고기를 볶으면서 준비한 야채들도 함께 넣어 볶아 맛이 어우러지게 한다

1 **양념장 만들기** 분량의 양념장 재료를 섞어 양념장을 만든다.

2 **양배추 · 깻잎 썰기** 양배추는 꼭지를 떼어내고 1/4쪽을 내어 3cm크기로 썰고, 깻잎은 사방 2.5cm크기로 썬다.

3 **파프리카 · 호박 · 양파 썰기** 파프리카는 양배추와 같은 크기로 썰고, 호박은 1cm 두께로 반달썰기 한다. 양파는 2.5cm크기로 썬다.

4 **닭 재우기** 토막낸 닭은 양념장으로 버무려서 2~3시간 정도 재운다.

5 **닭 볶다가 야채 넣어 볶기** 팬을 달구어 닭을 먼저 익히다가 닭이 반 정도 익으면 불을 조금 줄이고 준비한 야채를 넣어 볶는다.

how to

우리 고유의 풍미가 나는 음식을 국제화된 입맛에 맞출 수 있는 음식이다. 냉채양념은 시고, 단맛이지만 신맛은 매실을 이용한다. 매실을 쓰면 훨씬 산뜻한 맛이 난다. 집에서 만들 때는 매실쪽을 씨가 없이 쪼개어 같은 양의 설탕에 재웠다가 사용하면 된다. 매실향이 고기와 어울려 맛이 더욱 상큼하다. 쉽게 만들려면 매실 주스액을 써도 된다. 고기구이가 진한 맛이라 소스는 강하지 않아도 된다.

너비아니냉채

⊙ 기본 재료

상추 · 치커리 · 시금치 50g
대파 50g, 매실장아찌 1/2컵

⊙ 너비아니 양념

쇠고기(등심, 안심) 500g
간장 1큰술, 배즙(육수) 4큰술
설탕 2큰술, 다진 파 3큰술
다진 마늘 1/2큰술
깨소금 · 참기름 1/2큰술씩
후춧가루 조금

⊙ 냉채양념

매실즙 1/2컵, 물 1컵, 소금 80g
설탕 3컵, 깨소금 2/3컵
고운 고춧가루 1/2컵

밑준비하기

냉채양념장과 너비아니에 넣을 양념장은 미리 만들어 놓는다

▶ **대파** 파의 흰 부분만을 길게 채로 썰어 찬물에 담가 손으로 살살 비비듯이 씻어서 미끈거림을 없애고 두어 번 헹군 다음 찬물에 넣어 싱싱하게 둔다.

▶ **냉채양념** 소금과 설탕, 깨소금, 고춧가루를 먼저 섞은 다음 매실즙과 물을 부어서 냉채양념을 만든다. ▶ **상추** 손으로 작게 뜯어 싱싱하게 차게 둔다.

만들기

상추는 찬물에 담가둔다

쇠고기에 칼집을 넣는다

쇠고기는 양념장에 재운다

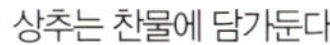

양념한 쇠고기를 팬에 굽는다

볶음을 하는 냄비는 밑이 두꺼운 것이 좋다. 밑이 두꺼운 팬이나 냄비는 서서히 열이 오르는 대신 한 번 오르면 온도 지속이 일정해서 태우지 않고 고기를 구워낼 수 있다

1 상추 · 대파 물 빼기 손질한 상추와 대파는 망에 담아서 물기를 뺀다.

2 쇠고기 칼집 넣기 쇠고기는 등심이나 안심의 연한 부위를 0.5cm 정도의 두께로 썰어 잔 칼집을 넣는다.

3 쇠고기 양념에 재우기 칼집 넣은 고기를 굽기 30분 전쯤에 너비아니 양념장에 무쳐 간이 고루 배게 하여 둔다.

4 굽기 뜨겁게 달군 석쇠나 밑이 두꺼운 팬을 뜨겁게 달군 다음 양념한 고기를 올려서 굽는다.

5 냉채양념 끼얹어 내기 너비아니 구운 것과 야채와 파 생채를 섞어서 그릇에 담고 먹기 전에 미리 만들어 놓은 생채양념을 끼얹는다. 위에 매실장아찌를 올린다.

plus tip

냉국으로 좋은 여러 가지 식품

냉국은 여름철에 더위를 식혀 주는 찬 음식으로 미역, 김, 오이, 파, 우뭇가사리, 다시마, 가지, 콩나물 등이 주로 쓰인다. 보통 건지를 양념했다가 장국에 식초와 간장을 넣어 먹는다.

콩나물냉국은 다른 국과는 달리 콩나물국처럼 끓여서 차게 식혀 먹는다.

오이냉국과 미역냉국은 상큼한 향과 사각사각 씹는 감촉이 좋아 여름철 인기 메뉴이다.

how to

돼지족발을 조리는 장물은 진간장과 조청이 들어가야 색깔과 맛이 나며 윤기도 난다. 먹고 남은 족발을 냉장고에 넣어두면 먹을 때 냄새도 많이 나고 제맛이 안나므로 다시 한 번 조림장을 만들어 바짝 조려주는 것이 좋다. 콩나물장조림은 콩나물의 수분이 빠져 실처럼 가늘어져서 오징어채를 씹는 것 같은 질감이 느껴진다.

콩나물장조림 · 돼지족장과

콩나물장조림

⊙ 기본 재료

콩나물 200g, 국간장 2큰술

물 1/3컵, 물엿 2큰술

만들기

콩나물은 머리와 꼬리를 떼낸다

손질한 콩나물은 국간장, 물을 부어 조린다

콩나물이 조려지면 물엿을 넣고 끓인다

1 **콩나물 준비하기** 콩나물은 머리와 꼬리를 떼어내고 줄기만 남긴 후 흐르는 물에 씻어 준비한다.

2 **조리기** 속이 깊은 냄비에 손질한 콩나물과 국간장, 물을 넣고 은근한 불에서 조린다.

3 **물엿 넣기** 콩나물이 조려지면 물엿을 넣고 한번 더 끓인다. 간장물의 비율은 콩나물의 2배로 잡고, 국간장과 물의 비율은 1:5 정도가 적당하다.

돼지족장과

⊙ 기본 재료

돼지족 400g, 꽈리고추 1컵

⊙ 조림장

간장 3큰술, 설탕 1큰술

맛술 1큰술, 청주 2작은술

물 1/2컵, 마늘 2쪽, 생강 1쪽

마른 고추 1/2개, 양파 1/4개

밑준비하기

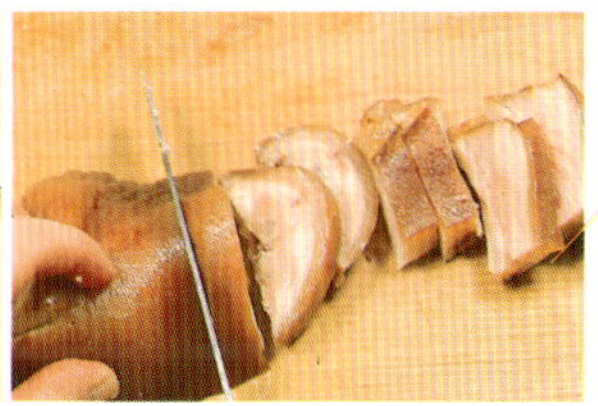

윤기나게 조린 족발의 살을 도톰하게 발라내어 한입 크기로 썬다

▶ **돼지족** 돼지족은 털없이 말끔히 손질된 것을 사서 끓는 물에 튀한 후 옅은 간장물에 윤기나게 조려 살을 도톰하게 발라낸다. 발라낸 살은 한입 크기, 1cm 두께로 썬다.

만들기

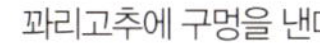
꽈리고추에 구멍을 낸다

분량의 재료로 조림장을 만든다

조림장을 맑게 거른다

1 **꽈리고추 준비하기** 꽈리고추는 꼭지를 떼고 나무꼬치로 구멍을 여러 번 낸다.

2 **조림장 만들기** 마른 고추는 어슷 썰고, 마늘과 생강은 편으로 썬다. 양파는 결대로 얇게 썬다. 냄비에 분량의 간장과 설탕, 청주, 맛술, 물과 위의 재료를 넣고 조림장이 2/3정도로 줄어들 때까지 끓인다. 다 끓여졌으면 체에 면보를 깔고 맑게 거른다.

3 **조리기** 맑게 거른 조림장에 돼지족을 넣고 조리다가 중간에 꽈리고추를 넣어 함께 조린다.

how to

오징어의 쫀득함과 돼지고기의 부드러운 맛이 잘 어우러지는 요리이다. 정육점에서 고기를 갈 때 손질한 오징어를 함께 갈아도 된다. 고기와 오징어를 섞어서 반죽을 해서 마른 밀가루에 굴려 얼른 튀겨낸다. 이때 다시 한 번 조림을 하므로 속까지 완전히 익지 않아도 된다. 씹히는 맛을 내기 위해서 무말랭이 채썬 것을 섞어 본다.

무말랭이 오징어볼 튀김

⦿ 기본 재료

물오징어 3마리, 밀가루 6큰술
다진 돼지고기 200g
튀김기름 적당량, 무말랭이 100g
진간장 1큰술, 실고추 1작은술 반

⦿ 오징어 · 고기 양념

다진 파 2작은술, 참기름 1작은술
다진 마늘 1작은술, 소금 1작은술
다진 생강 1/2작은술
깨소금 1작은술, 후춧가루 조금
밀가루 6큰술, 튀김기름 적당량

⦿ 조림 간장

진간장 3큰술, 물 3큰술
설탕 1큰술, 고추장 1작은술
정종 1큰술, 참기름 1작은술

밑준비하기

물오징어는 껍질을 벗긴 다음 물기를 없애고 잘게 썬다

▶ **물오징어** 행주로 문질러가며 껍질을 벗기고 마른 행주로 닦아 물기를 없앤 후 잘게 썬다.

만들기

돼지고기 · 오징어를 커터에 간 후 양념한다

완자를 밀가루에 굴려 얼른 튀긴다

불린 무말랭이를 간장에 절였다가 꼭 짠다

튀긴 완자를 조림장에 조린다

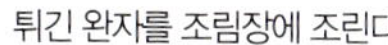

무말랭이와 완자를 섞어 조린다

무말랭이와 실고추를 골고루 섞어 강한 불에서 바짝, 윤기나게 조린다

1 **돼지고기 · 오징어 갈아 양념하기** 돼지고기는 기름기 없는 부위로 준비해 썰어놓은 오징어와 함께 커터에 간다. 곱게 간 돼지고기와 오징어에 분량의 양념을 넣어 양념한다.

2 **완자 튀기기** 반죽을 지름 2cm의 완자로 빚어 밀가루에 굴린 다음 완자가 적당히 익을 정도로만 튀긴다.

3 **무말랭이 간장에 재우기** 무말랭이는 물에 불린 다음 간장에 재워 두었다가 간장물이 들면 젖은 행주로 꼭 짜서 물기를 없앤다. 이때 젖은 행주를 사용해야 행주에 간장물이 배지 않는다.

4 **조림장에 완자 조리기** 조림장을 냄비에 붓고 중불에서 끓이다가 튀겨놓은 완자를 넣고 간이 배게 조린다.

5 **무말랭이와 섞어 조리기** 완자에 간이 배면 준비해 놓은 무말랭이와 실고추를 섞고 불을 강하게 해서 바짝, 윤기나게 조린다.

plus tip

오징어는

오징어는 질 좋은 단백질이 이떤 생선류보다 많이 들어있고 타우린과 같은 몸에 좋은 성분이 풍부해 고혈압, 동맥경화, 심장병, 당뇨병, 시력감퇴 등 각종 성인병에 효과가 있다.

또한 피를 보충하는 비타민 B_{12}가 함유돼 있어 여성의 빈혈과 갱년기 장애에 효과가 있다. 어떤 이들은 오징어가 콜레스테롤이 많아 성인병을 유발한다고 알고 있는데 그것은 잘못 알려진 것이다. 원래 오징어는 투명한 젖빛이지만 공기 중에 노출되면 색이 적갈색으로 변하고 시간이 지나면 붉은 보라색을 띠게 된다. 마른 오징어는 모양이 반듯하고 몸통 부분이 뽀얗게 잘 마른 것을 고른다.

2.

속을 확 풀어주는 국물요리

엄마의 비법!

국·찌개 전골

국물요리 한 냄비만 맛있게 끓여 놓으면 밥상차림이 쉬워진다. 보글보글 끓는 찌개를 상에 놓았을 때 한국 사람들은 우선 국물을 한 수저 떠서 맛을 음미하는 것이 식사 습관이기도 하다. "아! 시원하다." "얼큰하고 속이 풀리네!" 이 찬사 한마디로 주부들의 수고는 기쁨으로 바뀐다. 이 책에 소개된 국, 찌개, 전골은 우리 가정에서 주로 끓여 먹는 것들을 모았다. 기본적인 조리법이 상세하게 소개되어 있으므로 주재료만 바꾸면 얼마든지 다른 국, 찌개, 전골을 끓일 수 있다. 맛내기 방법을 익혀 만족한 밥상을 차려 보자.

감칠맛 내는 바탕국물 만들고 재료가 지닌 맛을 최대로 살린다

국물요리 맛을 제대로 살리려면 재료가 가진 맛을 최대로 살려야 한다. 찌개의 재료는 주위에서 쉽게 구할 수 있는 모든 재료를 사용할 수 있지만 그 계절에 가장 풍성한 식품을 사용하는 것이 좋다. 찌개 재료의 맛을 살리는 방법은 국물의 농도를 재료 맛을 돋우어 줄 수 있는 정도로만 하여 된장, 고추장, 간장 등을 적당량 사용하는 것이다.

재료의 양은 냄비의 2/3가 넘지 않도록 한다

냄비가 작을수록 재료의 양을 1/2 정도로 줄이는 것이 좋다. 재료에 비해 냄비가 너무 크면 국물의 증발이 심해 간이 짜질 수 있다. 반대로 재료가 너무 많으면 열이 골고루 침투되지 않아 재료가 덜 익게 된다.

국의 간은 약하게 한다

국의 간은 보통 국간장이나 소금으로 하는데 처음에는 약간 싱거운듯하게 해야 자꾸 데우거나 끓여도 나중에 짜지 않다. 간장은 너무 많이 쓰면 국물 색이 검어지므로 담백한 맛을 내려면 소금 간을 한다. 국은 맑게 끓이는 것이 특징이므로 얼큰한 맛을 내려면 고춧가루를 이용하자. 된장이나 고추장은 맛이 탁해지므로 많이 넣지 않는 것이 좋다.

사골을 푹 끓여 국물로 사용한다

사골국물을 끓여 냉장고에 미리 보관해 두면 편리하다. 별안간 손님을 치를 때도 좋고, 집에서 별미를 만들고 싶을 때도 쉽게 끓일 수 있다. 하지만 사골 국물은 맛이 너무 진해 본래의 참맛을 제대로 살릴 수 없는 경우도 있으므로 물을 좀 넉넉히 잡아 연하게 만들어 사용하는 것이 좋다.

구수한 맛은 멸치국물, 시원한 맛은 새우국물이 좋다

멸치는 건조가 잘된 큰 것을 골라 머리와 내장을 떼고 깨끗이 손질하여 끓인다. 한번 팔팔 끓고 나면 불을 약하게 줄여 오래 끓여야 제 맛이 난다. 멸치의 구수한 성분이 다 우러나면 불을 끈 후 건더기는 건져내고 식혀서 병에 담아 냉장고에 보관했다가 사용한다.

시원한 국물맛은 새우국물이 좋다. 마른 새우를 깨끗하게 손질하고 통무를 큼직하게 썰어 함께 끓이다가 젓가락으로 무를 찔러보아 살캉 들어가면 불을 끈 뒤 새우는 건져 버리고 무는 먹기 좋은 크기로 깍둑썰기해 찌개나 전골에 넣으면 맛이 좋다.

국거리 재료는 제철 재료를 이용한다

매일 국을 끓이다 보면 오늘은 또 무슨 국을 끓일지 고민하는 주부들이 많다. 그러나 국을 끓일 수 있는 재료는 고기, 생선, 야채, 버섯, 해조류 등 얼마든지 있다. 특히 제철 식품을 그때그때 잘 이용하면 계절의 신미를 즐길 수 있다.

how to

예전에 궁중이나 서울의 반가에서는 맑은 찌개를 즐겨 먹었으나 농가나 서민들의 밥상에는 된장찌개가 으뜸이었다. 된장찌개의 건더기는 일반적으로 풋고추, 마늘, 달래, 파 등이다. 푸성귀로는 풋배추나 열무, 배추나 시래기, 무 · 삭힌 고추 등도 넣었고 표고나 송이 등의 버섯과 두부도 들어간다. 정해진 재료를 넣기보다는 제철 재료를 서너 가지씩 넣고 끓인다. 국물의 맛을 좋게 하려고 쇠고기나 멸치로 장국을 미리 내어 끓이기도 한다.

된장찌개 · 해물된장찌개

된장찌개

⊙ 기본 재료

쇠고기(등심) 100g
건표고버섯 3장, 두부 1/2모
애호박 1/4개, 대파 1/2대
풋고추 · 홍고추 1개씩
된장 3큰술, 국간장 2큰술
다진 마늘 2큰술

⊙ 고기양념

국간장 · 다진 파 2작은술씩
다진 마늘 1작은술, 후춧가루 조금

⊙ 다시마국물

다시마 10cm 한 조각
자투리 야채 적당량
물 필요한 만큼

밑준비하기

▶ **다시마 국물** 다시마와 자투리 야채를 냄비에 담고 물을 부어 맛이 우러날 때까지 충분히 끓인다. 국물 맛이 우러나면 식히면서 재료를 가라앉힌다. 식으면 체에 걸러 국물만 사용한다.

▶ **두부, 애호박, 풋고추, 홍고추, 대파** 두부는 헹궈서 물기를 제거한 후 사방 1cm 크기로 썰고, 애호박은 두부와 같은 크기로 썬다. 풋고추와 홍고추는 1cm 길이로 썰어 찬물에 헹궈서 씨를 제거한다. 대파도 동그랗게 썬다.

만들기

다시마 국물에 된장을 풀어 넣는다

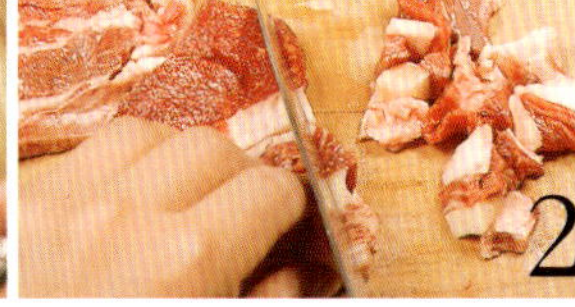

쇠고기는 결 반대 방향으로 썬다

국물맛이 우러났을 때 두부를 넣는다

1 **다시마 국물에 된장 풀기** 다시마 국물에 분량의 된장을 풀어 놓는다.

2 **쇠고기, 표고버섯 썰기** 쇠고기는 결 반대 방향으로 납작납작하게 썰어 분량의 고기 양념으로 밑간해 놓고 마른 표고버섯은 찬물에 설탕을 조금 넣어 불린 다음 기둥을 잘라내고 1cm 각으로 썬다.

3 **끓이기** 된장 푼 국물에 양념한 쇠고기를 넣어 끓이다가 고기 맛이 우러나면 손질한 애호박, 표고버섯을 넣고 끓이면서 두부를 넣고, 고추와 대파, 다진 마늘을 넣어 한 번 더 끓인 후 불을 끈다. 국간장으로 간한다.

해물된장찌개

⊙ 기본 재료

꽃게(작은 것) 2마리
바지락 100g, 무 150g
애호박 1/4개, 대파 1/2대
풋고추 · 홍고추 1개씩

⊙ 찌개 양념

국간장 · 다진 마늘 2큰술씩
된장 3큰술, 다시마 국물 적당량
고춧가루 · 소금 적당량씩

만들기

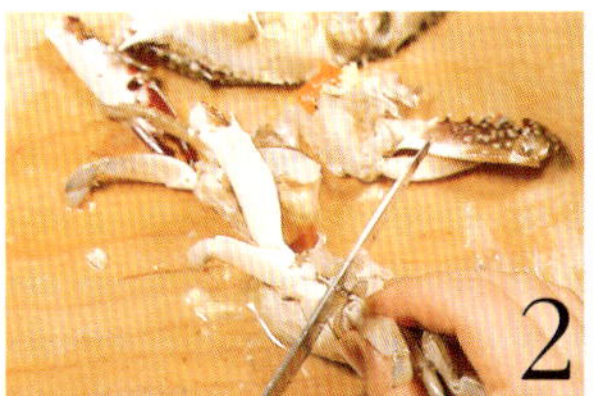

꽃게를 손질한다

끓는 국물에 된장을 풀어 끓인다

다시마 국물에 무를 넣고 끓이다가 된장 풀고 바지락, 꽃게를 넣고 한소끔 끓으면 애호박, 고춧가루, 고추, 대파, 다진마늘 순으로 넣어 끓인다

1 **바지락** 바지락은 소금물에 담가 어두운 곳에서 하룻밤 정도 두어 해감을 한다.

2 **게 준비하기** 게는 손질한 후 삼각진 딱지와 등딱지를 떼어내 전체를 4등분하고 다리는 칼로 뚝뚝 끊는다.

3 **재료 썰기** 무는 나박 썰고 애호박은 반달썰기, 고추와 대파는 어슷썬다.

4 **다시마 국물에 재료 넣기** 끓는 다시마 국물에 무를 넣고 끓이다가 된장을 풀고 바지락, 꽃게를 넣어 끓인다. 한소끔 끓으면 애호박을 넣고 마지막으로 고춧가루와 고추, 대파, 다진 마늘을 넣어 한번 더 끓여낸다.

how to

요즘은 찌개라고 하면 대개는 된장이나 고추장을 풀어 만든 찌개를 떠올리지만 예전에 서울이나 중부 지방에서는 매운 맛을 좋아하지 않아 소금으로 간을 한 맑은 찌개를 즐겼다. 맑은 찌개의 간은 소금이 기본이지만 젓국으로 간을 맞추면 동물성 단백질의 삭은 맛이 더욱 감칠맛을 낸다. 맑은 찌개에 쓰이는 재료는 무, 호박, 두부 등이고, 조개나 굴 등도 어울린다. 젓국 찌개는 먼저 물에 새우젓이나 소금으로 간을 맞추어 끓이다가 재료를 넣는다.

명란두부조치

◉ 기본 재료

명란 3개, 두부 1/2모
풋고추 2개, 홍고추 1개
새우젓 1작은술
장국국물 적당량

밑준비하기

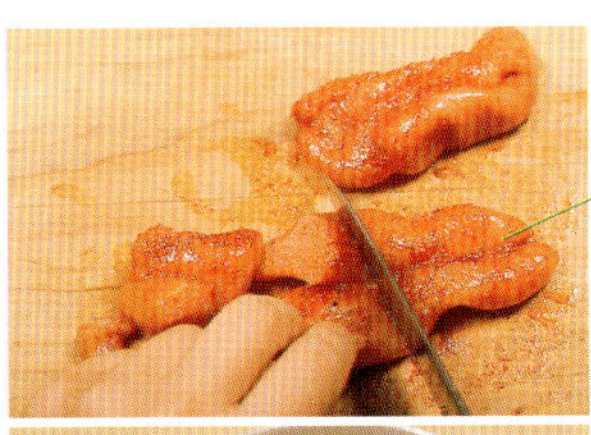

명란은 겉에 묻어있는 고춧가루 양념을 적당히 훑어내고 3cm 크기로 썬다.

풋고추, 홍고추는 송송 썰어 물에 담가 씨를 뺀다

▶ **두부** 두부는 끓는 물에 넣어 데쳐서 물기를 제거한 후 2×2cm 크기, 3cm 폭으로 썬다.

▶ **고추** 풋고추와 홍고추는 1cm 길이로 송송 썬 후 물에 담가 씨를 털어낸다.

plus tip

명란이 맛있는 시기

명란은 명태의 알로 알로는 명란젓을 담그고, 창자로는 창란젓을 담근다. 명태는 북태평양을 누비며 살다가 12월에서 2월까지 따뜻한 곳을 찾아 우리나라 동해 북부로 찾아드는데 이때에 잡힌 명태가 제 맛이 난다. 명란젓은 초겨울부터 이듬해 봄까지가 제맛이고 여름철에는 맛이 없다. 명란은 그대로 밥반찬으로 하지만 맛이 좀 떨어지는 것은 찌개를 끓이면 맛있다. 뚝배기에 끓인 알젓 찌개는 새우젓으로 간을 해야 제맛이 난다.

명란젓을 고를 때는 자연의 붉은 빛이 돌면서 살이 단단한 것을 고른다. 알주머니가 찢어졌거나 질척기리는 것은 피한다.

명란젓을 담글 때는 터지지 않은 싱싱한 것으로 골라 소금물에 살살 씻어 건져 물기를 뺀 다음 다진 마늘, 소금, 고운 고춧가루를 섞은 것에 굴려 양념을 고루 묻혀 항아리에 차곡차곡 담아 2주일쯤 익힌다.

만들기

냄비에 두부 · 명란을 넣는다

장국국물을 붓고 끓인다

송송 썰어놓은 고추를 넣고 끓인다

새우젓으로 간한다

명란두부조치는 은근한 불에서 끓여야 국물이 맑고 명란이 흐트러지지 않는다.
또한 끓이는 도중 수저로 휘저으면 알이 풀어져 국물이 지저분해지므로 주의한다

1 **재료 안치기** 냄비 바닥에 두부를 깔고 그 위에 명란을 안친다.

2 **장국국물 부어 끓이기** 다시마 국물이나 멸치국물을 가만히 붓고 한소끔 끓인다.

3 **불을 줄여 끓이기** 한번 끓어오르면 불을 줄여 은근한 불에서 끓이면서 풋고추, 홍고추를 넣고 끓인다.

4 **새우젓으로 간하기** 두부와 명란맛이 우러나면 새우젓으로 간을 맞춘다.

how to

김치찌개를 끓이는 김치는 젓갈이 많이 들어갔거나 녹말풀을 많이 넣은 김치는 적당하지 않다. 또 설익은 김치도 맛이 없다. 김치찌개는 섬유소가 무르도록 오래오래 끓이거나, 살캉하게 익도록 잠깐 끓이는 두 가지 방법이 있다. 기름에 볶아 끓이면 김치가 덜 물러진다. 김치찌개의 국물 맛을 내는 재료로는 멸치, 돼지고기, 쇠고기, 조개, 어묵 등 여러가지가 있지만 햄이나 소시지를 넣으면 부드러운 감칠맛이 난다.

소시지김치찌개 · 돼지고기김치찌개

소시지 김치찌개

⊙ 기본 재료

배추김치 200g
프랑크소시지 100g
햄 100g, 고춧가루 적당량
다진 마늘 1큰술, 국간장 적당량
대파 1/2대, 장국국물 적당량

밑준비하기

배추김치는 국물을 적당히 손으로 훑어 짠 후 3cm 길이로 송송 썬다.

만들기

햄은 적당한 크기를 수저로 떠낸다

김치와 소시지, 햄을 볶는다

국물을 부어 끓이면서 마늘, 대파를 넣는다

1 **소시지 · 햄 준비하기** 소시지는 먹기 좋은 크기로 어슷썰고 햄도 적당한 크기로 떠낸다.

2 **김치 · 햄 · 소시지 볶기** 달구어진 냄비에 식용유를 두르고 김치와 고춧가루를 넣어 볶다가 거의 다 볶아지면 소시지와 햄을 넣어 볶는다.

3 **국물 부어 끓이기** 재료들이 어느정도 익으면 멸치국물을 적당히 붓고 끓이면서 다진 마늘, 대파를 넣고 국간장으로 간을 맞춘다.

돼지고기 김치찌개

⊙ 기본 재료

배추김치 200g, 떡국떡 50g
돼지고기(삼겹살) 50g
다진 마늘 1큰술, 대파 1/2대
고춧가루 · 국간장 적당량씩
장국국물 · 식용유 적당량씩

⊙ 고기양념

국간장 · 다진 마늘 1작은술씩
다진 파 2작은술, 후춧가루 조금

만들기

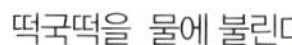

떡국떡을 물에 불린다

식용유 넣고 고기를 볶는다

볶은 재료에 국물을 붓고 끓인다

1 **떡 불리기** 떡국떡은 물에 담가 불린다.

2 **돼지고기 밑간하기** 돼지고기는 납작납작 썰어 분량의 고기양념에 밑간한다.

3 **재료 볶기** 달구어진 냄비에 식용유를 두르고 돼지고기를 볶다가 김치와 고춧가루를 넣어 볶아준다.

4 **장국국물 부어 끓이기** 김치가 하늘하늘해질 정도로 충분히 볶아졌으면 장국국물을 붓고 끓이면서 마늘과 떡을 넣고 간장으로 간을 맞춘다.

how to

콩을 되게 갈았다고 하여 되비지라고도 불리는 콩비지는 잡곡이 흔한 황해도 지방의 겨울철 별식이기도 하다. 순두부는 불린 콩을 갈아서 그 물을 받아 끓이면서 간수를 넣어 덩어리지게 만든 것을 말하는데, 순두부는 원래 따뜻할 때 양념장만 넣어 먹던 음식이었다. 20여 년 전부터 뚝배기에 맵게 끓인 명동 순두부가 유행하면서 지금은 순두부찌개 하면 매운 찌개를 연상하게 되었다.

콩비지찌개 · 순두부찌개

콩비지찌개

⊙ 기본 재료

흰콩 2컵, 돼지갈비살 300g

배추김치 150g

⊙ 갈비살양념장

소금 · 다진 마늘 1큰술

다진 파 2큰술, 생강즙 1/2작은술

후춧가루 조금

만들기

콩이 잠길 만큼의 물을 부어 삶는다

뜨거운 냄비에 갈비를 넣어 볶는다

갈아 놓은 콩물을 넣는다

1 콩 불려서 삶아 갈기 콩 분량의 3배의 물을 붓고 하룻밤 불린 뒤 손으로 껍질을 벗겨내고 콩만 체에 건져 냄비에 담고, 잠길 만큼의 물을 붓고 삶아 믹서에 넣고 물을 부어 되직하게 간다.

2 돼지갈비 · 배추김치 볶기 돼지갈비살은 물에 씻은 뒤 찬물에 담가 핏물을 빼고, 3cm 크기로 썰어 갈비살 양념장으로 양념한다. 배추김치는 양념을 훑어낸 후 3cm 크기로 썬다.

3 재료 볶기 냄비에 기름을 두르고 양념해둔 돼지갈비살을 넣어 볶다가 겉이 노릇하게 익기 시작하면 배추김치를 넣어 함께 볶으면서 콩비지를 부어 끓인다.

4 끓이기 끓기 시작하면 불을 줄이고 위 아래를 섞어 맛이 고르게 배도록 한다.

순두부찌개

⊙ 기본 재료

순두부(시판용) 1봉지(400g)

바지락 100g, 대파 1뿌리

매운 청 · 홍고추 1개씩

장국국물 1/2컵, 소금 조금

⊙ 양념장

고춧가루 · 샐러드유 1큰술씩

다진 파 1큰술

다진 마늘 1/2작은술

국간장 1큰술, 참기름 1작은술

밑준비하기

▶ **바지락** 살아 있는 바지락을 준비해 소금을 넣어 바락바락 주물러 껍데기에 붙어있는 더러움을 씻어낸다. 짭짤한 소금물에 담가 어두운 곳에 두어 해감을 토하게 한다.

만들기

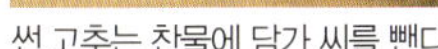
썬 고추는 찬물에 담가 씨를 뺀다

양념장 재료를 섞는다

재료를 안치고 장국 부어 끓인다

1 고추 · 대파 썰기 청 · 홍고추는 송송 썰어 찬물에 담가 씨를 빼고 대파는 송송 썬다.

2 양념장 만들기 고춧가루에 샐러드유를 넣고 고루 섞은 후 다진 파와 마늘, 국간장, 참기름을 넣어서 양념장을 만든다.

3 바지락 · 순두부 넣고 끓이기 뚝배기에 손질한 바지락을 깔고, 순두부를 수저로 떠서 바지락 위에 올린다. 그 위에 양념장을 얹고, 대파와 청 · 홍고추 썬 것을 얹은 후 장국국물을 부어 끓인다. 간이 부족하면 소금으로 한다.

how to

바다생선으로 찌개를 끓일 때는 생선 토막을 우선 소금으로 잠깐 절였다가 넣어야 단백질이 수축되어 단단해져서 덜 부서진다. 장국국물이 펄펄 끓을 때 생선 토막을 넣고 생선이 익으면 생강, 미나리, 쑥갓 등의 향내 나는 채소를 넣는다. 채소는 처음부터 넣는 것보다 생선이 일단 익은 후에 넣는 것이 생선의 비린내를 없애는데 효과가 크다.

병어찌개

⊙ 기본 재료

병어 2마리, 대파 1대, 무 200g
양파 1/2개, 풋고추 2개
홍고추 1개, 생강 1톨
장국국물(또는 물) 적당량

⊙ 양념장

고춧가루 · 다진 마늘 2큰술씩
생강채 1큰술, 국간장 조금
후춧가루 조금

밑준비하기

생선 손질이 번거로우면 생선을 살 때 부탁해서 기본 손질을 해 오는 것이 편리하다

▶ **병어** 칼등으로 표면을 긁어내고 흐르는 물에 깨끗이 씻어 아가미 부분에 길게 칼집을 낸 후 손가락을 넣어 내장을 빼낸다.

만들기

손질한 병어는 2~3토을 낸다

고추 · 대파 · 생강을 썬다

분량대로 섞어 양념장을 만든다

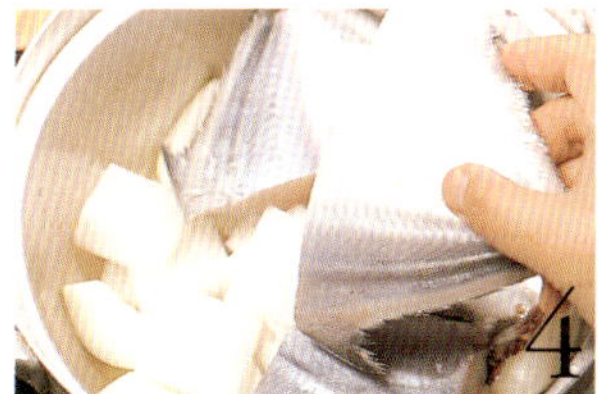
냄비에 무 · 양파 · 병어를 안친다

양념장을 골고루 얹는다

장국국물을 잘박하게 붓고 끓인다

1 **병어 썰기** 내장을 빼 씻어놓은 병어는 지느러미와 머리를 잘라내고 2~3토막을 낸다.
2 **재료 썰기** 풋고추와 홍고추는 어슷 썰어서 찬물에 헹구어 씨를 털어내고 생강은 껍질을 벗긴 후 얇게 채썬다. 대파는 어슷하게 썬다. 양파는 2cm 길이로 썰고 무는 2×3cm 크기로 도톰하게 납작썰기한다.
3 **양념장 만들기** 분량의 재료를 섞어 양념장을 만들어 놓는다.
4 **냄비에 재료 안치기** 냄비에 무와 양파를 깔고 그 위에 병어를 올린다. 다시 풋고추, 홍고추, 대파, 생강채를 올린다.
5 **양념장 얹어 끓이기** 재료 안친 위에 양념장을 고루 얹은 후 장국국물을 잘박하게 붓고 끓인다. 한번 끓어오르면 불을 줄여서 은근하게 끓인다. 센 불에서 계속 끓이면 생선이 부스러지기 쉽다.

plus tip

민물생선과 바다생선의 다른 점

매운탕은 주로 생선매운탕을 말하는데 바닷고기와 민물고기를 두루 사용한다. 신선한 것이 우선이지만 끓이는 방법은 약간 다르다.

바다 생선매운탕은 고추장을 푼 국물을 먼저 펄펄 끓이다가 생선 토막을 넣고 익을 정도만 끓인다. 너무 끓이면 살이 뼈에서 분리되어 부서져버리고 맛이 없다. 그러나 민물생선은 살이 뭉그러지도록 오래 끓여야 흙내도 없고 들척한 민물 매운탕의 제맛이 난다.

사용하고 남은 생선을 보관할 때는 내장을 제거하고 깨끗이 씻은 다음 칼집을 넣어 소금을 고루 뿌린 후 팩에 넣어 랩을 씌워서 밀봉해 냉장이나 냉동 보관한다.

생선에 소금을 뿌리면 간을 맞추는 것 외에도 소금이 비린내를 흡수하고, 생선을 굽거나 조리는 동안 살이 흩어지지 않는 효과가 있다.

how to

쌈장찌개는 된장과 부재료 그리고 적은 양의 국물을 부어서 바특하게 끓인 것으로 간이 세지 않은 된장으로 만든다. 쇠고기보다는 조개를 넣으면 맛이 깔끔하면서 진하다. 또 자투리 야채들을 조금씩 모아서 잘게 썰어 함께 넣고 끓이면 그 맛을 따라갈 찌개가 없다. 여름철에 야채와 함께 쌈을 싸 먹는 된장 쌈장은 된장과 양념을 조금 넣어서 간편하게 끓이는 것이 맛이 있다. 겨울철 쌈 재료로는 배추속대가 제격이다.

쌈장찌개

⦿ 기본 재료

개조개 3개, 쇠고기 100g
표고기둥 끓인 국물 2컵
말린 표고버섯 5장, 깻잎 4장
양파 1/2개, 풋고추 4개,
홍고추 2개, 다진 마늘 1작은술
설탕 조금

⦿ 쌈장 재료

된장 3큰술, 고추장 1큰술
양파 1/4개, 다진 파 1큰술

⦿ 쇠고기밑간

진간장 1큰술, 다진 마늘 1작은술
참기름 1작은술, 후춧가루 조금

밑준비하기

겨울철에는 조개가 흔한 계절이므로 여러가지 야채와 함께 된장에 섞어 끓이면 맛이 있다

▶ **개조개** 칼로 입을 벌려 조갯살을 떼어낸 다음 노란빛이 나는 주둥이 끝을 살짝 잘라 흐르는 물에서 모래를 씻어낸다. 조개의 입이 잘 벌어지지 않을 경우 냄비에 개조개를 넣고 물과 청주를 조금 넣은 뒤 뚜껑을 닫고 입이 벌어 질 때까지 삶는다.

만들기

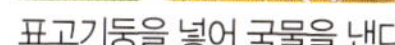

표고기둥을 넣어 국물을 낸다

조갯살 · 표고 · 고추 · 양파를 썬다

쇠고기에 양념을 한다

다진 고기를 볶다가 재료를 넣고 볶는다

표고버섯 달인 물을 부어 끓인다

쌈장찌개는 국물없이 바특하게 끓이는 찌개이므로 국물을 자박하게 부어 끓여야 한다

1 표고국물 만들기 장국국물에 표고버섯의 기둥만 잘라 넣고 끓여서 맛을 낸다.

2 조갯살 · 표고 · 고추 · 양파 썰기 삶아낸 조갯살은 살을 떼내어 굵게 다지고 풋고추와 홍고추도 굵게 다진다. 양파는 잘게 썬다. 기둥을 때어낸 버섯은 설탕물에 불려 굵게 다진다.

3 쇠고기 밑간하기 쇠고기는 기름기가 없는 것으로 곱게 다져서 진간장, 다진 마늘, 참기름, 후춧가루로 밑간해 둔다.

4 쇠고기 볶기 달구어진 냄비에 기름을 조금 두르고 다진 쇠고기를 볶다가 개조개를 넣고, 분량의 된장, 고추장, 다진 마늘, 다진 파, 다진 생강, 양파, 풋고추, 홍고추를 넣고 계속 볶는다.

5 끓이기 재료가 어느정도 볶아지면 표고버섯물을 자작하게 부어 끓인다. 불에서 내리기 전에 잘게 썬 깻잎을 넣어 향긋한 맛을 더한다.

plus tip

말린 표고버섯은 설탕물에 불린다

표고는 갓 안쪽이 흰색이고 지나치게 피지 않고 살이 도톰하고 겉이 보송보송한 것을 사야 오래 두고 먹을 수 있다. 표고 중에 '동고'는 겉이 거북이 등처럼 갈라지고 색이 옅고 작은 편인데 맛이 아주 좋고 가격도 비싸다.

말린 표고를 불릴 때는 먼저 찬물에 얼른 씻어서 표고가 충분히 잠길 정도의 물을 붓고 설탕을 조금 타서 서서히 불리는 방법이 가장 좋다.

how to

낙지는 너무 오래 익히면 육질이 질겨져 먹을 것이 없기 때문에 살짝 익혀서 살이 통통해졌을 때 먹어야 제맛이 난다. 낙지전골에는 마늘을 많이 넣고 고춧가루를 개서 넣거나 고추장을 푼다. 낙지전골이나 낙지볶음은 식탁에서 익히면서 바로 먹는 것이 맛이 있다. 낙지를 볶을 때는 먼저 팬에 마늘을 볶아 향을 내고 국물은 처음부터 붓지 말고 우러난 것을 보아가며 붓도록 한다.

쇠고기낙지전골

⊙ 기본 재료

낙지 4마리(500g)
쇠고기(불고기감) 100g
양파(작은 것) 1개, 다홍고추 2개
실파 50g, 쑥갓 50g

⊙ 고기 양념

간장 1큰술, 설탕 1/2큰술
다진 파 2작은술
다진 마늘 · 참기름 1작은술씩
깨소금 1작은술, 후춧가루 조금

⊙ 전골양념

참기름 · 간장 2큰술씩
고춧가루 · 설탕 1큰술씩
다진 파 · 다진 마늘 4작은술씩
다진 생강 2작은술, 깨소금 1큰술

밑준비하기

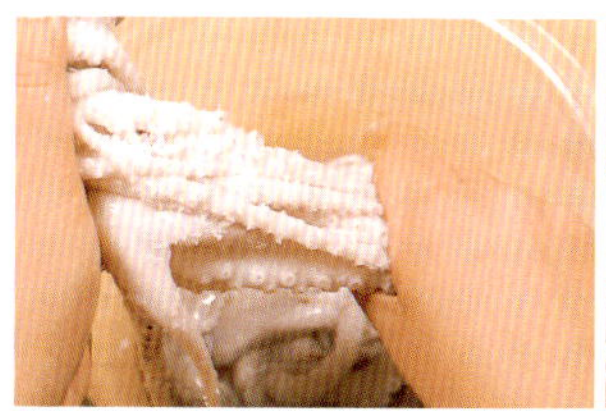

낙지는 굵은 소금을 뿌려 거품이 나도록 바락바락 주물러 씻어야 미끈거리지 않는다

▶ **낙지** 굵은 소금을 뿌려서 주물러 씻은 후 칼로 눈을 떼어낸 다음 4~5cm 길이로 썬다.

만들기

1 양파는 굵직하게 채썰고 실파는 길이로 썬다

2 쑥갓은 손질해 잎만 떼어낸다

3 쇠고기는 양념에 재워 놓는다

4 전골 양념장을 만들어 놓는다

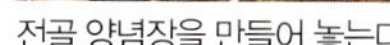

5 낙지는 전골양념에 버무린다

6 냄비에 양념한 재료를 넣고 끓인다

1 **재료 준비하기** 양파는 길이대로 채썰고, 실파는 5cm 길이로, 다홍고추는 다진다.
2 **쑥갓 준비하기** 쑥갓은 시든 잎을 정리하고 깨끗이 다듬은 뒤 흐르는 물에 씻어 물기를 뺀다. 씻어서 잎부분만 떼어 놓는다.
3 **쇠고기 양념하기** 쇠고기는 먹기 좋은 크기로 썰어 고기양념으로 고루 무쳐 놓는다.
4 **전골양념 만들기** 전골양념을 만들 땐 우선 참기름에 고춧가루를 넣어 골고루 갠 다음 나머지 양념을 모두 섞는다.
5 **낙지 전골양념에 버무리기** 썰어놓은 낙지에 전골양념을 넣어 고루 버무린다.
6 **전골냄비에 재료 안치기** 두꺼운 전골냄비를 잘 달구어서 기름을 두르고 먼저 다진 마늘과 양파를 볶다가 양념한 쇠고기를 볶는다. 살짝 익으면 낙지를 넣고 볶다가 국물이 생기면 쑥갓과 실파를 넣어 불을 줄이고 먹는다.

plus tip

낙지 손질법

낙지를 손질할 때는 우선 낙지 머리에 칼집을 넣고 먹통을 떼고 내장을 잘라낸다. 그런 다음 낙지의 눈을 도려내고 다리 안쪽 빨판도 빼낸 다음 굵은 소금을 듬뿍 뿌려 거품이 나도록 바락바락 문질러 미끈한 기를 제거한다.

내장을 꺼낼 때는 낙지 머리를 조금 젖히고 내장이 붙은 부분을 자른 다음 먹통이 터지지 않게 조심하면서 머리 가운데에 길게 칼집을 넣어 머리와 내장을 연결하는 막을 잘라낸다. 거품이 잦아질 때까지 서너 번 헹구어 건진다.

how to

김치찌개에 넣는 부재료를 다양하게 하면 여럿이 즐기면서 먹을 수 있는 푸짐한 요리가 된다. 면, 떡국떡, 만두, 두부가 그것에 속한다. 면이나 떡이 들어가면 밥을 대신할 수 있는 주식도 된다. 또 서양의 맛에 젖어 있는 젊은 세대들에게는 김치에 햄, 소시지를 섞어 김치를 즐겨 먹게 할 수 있다. 전골맛을 더 맵게 하려면 따로 양념장을 만들어 넣고, 전골 국물은 사골국물이나 뼈국물을 쓰는 것이 맛있다.

김치전골

⊙ 기본 재료

배추김치 1/4포기, 무 200g
두부 1/4모, 햄 100g
돼지고기 200g, 홍고추 1개
풋고추 2개, 대파 1대, 쌀뜨물 3컵

⊙ 김치양념

참기름 1큰술, 통깨 1큰술

⊙ 양념장

고춧가루 2큰술, 국간장 2큰술
소금 1작은술, 다진 마늘 1큰술
다진 파 1큰술 반

⊙ 돼지고기양념

후춧가루 조금, 깨소금 1작은술
국간장 1큰술, 다진 파 1작은술
다진 마늘 1작은술

밑준비하기

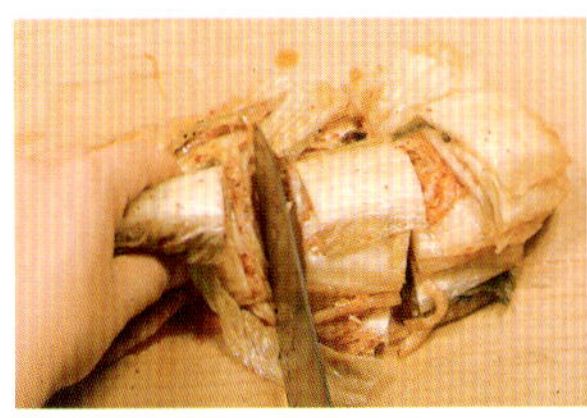

배추김치는 3~4cm 길이로 썰어 참기름과 통깨로 양념해 놓는다

▶ **배추김치** 김치는 속을 대강 털어내고 3~4cm 길이로 썰어서 분량의 참기름과 통깨로 양념을 한다. 김치는 잘 익은 것을 써야 맛있다.

만들기

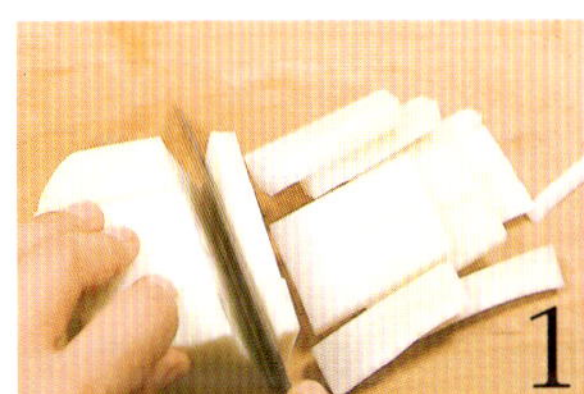
1 무는 가름하게 나박썰기한다

2 햄은 3~4cm 폭으로 썬다

3 두부는 1cm 두께로 썬다

4 돼지고기는 양념장으로 밑간을 한다

6-1 냄비에 재료를 돌려 안친다

6-2 쌀뜨물을 부어 끓인다

1 **무 썰기** 무는 흙을 털어내고 수세미로 문지르거나 칼로 껍질을 벗겨 가름하게 나박썰기하여 살짝 데쳐 놓는다.
2 **햄 썰기** 햄은 김치와 비슷하게 3~4cm 길이로 썬다.
3 **두부 · 고추 · 대파 썰기** 두부는 1cm 두께로 썰고, 풋고추 · 홍고추와 대파는 어슷하게 썬다.
4 **돼지고기와 김치 양념하기** 돼지고기는 기름이 육질 사이에 고루 잘 배인 부위를 골라 얇게 썰어 돼지고기 양념으로 양념하고 김치는 송송 썰어 김치양념으로 양념한다.
5 **전골 양념장 만들기** 분량의 고춧가루와 국간장 등을 섞어서 전골 양념장을 만든다.
6 **재료 담기** 전골틀이나 밑이 넓고 낮은 냄비에 김치와 다른 재료들을 가지런히 돌려 담고 살짝 데친 무를 놓은 후 쌀뜨물을 부어 끓이면서 먹는다.

plus tip

햄은 랩에 싸서 냉동 보관한다

햄은 돼지고기를 소금에 절였다가 훈연한 것으로 김치찌개나 전골 재료로 많이 쓰인다. 햄을 구울 때는 적당한 두께로 잘라 표면의 수분을 키친타월로 잘 닦아낸 다음 굽고 햄 자체내에서 기름이 나오므로 팬에 두르는 기름은 적게 한다.

햄에 표시되어 있는 유효기간은 미개봉 상태에서 냉동실에 보존가능한 기간이다. 일단 개봉한 햄을 오래 보관하려면 냉동시킨다.

how to

곱창과 양은 굳기름 덩어리가 많이 붙어 있고 질기므로 손질을 잘해야 누린내가 나지 않는다. 우선 곱창과 양에 붙어있는 굳기름 덩어리를 잡아당겨 떼내고 밀가루를 뿌려서 빨래하듯이 주물러서 씻어 수도꼭지에 대고 물을 틀어서 내용물을 훑어서 씻어내면 편하다. 구이를 하려면 갈라서 양념하여 굽고, 찜이나 탕에는 삶아서 끓인다. 곱창전골을 하려면 곱창을 미리 무르게 삶아 썰어서 양념한 후 채소를 넣어 끓인다.

곱창전골

⦿ 기본 재료

곱창 300g, 양 250g
생표고 4장, 팽이버섯 1봉
양파 1개, 대파 1대, 쑥갓 한줌
풋고추 · 홍고추 2개씩
밀가루 적당량

⦿ 양념장

고춧가루 3큰술, 다진 마늘 1큰술
간장 1큰술, 소금 1/2작은술
설탕 3큰술, 생강즙 1작은술
참기름 1큰술, 후춧가루 조금

⦿ 향신야채

대파 1대, 마늘 8쪽, 생강 1/2쪽
청주 1큰술, 통후추 10알

밑준비하기

▶ **곱창** 기름을 가위로 잘라내고 밀가루를 넣어 바락바락 주물러 헹궈 누린내를 뺀다.

▶ **양** 도톰한 것으로 준비해 안쪽에 붙어있는 하얀 기름막을 손으로 벗겨내고 헹군 다음 밀가루를 넣어 바락바락 주물러 헹궈 누린내를 뺀 다. 그 다음 끓는 물에 넣어 검은 막이 익을 정도까지 데쳐서 미끄러지지 않도록 한쪽 끝을 손으로 잡고 전복 껍데기나 숟가락, 칼끝으로 껍질을 벗긴다. 벗겨진 껍질이 다시 묻지 않도록 한쪽 방향으로 벗겨내야 한다.

만들기

갖은 야채와 버섯을 준비한다

손질한 양을 삶아 첫물을 따라 버린다

새물을 붓고 끓일 때 향신야채를 넣는다

양 · 곱창은 포 뜨듯이 썬다

고춧가루에 육수를 부어 양념장을 만든다

양념장에 버무려 재워 둔다

1 **버섯 준비하기** 팽이버섯은 밑동을 잘라낸 뒤 결결이 뜯어 흐르는 물에 씻고 생표고버섯은 젖은 행주로 먼지를 닦아낸 뒤 도톰하게 채썬다.

2 **재료 썰기** 풋고추 · 홍고추 · 대파는 어슷하게, 양파는 채를 썬다. 쑥갓은 다듬어 물에 담가둔다.

3 **곱창 · 양 삶기** 냄비에 물을 충분히 끓인 뒤 냄새가 나지 않도록 손질한 곱창과 양을 넣어 삶는다. 이때 처음 끓인 물은 누린내가 심하고 색깔이 검게 우러나므로 따라 버리고 다시 물을 붓고 삶는데 이때 향신야채를 넣고 끓여 고기가 부드러워지면 고기를 꺼내서 식히고, 국물은 면보에 걸러 놓는다.

4 **곱창 · 양 썰기** 곱창과 양이 식으면 4~5cm 길이로 먹기 좋게 포 뜨듯이 썰어 양념장을 만들어 조물조물 묻혀 10분간 재워 둔다.

5 **끓이기** 밑이 두툼한 전골냄비에 기름을 살짝 발라 달군 후 양념에 재운 양과 곱창을 깔고 준비한 야채를 돌려 담은 후 여기에 육수를 붓고 센 불에서 끓인다. 도중에 야채가 마르지 않도록 육수를 끼얹어가며 끓여 먹는다.

how to

만두로 전골을 해서 먹으면 여러 사람이 푸짐하게 먹을 수 있다. 다른 부재료와 섞어 계속 끓이면서 건더기와 국물이 다 없어질 때까지 먹는다. 이북의 향토음식 중 고기를 삶아 편육으로 해서 따뜻한 국물에 국수와 같이 먹는 것이 쟁반인데 여기에 만두를 더해서 끓인 전골이다. 편육은 삶아서 국물을 빼지 않고 무를 때 먹는 것이 더 맛있다. 고기와 만두만 쓰기보다는 채소와 버섯을 섞어 끓이는 것이 맛이 더 있다.

만두 전골

⊙ 기본 재료

밀가루 1컵, 쇠고기(사태) 300g
무 50g, 당근 50g, 양파 50g
마른 표고버섯 3장
느타리버섯 100g, 실파 50g
육수 3컵, 소금 · 후추 적당량씩

⊙ 고기만두소

다진 쇠고기 300g
다진 돼지고기 150g
두부 1/2모, 부추 100g
대파 1뿌리, 다진 마늘 2큰술
다진 파 3큰술, 소금 1 1/3큰술
청주 조금, 후춧가루 조금
참기름 2큰술

⊙ 고기양념

국간장 1큰술, 소금 1/2작은술
다진 마늘 1큰술, 다진 파 1큰술
참기름 1큰술, 후춧가루 조금

plus tip

전골을 맛있게 먹으려면

전골 재료는 쉽게 익혀지는 재료를 준비하는 것이 좋고, 그릇은 넓고, 깊지 않은 것이 좋다.

만두국물의 경우는 국물이 없어질 것을 예상하여 국물을 넉넉히 잡는다. 초간장은 따로 준비해서 만두를 건져 먹을 때 찍어먹도록 한다.

밑준비하기

▶ **쇠고기 육수** 찬물에 1시간 동안 담가 핏물을 뺀 후 냄비에 찬물을 넉넉히 붓고 끓이는데 향신채소(마늘, 대파, 통후추)를 함께 넣고 1시간 이상 끓인다. 어느정도 끓으면 대꼬치로 찔러보아 핏물이 나오지 않으면 알맞게 익은 것이므로 고기를 건져 굵직하게 썰어 양념하고, 국물은 젖은 면보에 밭쳐 놓는다.

만들기

데친 두부를 칼등으로 으깬다

재료를 섞어 만두소를 만든다

만두피에 소를 넣어 만두를 빚는다

무 · 당근은 소금을 넣어 데친다

재료를 담고 육수를 붓는다

전골은 끓이면서 먹는 음식이므로 육수를 넉넉하게 만들어 담아놓고 국물을 보충해 가면서 끓여 먹는다

1 **만두소 재료 준비하기** 다진 쇠고기와 다진 돼지고기를 한데 섞어 양념해 놓고, 두부는 끓는 소금 물에 살짝 데친 다음 칼등으로 눌러서 곱게 으깬 후 젖은 면보에 싸서 물기를 꼭 짠다. 부추는 손질해서 1cm 길이로 썬다.

2 **만두소 만들기** 그릇에 양념한 쇠고기와 돼지고기, 으깬 두부, 동글게 썬 대파 등의 고기만두소 재료를 넣고 골고루 섞는다. 촉촉하게 끈기가 생기도록 손으로 여러 차례 치대어 놓는다.

3 **만두 빚기** 만두피에 만두소를 한 수저씩 떠 넣어 만두를 빚는데, 만두피 가장자리에 달걀 흰자를 묻혀 손으로 꼭꼭 눌러 쉽게 터지지 않도록 붙인 다음 양끝을 오므려 동그란 모양으로 빚는다. 겉이 마르지 않게 젖은 면보를 덮어둔다.

4 **전골 재료 준비하기** 무와 당근은 5cm 길이로 납작하게 채로 썰어 소금을 넣어 살짝 삶아내고, 양파는 길이로 채썰고, 실파는 5cm 길이로 썬다. 마른 표고버섯은 찬물에 2~3시간 불린 다음 기둥을 떼어내고 채를 썬다. 느타리버섯은 살짝 데쳐서 물기를 꼭 짠 후 갖은 양념을 하여 조물조물 무친다.

5 **전골 냄비에 재료 안치기** 넓은 전골 냄비에 준비한 재료를 옆옆이 담고 소금, 국간장, 후추로 간한 육수를 부어 불에 올려 끓이면서 먹는다.

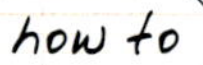

선지는 철분과 단백질이 많이 들어 있는 훌륭한 영양 식품이다. 선명한 붉은색을 띠는 신선한 선지를 준비해 소쿠리에 담아 흐르는 물에 씻어 핏물을 빼고 끓는 소금물에 살짝 데친다. 선지국을 끓일 때 사골을 푹 고아 만든 육수를 사용하면 국물 맛이 더욱 진하다.

선지국

⦿ 기본 재료

쇠뼈 400g, 사태살 200g
선지 400g, 물 10컵
우거지 300g, 콩나물 150g
된장 1큰술, 국간장 조금

⦿ 양념장

다진 파 4큰술, 다진 마늘 2큰술
생강 2작은술, 고춧가루 2큰술
된장 2큰술, 고추장 1큰술
소금 조금

⦿ 우거지 양념

다진 파 1큰술, 다진 마늘 1/2큰술
고추장 2작은술, 된장 1큰술

밑준비하기

▶ **쇠뼈** 깨끗이 씻어 하룻밤 동안 찬물에 담가 핏물을 뺀 다음 건져 20~30분 정도 끓이면 핏물이 우러나와 검은 빛의 국물이 되는데 이 국물은 따라내어 버리고 다시 물을 갈아 붓고 2~3시간 뭉근히 끓이다가 중간에 사태살을 넣어 함께 삶는다.

▶ **선지** 체에 담아 핏물이 빠지게 한다. ▶ **양념장** 분량대로 섞어 만들어 둔다.

▶ **우거지** 말린 것(배춧잎 또는 무청)을 삶아 찬물에 헹군 후 물에 담가 아린 맛을 우려낸다.

▶ **콩나물** 긴 꼬리는 다듬어 내고 콩깍지 없이 흔들어 씻어서 물기를 뺀다.

만들기

선지를 삶다가 익었는지 확인한다

데친 우거지를 우거지 양념으로 무친다

된장 푼 국물에 재료를 넣고 끓인다

국물이 끓으면 선지를 크게 잘라 넣는다

뼈 국물에 된장을 풀고 우거지, 콩나물, 사태, 편육을 넣고 끓이다가 선지를 넣고 간을 맞춘다

1 **선지 익혀서 찬물에 헹구기** 핏물을 뺀 선지를 끓는 물에 덩어리째 넣고 삶다가 수저로 잘라 보아 속까지 익었으면 건져내어 찬물에 깨끗이 헹군다.

2 **우거지 무치기** 삶아 놓은 우거지는 물기를 꼭 짠 다음 송송 썰어 분량의 다진 파, 다진 마늘, 된장, 고추장을 넣고 바락바락 주물러서 무친다.

3 **국물 끓이기** 쇠뼈국물과 함께 삶은 사태살을 건져내고 국물은 필요한 분량만큼 냄비에 담아 끓인다. 국국물은 1인 분량에 많이는 2컵, 적게는 1.5컵 정도가 알맞다.

4 **삶은 사태 썰기** 건져낸 사태살은 결 반대 방향으로 약간 도톰하게 썬다.

5 **국물에 재료 넣어 끓이기** 뼈 국물에 먼저 된장을 슴슴하게 푼 다음 우거지와 콩나물, 사태편육을 넣고, 4~5분간 끓인다.

6 **선지 넣어 끓이기** 콩나물과 우거지가 익으면 삶아둔 선지를 한 수저씩 떠서 넣고, 선지가 잘 익으면 미리 만들어둔 양념장을 넣어서 간을 맞춘다. 양념은 기호에 따라 조절해 넣고 부족한 간은 국간장으로 맞춘다.

how to

김치콩나물국은 가장 흔하게 먹지만 또한 가장 맛있는 국이다. 김치가 우선 담백해야 콩나물의 시원한 맛이 산다. 멸치젓이나 해물을 많이 넣은 김치로 만든 국은 젓갈이 덜 들어간 김치로 끓이는 것이 시원하다. 김치와 콩나물은 비타민 C가 듬뿍 들어 있어 감기 예방에 좋으며 해장국으로도 적당하다. 기본 국물은 멸치, 쇠고기를 쓰지만 마른 북어를 넣어도 구수하고 맛있다.

김치콩나물국 · 배추속대국

김치콩나물국

⦿ 기본 재료

김치 1/2포기, 콩나물 50g
참기름 1/2큰술, 다진 마늘 2큰술
대파 5cm, 홍고추 1개
고춧가루 1큰술, 멸치 20g
물 5컵, 소금 조금

밑준비하기

김치콩나물국에 넣을 김치는
젓갈이 많이 들어가지 않은 김치가 좋고,
양념채도 털어내야 국이 깔끔하다

- **김치** 김치는 양념 채가 너무 많으면 국이 지저분해지므로 가볍게 속을 털어낸 후 송송 썰어 놓는다. 다듬으면서 생기는 김치국물은 따로 받아둔다.
- **콩나물** 지저분한 꼬리를 말끔히 다듬고 깨끗이 씻어 놓는다.
- **대파 · 홍고추** 대파는 어슷 썰고, 홍고추는 꼭지를 떼고 0.5cm 두께로 어슷썰기 한다.
- **멸치** 머리와 내장을 빼고 다듬는다.

만들기

1 **김치와 콩나물 무치기** 송송 썬 김치를 참기름과 다진 마늘로 무친다.
2 **멸치국물 만들기** 깨끗이 다듬은 멸치를 찬물에 넣고 끓여 국물이 충분히 우러나면 멸치를 건져내고 양념한 김치와 콩나물을 넣고 김치가 말갛게 익을 때까지 끓인다.
3 **김치국물 넣기** 김치와 콩나물이 익으면 고춧가루와 썰어놓은 홍고추, 대파, 소금을 넣어서 맛을 낸다.

배추속대국

⦿ 기본 재료

배추 1/4포기, 무 200g
쇠고기 100g. 쌀뜨물 5컵
된장 3큰술, 고추장 1작은술
대파 1대 , 다진 마늘 1큰술
소금 조금

만들기

1 배춧잎과 무를 손질한다

2 볶은 쇠고기에 쌀뜨물을 붓는다

4 배추, 무가 익으면 대파, 다진마늘을 넣는다

1 **배추 · 무 손질하기** 배추는 깨끗이 다듬어 한잎씩 뜯어 씻고, 무는 껍질을 벗기지 말고 수세미로 문질러 씻는다.
2 **쇠고기 볶기** 쇠고기는 얄팍하게 썰어 기름을 두른 냄비에 넣고 볶다가 쌀뜨물을 5컵 정도 붓고 끓이면서 된장과 고추장을 걸러서 푼다. 된장을 거를 때는 체나 조리를 이용하면 편리하다.
3 **배추 · 무 넣기** 국물이 팔팔 끓으면 배추를 한 잎씩 들고 칼로 뚝뚝 잘라 넣는다. 무는 어슷어슷하게 저며 썰어 넣는다.
4 **파 · 마늘 넣기** 배추와 무가 다 익어 물러지면 채 썬 대파와 다진 마늘을 넣고 한소끔 더 끓인 후 불을 끈다. 좀 싱겁다 싶으면 소금으로 간을 한다.

how to

달걀탕은 가장 쉽게 영양을 취할 수 있는 국이다. 채소와 달걀을 같이 섞어 끓이므로 채소를 가늘게 썰어야 잘 익는다. 채 썬 채소를 먼저 끓이다가 나중에 달걀을 풀어 넣어도 된다. 달걀탕은 부풀어 오른 모양이 맛있어 보여야 하므로 밥상을 다 차려놓고 장국에 간까지 다 맞춘 후 마지막에 달걀물을 넣도록 한다. 달걀을 풀 때는 국에서 멀리 들고 냄비 주변을 돌리면서 흘리듯 넣는다.

달걀탕 · 북어국

달걀탕

⊙ 기본 재료

달걀 2개, 표고버섯 1개
풋고추 · 홍고추 1개씩
밀가루 · 국간장 1큰술씩
다진 마늘 2작은술
대파 5cm토막, 당근 조금
참기름 1작은술, 국간장 1큰술
소금 · 후추 조금씩, 멸치국물 4컵

밑준비하기

- ▶ **달걀** 달걀은 소금을 넣고 멍울이 없이 잘 풀어 놓는다.
- ▶ **표고버섯** 미지근한 물에 불려서 기둥을 뗀 다음 가늘게 채 썬다.
- ▶ **고추** 풋고추와 홍고추는 반갈라 씨를 빼고 어슷 채 썬다.
- ▶ **당근 · 파** 당근은 가늘게 채 썰고, 파는 가늘게 어슷 채 썬다.

만들기

달걀물에 당근, 표고, 풋고추를 섞는다.

1 **달걀물에 부재료 넣기** 썰어놓은 당근과 표고버섯, 풋고추를 한데 담고 소금과 참기름으로 버무려 밀가루를 뿌려서 다시 버무린 후 달걀물에 넣고 잘 섞는다.

2 **멸치국물에 풀어 끓이기** 냄비에 멸치국물을 붓고 한소끔 끓기 시작하면 달걀물에 섞은 재료를 한 수저씩 떠 넣고 끓이는데 야채가 익어서 떠오르면 대파와 다진 마늘을 넣어 맛을 낸 다음 소금, 후추로 전체 간을 한다.

북어국

⊙ 기본 재료

북어 1마리, 달걀 1개
다진 마늘 2큰술, 국간장 1큰술
홍고추 1개, 참기름 2큰술
소금 조금, 파 1대

만들기

북어포를 불려 짠다

북어포에 양념을 한다

끓는 물에 달걀을 푼다

1 **북어 두드려서 양념하기** 북어를 방망이로 두드려 부드럽게 한 후 머리를 떼내고 껍질과 가시를 발라낸 다음 잘게 찢어 물에 불렸다가 물기를 꼭 짜서 국간장, 파, 다진마늘, 후춧가루로 양념한다.

2 **북어 볶다가 끓이기** 냄비에 참기름을 두르고 달군 다음 양념한 북어를 넣고 볶다가 물 4컵을 붓고 끓인다.

3 **달걀 풀기** 국물이 뽀얗게 우러나면 풀어놓은 달걀을 넣는다. 이때 구멍 뚫린 국자를 이용하면 편하다. 달걀이 반숙 정도가 되었을 때 간을 보아 싱거우면 소금으로 간을 맞춰 그릇에 담아낸다.

how to

뿌리가 빨갛고 줄기는 짧으며 통통한 시금치를 보면 달큼하면서도 구수한 된장국이 떠오른다. 특히 초봄에는 모시조개를 넣어 푹 끓인 시금치국이 진미다. 시금치는 푹 끓여야 식물섬유가 물에 녹아서 맛이 있고 영양성분이 잘 우러난다. 식이섬유는 열량은 없지만 신체의 생리조절기능과 장내 소화작용을 원활히 시켜주므로 소화장애가 있는 사람에게는 권할만한 영양국이다. 냉이국 역시 봄철 국으로 빠질 수 없는 국이다.

냉이국 · 시금치모시조개국

냉이국

⊙ 기본 재료

냉이 200g, 모시조개 2컵
물 8컵, 된장 3큰술
고춧가루 · 다진 마늘 2작은술씩
국간장 · 소금 조금씩

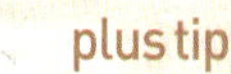

plus tip

조개국물 만들기

슴슴한 소금물에 넣고 어두운 곳에 두거나 신문지를 덮어 해감을 토하게 한 다음 서로 부딪치도록 문질러 씻어 헹구어 찬물에 담가두었다가 냄비에 담고 물을 부어 끓인다. 국물이 뽀얗게 우러나고 조개의 입이 벌어지면 조갯살을 꺼내고 국물은 깨끗한 면보에 한번 걸러 사용한다.

만들기

냉이를 다듬어 데친다

된장국물에 데친 냉이를 넣고 끓인다

냉이국을 끓일 때 냉이는 반드시 데쳐서 된장국물에 넣는다. 그래야 푸른색이 우러나지도 않고 풋내도 사라진다

1 **냉이 다듬기** 잔뿌리와 누런 잎이 없도록 다듬은 다음 깨끗한 물에 흔들어 씻는다. 냉이는 뿌리의 흙을 잘 씻어내지 않으면 국을 끓인 다음 흙냄새가 나므로 주의한다. 뿌리가 굵은 것은 2~3등분 하면 먹기도 좋고 향이 잘 우러난다. 끓는 물에 소금을 넣고 손질한 냉이를 넣어서 파랗게 데친 다음 찬물에 담가 얼른 헹군다. 데치지 않고 생것을 그대로 넣으면 국물이 푸른빛이 되거나 풋내가 난다.

2 **국물 만들기** 깨끗하게 걸러낸 조개 국물을 냄비에 담고 끓이다가 된장과 고춧가루를 풀어 계속 끓인다.

3 **데친 냉이 넣기** 토장국이 끓으면 냉이를 넣고, 건져둔 조개와 다진 마늘을 넣어서 맛을 낸다. 간을 보아 부족하면 국간장이나 소금으로 간을 맞춘다.

시금치 모시조개국

⊙ 기본 재료

시금치 200g, 쇠고기 100g
모시조개 100g, 쌀뜨물 8컵
된장 3큰술, 고추장 1큰술
파 1뿌리, 다진 마늘 2작은술
국간장 · 소금 조금씩

⊙ 쇠고기 양념

소금 1작은술, 다진 마늘 1작은술
참기름 1작은술, 후춧가루 조금

밑준비하기

▶ **쇠고기** 얇게 저며 썰어서 양념한다.
▶ **모시조개** 해감을 토하게 하고 깨끗이 씻어 건진다.

만들기

시금치를 파랗게 데쳐 낸다

끓는 국물에 데친 시금치를 넣고 끓인다

시금치국 국물은 쌀뜨물을 이용하는 것이 된장이 잘 풀어지고 구수하다

1 **시금치 데치기** 시금치는 깨끗이 다듬어서 끓는 물에 소금을 조금 넣고 살짝 데쳐서 찬물에 헹구어 건져낸 후 적당히 썬다.

2 **장국 만들기** 냄비에 양념한 쇠고기를 볶다가 고기 색이 변하면서 익으면 쌀뜨물을 붓고 장국이 끓기 시작하면 된장과 고추장을 망에 담아 걸러가며 풀어 넣어 토장국을 끓인다.

3 **재료 넣어 끓이기** 된장국물이 끓어서 충분히 맛이 들면 모시조개와 데친 시금치를 넣고 채 썬 파와 다진 마늘을 넣어 끓여 국간장이나 소금으로 간을 한다.

팟국은 파의 들큰하고 매운맛이 달걀과 어울려서 부드럽고 시원한 국물 맛을 낸다. 가장 간편하게 만들 수 있는 해장국이다. 국물의 시원함과 감칠맛을 주기 위해 푸른 잎과 붉은빛의 새우를 넣는다. 새우를 넣을 때는 가시를 없애야 하고 조금 굵게 다져서 새우맛이 국물에 우러나올 수 있게 한다.

무 맑은국 · 실파국

무맑은국

⊙ 기본 재료

쇠고기(장국용) 100g
다진 마늘 2작은술, 물 6컵
국간장 적당량, 대파 1뿌리
후춧가루 · 소금 적당량씩

⊙ 고기 양념

소금 1작은술 , 참기름 1작은술
후춧가루 조금, 다진 마늘 1작은술
참기름 1큰술

밑준비하기

▶ **무** 깨끗이 씻어서 껍질을 벗긴 다음 2.5cm 두께로 토막을 낸다. 토막낸 무는 다시 2.5cm폭으로 썬 다음 얇게 나박나박 썬다.

만들기

끓는 물에 쇠고기와 무를 넣고 끓인다

국간장으로 간을 한다

양념한 쇠고기와 무를 넣고
참기름에 잠시 볶다가
물을 붓고 끓여도 구수하다

1 고기 양념하기 장국용의 쇠고기는 납작납작하게 썰어서 분량의 고기양념으로 고루 무친다.

2 끓이기 끓는 물에 양념한 고기와 썰어놓은 무를 넣고 센 불에서 끓인다. 한소끔 끓으면 다진 마늘과 국간장으로 맛을 내고 후춧가루와 어슷썬 파를 넣어 마무리 한다.

실파국

⊙ 기본 재료

실파 200g, 마른새우 20g
소금 · 참기름 조금씩
실고추 · 국간장 조금씩
달걀 1개, 물 6컵

밑준비하기

실파는 썰어 소금에 살짝
절여두고 마른새우는
미지근한 물에 잠시 불려 둔다

▶ **실파** 실파는 5cm 길이로 자르고 흰부분은 반을 갈라 소금을 실짝 뿌려 놓는다.
▶ **마른새우** 미지근한 물에 넣어 잠시 불린다.

만들기

실파를 볶는다

실파 볶은 것에 새우를 넣고 볶는다

국물을 부어 끓인다

1 실파 볶기 실파는 냄비에 뿌리부터 넣어서 볶다가 잎부분을 넣어서 마저 볶는다.

2 새우 넣어 볶기 파가 나른하게 볶아지면 불린 새우를 넣어 함께 볶는다.

3 국물 부어 끓이기 실파와 새우가 어우러지게 볶아지면 물을 붓고 끓여 국간장으로 간을 맞춘 다음 달걀을 풀어 넣는다.

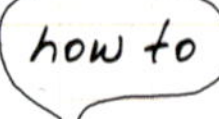

곰탕은 오랜 시간 동안 끓여 재료가 흐물흐물해지고 국 맛은 진국이 되도록 곤다는 용어를 줄인 '곰'에서 나온 말이다. 곰탕에는 뼈부분은 사용하지 않고 살코기와 내장부위를 사용한다. 양이나 곱창, 처녑, 곤자소니 등이 쓰이는 데 양과 곱창은 미리 끓는 물에 살짝 데쳐 누린내를 없애고 사용한다.

곰탕 · 사골우거지국

곰탕

⊙ 기본 재료

쇠갈비(탕거리) 500g
양지머리 500g, 양 500g
곱창 · 곤자소니 500g
물 10리터, 무(작은 것) 2개
파 4뿌리, 마늘 5톨

⊙ 국거리 양념

국간장 2큰술, 소금 2작은술
다진 파 4큰술, 다진 마늘 2큰술
참기름 2큰술, 후춧가루 1작은술
국간장 · 소금 적당량씩

밑준비하기

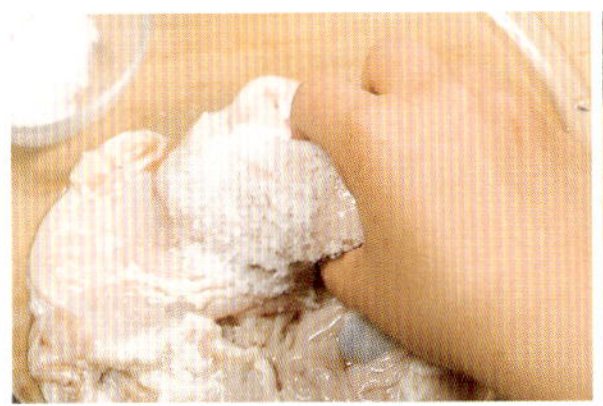

양과 곱창은 손질을 제대로 해야 누린내가 나지 않는다. 밀가루를 넣어 팔이 아플 정도로 바락바락 주물러 흐르는 물에 깨끗이 씻도록 한다

▶ **양 · 곱창 · 곤자소니** 소금을 뿌리고 주물러서 깨끗이 씻고, 양은 끓는 물에 잠깐 넣었다가 건져내어 검은 막은 칼로 깨끗이 긁고, 안쪽의 막과 기름 덩어리는 떼어낸다.

▶ **쇠갈비 · 양지머리** 찬물에 담가 핏물을 뺀 후 건진다.

만들기

1 **국거리용 고기 삶기** 두꺼운 솥에 물을 부어 펄펄 끓으면 국거리용 고기를 모두 넣어 센 불에서 끓인다.

2 **재료 모두 넣고 다시 끓이기** 어느정도 끓으면 첫물은 따라버리고 물을 다시 부어 국이 다시 끓어오르면 불을 줄이고 3~4시간 정도 고기가 무를 때까지 서서히 끓인다. 도중에 무를 반으로 갈라서 넣고, 향채도 함께 넣은 후 위에 뜨는 기름과 거품은 말끔히 걷어낸다.

3 **국물 기름 걷어내고 마무리하기** 고기와 무가 무를 정도로 익으면 건져내어 썰어서 양념하고 국물은 식혀 기름을 걷어내고 고기와 무를 넣고 다시 끓여 간을 한다.

사골우거지국

⊙ 기본 재료

사골 600g, 양지머리 300g
배춧잎 300g, 된장 1큰술
다진 마늘 1큰술, 들깨가루 1큰술
고춧가루 · 소금 적당량
대파 1뿌리

⊙ 국거리 양념

국간장 2큰술, 소금 2작은술
다진 파 4큰술, 다진 마늘 2큰술
참기름 2큰술, 후춧가루 1작은술
국간장 · 소금 적당량

만들기

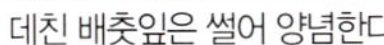
데친 배춧잎은 썰어 양념한다

사골 국물에 고기와 야채를 넣고 끓인다

사골국물에 된장을 풀어 국물이 구수하게 끓으면 준비한 배추, 양지머리, 대파, 다진 마늘을 넣고 소금과 들깨가루로 맛을 낸다

1 **배추 양념하기** 삶아서 썰어놓은 배춧잎은 된장, 고춧가루, 다진 파, 마늘, 참기름으로 조물조물 양념한다.

2 **사골 · 양지머리 끓이기** 핏물을 뺀 사골을 냄비에 담고 물을 자작하게 부어 처음 끓어오른 검은빛의 물은 따라 버리고 다시 물을 충분히 부어서 센 불로 끓이다가 사골의 뽀얀 물이 우러나기 시작하면 양지머리를 건져 썰어서 양념한다.

3 **된장 풀기** 사골국물은 필요한 분량만 덜어서 된장을 풀어서 한소끔 끓인다. 된장 푼 사골국물에 양념한 배추와 양념한 양지머리를 넣고 한참 끓인 다음 대파 어슷썬 것, 다진 마늘, 소금, 들깨가루를 넣고 맛을 낸다.

how to

생태국은 비린내가 나지 않고 몸이 단단한 생선을 그대로 맛을 내어 먹는 방법이다. 대개 생선은 매운탕으로 얼큰하게 조리하지만 생태국은 생선의 고유한 담백한 맛을 우려내는 맑은 국이다. 시원하게 하기 위해 무를 얇게 저며 넣고 채소를 같이 넣는다. 매운맛은 마른고추를 넣어 끓인 후 나중에 건져낸다. 미역국은 쇠고기를 넣어 끓이기도 하지만 홍합을 넣고 끓이면 바튼맛이 있어 한결 맛있다.

생태국 · 미역국

생태국

⊙ 기본 재료

생태 1마리, 무 1/2개
대파 1뿌리, 쑥갓잎 3장
쌀뜨물 6컵, 간장 2큰술
고춧가루 1작은술
다진 마늘 2큰술, 소금 조금

밑준비하기

▶ **생태** 내장을 빼고 깨끗이 씻어 5~6cm길이로 토막낸다.

▶ **무 · 대파** 겉에 묻은 흙을 말끔히 씻어내고 껍질을 깎은 다음 얄팍얄팍하게 비져 썰고, 대파는 어슷 썬다.

▶ **쑥갓** 대가 센 부분은 잘라내고 흐르는 물에 흔들어 씻어 물기를 뺀다.

▶ **쌀뜨물** 쌀을 두 번 정도 씻어내고 박박 문질러 뽀얀 물을 낸 다음 물을 부어 쌀뜨물을 받는다.

만들기

1 **무 양념하기** 얄팍하게 비져 썬 무에 간장과 고춧가루를 넣고 슬슬 버무려서 무에 간이 배도록 한다. 국을 끓일 냄비에서 버무리면 더 좋다. 양념한 무에 준비한 쌀뜨물을 부어 푹 끓인다.

2 **끓이기** 무가 어느정도 익어서 투명해지면 토막낸 생태를 넣어 끓이는데, 국물이 끓어서 넘치지 않도록 하고 도중에 떠오르는 거품은 걷어 내고 소금으로 간한다.

미역국

⊙ 기본 재료

불린 미역 2컵, 마른 홍합 20개
국간장 2큰술, 참기름 1큰술 반
후춧가루 조금, 물 6컵

밑준비하기

미역은 적당히 불려 물기를 짠 후 썰어 놓고 마른 홍합은 살짝 불려 적당히 썰어 놓는다

▶ **미역** 살짝 물린 다음 거품이 나노록 주물러 씻은 다음 헹구어 물기를 빼고, 적당힌 길이로 썬다.

▶ **마른 홍합** 살짝 불려 듬성듬성 썬다.

만들기

끓는 물에 미역을 넣고 끓인다

끓는 국물에 불린 홍합을 넣고 끓인다

1 **재료 넣어 끓이기** 끓는 물에 미역을 넣고 끓인다.

2 **홍합을 넣고 끓여 간하기** 한소끔 끓으면 손질한 홍합을 넣고 불을 줄여서 서서히 10분 정도 끓인 다음 국간장으로 간한다. 먹기 전에 참기름과 후춧가루로 맛을 낸다.

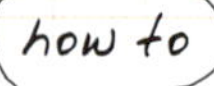

육개장 국물은 파와 고추 등 양념을 많이 넣고 살코기가 풀어지도록 끓이므로 쇠고기는 양지머리 부위가 적당하다. 나물은 숙주나 부추, 토란대, 고사리 등을 넣는다. 삼계탕은 어린 닭의 뱃속에 찹쌀과 마늘, 대추, 인삼을 넣고 물을 부어 오래 끓인 음식으로 여름철 보신 음식으로 꼽힌다.

삼계탕 · 육개장

삼계탕

⊙ 기본 재료

닭 4마리(1마리 600g)
찹쌀 2컵, 마늘 8톨, 대추 8개
수삼(소) 4뿌리, 밤 8개, 파 2대
물 3리터(15컵), 소금 1큰술
생강즙 1큰술, 후춧가루 조금

⊙ 곁들이 양념

소금 적당량, 후춧가루 적당량
파 적당량

만들기

1 **닭에 칼집 넣기** 닭은 꼬리쪽을 조금 갈라서 내장을 빼내고 뼈에 붙은 혈관도 말끔히 긁어낸 후 깨끗이 씻어 물기가 빠지도록 세워 놓았다가 닭다리와 항문 사이에 닭다리 끝이 들어갈 정도의 폭으로 가위로 칼집을 넣는다.

2 **뱃속에 재료 넣기** 닭의 뱃속에 불린 찹쌀과 마늘, 대추, 밤, 수삼을 넣는다.

3 **닭다리 엇갈려 끼우기** 닭의 양다리를 오므려서 속에 채운 것이 빠져 나오지 않도록 양쪽의 칼집 사이로 다리를 엇갈려 끼워 넣는다. 실로 묶거나 벌어진 사이를 맞붙여서 이쑤시개를 꽂는 방법도 있다.

4 **끓이기** 한 번에 여러 마리의 닭을 조리할 경우에는 준비한 닭을 큼직한 냄비에 가지런히 넣고 물을 2배 정도 부어서 끓인다. 펄펄 끓어오르면 불을 약하게 줄여서 서서히 1시간 이상 끓인다. 충분히 무르게 익으면 국물에 소금, 생강즙을 넣어 간을 하고, 소금과 후춧가루, 잘게 썬 파를 곁들인다.

육개장

⊙ 기본 재료

양지머리 500g, 양 300g
곱창 300g, 물 6리터(30컵)
파 3뿌리, 국간장 적당량
고추장 적당량

⊙ 육개장 양념

고춧가루 3큰술, 식용유 3큰술
국간장 1큰술, 소금 2작은술
다진 파 4큰술, 다진 마늘 2큰술
참기름 2큰술, 후춧가루 조금

밑준비하기

▶ **양 · 곱창** 밀가루나 소금을 뿌리고 주물러 씻어서 말끔히 헹궈, 양은 끓는 물에 잠깐 넣었다가 건져낸 후 검은 막을 칼로 긁고, 안쪽의 막과 기름 덩어리는 떼어낸다. 곱창은 안쪽으로 소금을 밀어 넣은 다음 흐르는 물에 두어 번 씻는다. 양과 곱창은 처음부터 양지머리와 함께 삶으면 국물에 내장 특유의 냄새가 배게 되므로 먼저 끓는 물에 넣어서 30분간 삶아 건져낸다. 그래야 내장에 붙어 있던 기름과 냄새가 많이 없어진다.

▶ **양지머리** 찬물에 담가 핏물을 빼고 건져둔다.

만들기

1 **양지머리 삶기** 두꺼운 솥이나 냄비에 물을 부어 펄펄 끓으면 양지머리를 넣어서 삶는다. 삶는 도중에 삶은 내장도 넣어 함께 삶는다. 고기를 삶을 때는 자투리 야채(파, 마늘 등)를 넣어 함께 끓인다. 그래야 국물에 냄새가 안 나고 시원하다. 고기는 센 불에서 끓인다.

2 **양지머리 · 양 · 곱창 썰기** 고기가 충분히 익으면 그릇에 건져내고 국물은 식혀서 면보에 걸러 기름을 걸러낸다. 건져낸 양지머리는 결대로 가늘게 찢거나 납작납작하게 썰고, 삶은 양과 곱창은 작게 썬다.

3 **파 데쳐 양념하기** 파는 7cm 길이로 토막 내어 서너 갈래로 갈라서 끓는 물에 살짝 데쳐 육개장 양념에 무친다.

4 **국물에 넣어 끓이기** 고기국물에 양념한 고기와 파를 넣고 끓이면서 국간장이나 고추장으로 간을 맞춘다.

how to

쑥은 다른 채소에 비해 무기질과 비타민 A · C가 많이 들어 있다. 된장국에 쑥을 넣어 끓일 때 쑥을 날콩가루에 버무려 넣으면 쓴맛도 없어지고 더욱 구수하다. 깨끗이 손질해 물기를 거둔 쑥을 콩가루에 살살 버무려 두었다가 고기로 맛을 낸 된장국에 넣어 한소끔만 살짝 끓여낸다. 쑥으로 만든 토장국에는 파를 넣지 않는다.

애탕 · 쑥 토장국

애탕

⊙ 기본 재료

쇠고기(장국용) 100g, 쑥 60g
다진 쇠고기(완자용) 100g
밀가루 2큰술, 달걀 1개, 물 8컵
국간장 적당량

⊙ 장국용 쇠고기양념

소금 1작은술, 참기름 1작은술
후춧가루 조금, 마늘 1작은술

⊙ 완자용 쇠고기 양념

소금 1작은술, 참기름 1작은술
다진 파 2작은술
다진 마늘 1작은술, 후춧가루 조금

밑준비하기

▶ **쇠고기** 장국용의 쇠고기는 납작납작하게 썰어서 양념한다.

▶ **쑥** 다듬어 흐르는 물에 깨끗이 씻은 다음 잎만 떼어서 준비한다. 쑥의 줄기는 연해도 섬유질이 강하여 잎과 같이 잘 갈아지지 않기 때문에 애탕용에는 잎만 사용한다. 쑥을 데칠 때는 끓는 소금물에 쑥잎을 넣어서 살짝 데쳐내어 찬물에 헹구어 물기를 꼭 짜서 곱게 다진다.

▶ **달걀** 소금을 조금 넣고 멍울지지 않도록 풀어둔다.

만들기

1 **국물 끓이기** 냄비에 물을 넣고 끓기 시작하면 장국양념한 쇠고기를 넣어서 쇠고기 국물맛이 잘 우러나도록 끓여 국간장으로 간한다.

2 **완자 빚어 밀가루 묻히기** 완자용 쇠고기는 곱게 다져서 다진 쑥과 합하여 양념하여 완자를 빚어 밀가루에 굴린다.

3 **완자 장국에 넣기** 밀가루에 굴린 완자는 달걀물에 넣었다가 끓는 장국에 하나씩 넣어 끓인다. 완자가 익어서 떠오를 때까지 끓여서 바로 대접에 담아낸다.

쑥토장국

⊙ 기본 재료

쑥 50g, 쇠고기 100g, 물 5컵,
된장 2큰술, 고추장 1/2큰술
다진 마늘 1작은술, 소금 조금
날콩가루 1/2컵

밑준비하기

쑥은 밑둥이 단단한 것과 누런 잎을 떼어내고 깨끗이 다듬어 씻은 후 물기를 턴 다음 날콩가루로 버무린다.

만들기

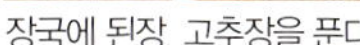
장국에 된장, 고추장을 푼다

날콩가루 묻힌 쑥을 넣는다

장국에 된장, 고추장을 풀고 팔팔 끓이다가 콩가루에 버무린 쑥을 넣고 구수하게 끓인다

1 **장국 만들기** 쇠고기는 소금, 다진 마늘로 간하여 끓는 물에 넣어서 장국을 만든다.

2 **된장 · 고추장 풀기** 쇠고기 장국에 된장과 고추장을 푼다. 이때 고추장은 된장의 1/3~1/4정도가 적당하다.

3 **끓이기** 끓는 장국에 쑥을 넣고 다진 마늘을 넣어 끓이다가 콩가루가 멍울멍울 엉기면서 익으면 불을 끈다

how to

궁중잡탕은 신선로 이상의 고급 재료를 넣어 푹 끓인 진미가 있는 국이다. 잡탕은 쇠고기의 부위를 골고루 얹고 전류, 지단, 완자, 잣 등 좋은 재료를 모아 끓인 탕이다. 많은 양을 넣고 끓이므로 진국으로 먹을 수 있다. 쇠고기의 고기 부위, 내장 부위를 푹 무르게, 누린내가 안 나게 끓이는 것이 맛을 좌우한다. 처음에는 뚜껑을 열고 끓이다가 어느 정도 끓으면 불을 줄이고 뚜껑을 덮어 은근히 끓이도록 한다.

갈비탕 · 궁중잡탕

갈비탕

⊙ 기본 재료

쇠갈비(국거리) 2kg, 무(중) 1개
물 6ℓ (30컵), 파 3뿌리
마늘 5톨, 소금 · 국간장 적당량씩

⊙ 무침양념

국간장 1큰술, 소금 2작은술
다진 파 2큰술, 다진 마늘 1큰술
참기름 1큰술, 후춧가루 조금

만들기

1 **핏물 빼기** 쇠갈비는 찬물에 1~2시간 담가 핏물을 빼서 건진다.

2 **고기 익히기** 두꺼운 솥이나 냄비에 물을 부어 끓어 오르면 불을 약하게 줄이고 3시간 정도, 고기가 익을 때까지 서서히 끓인다. 끓이는 도중에 무는 반으로 갈라서 넣고, 파와 마늘을 크게 썰어서 넣는다. 위에 뜨는 기름과 거품은 걷어낸다.

3 **갈비에 칼집 넣기** 고기와 무가 무르게 익으면 고기는 먹기 좋게 잔칼집을 넣고, 무는 납작하게 썰어 무침양념으로 고루 무친다.

4 **갈비탕 완성하기** 솥에 갈비 국물을 다시 끓이다가 양념한 갈비와 무를 넣고 끓여 국간장이나 소금으로 간한다.

궁중잡탕

⊙ 기본 재료

양지머리 200g, 곤자소니 200g
부아 200g, 양 200g
등골 150g, 다진 쇠고기 50g
으깬 두부 1/4모, 물 20컵

⊙ 고명

표고버섯 3장, 석이버섯 3개
달걀 2개, 밀가루 조금
식용유 적당량, 미나리 1/2단

⊙ 국거리 양념

국간장 2큰술, 소금 1작은술
다진 마늘 1큰술, 후춧가루 조금
참기름 1큰술

⊙ 쇠고기 양념

간장 1작은술, 소금 조금
다진 파 1작은술, 마늘 1/2작은술
참기름 · 깨소금 조금씩
설탕 · 후춧가루 조금씩

밑준비하기

▶ **양지머리 · 부아(허파)** 찬물에 담가 핏물을 뺀다.

▶ **곤자소니(창자) · 등골(척수)** 곤자소니는 소금이나 밀가루로 주물러 씻어서 헹구고, 등골은 기름막을 칼로 벗겨 하얀 부분만 핏기 없이 깨끗이 씻는다. 등골은 가운데 골이 패인 곳을 손가락으로 살짝 누르면서 가느다란 이쑤시개로 양옆을 넓게 편 다음 6cm 길이로 썰어서 소금, 후추로 간한다.

▶ **양** 도톰한 것으로 준비해 안쪽에 붙어있는 하얀 기름막을 손으로 벗겨내고 헹군 다음 밀가루를 넣어 바락바락 주물러 헹궈 누린내를 뺀 후 끓는 물에 넣어 검은 막이 익을 정도까지 데친 다음 미끄러지지 않도록 한쪽 끝을 손으로 잡고 전복 껍데기나 숟가락, 칼끝으로 껍질을 벗긴다. 벗겨진 껍질이 다시 묻지 않도록 한쪽 방향으로 벗겨낸다.

▶ **표고버섯** 가늘게 채 썬다. ▶ **미나리** 줄기만 다듬어서 꼬치로 양끝을 나란히 꽂아 편편히 만들어 초대꽂이를 만든다. ▶ **석이버섯** 더운 물에 불려 안쪽의 이끼를 벗기고 곱게 다진다.

▶ **달걀** 1개를 황백으로 나누어서 흰자만 소금 간하여 면보에 내린다. 흰자의 1/2에 석이버섯 가루를 섞고 3가지색 지단을 부친다.

만들기

1 **고명 준비하기** 쇠고기와 두부 으깬 것을 섞어 동글게 빚어서 밀가루, 달걀을 묻혀 팬에 굴려가며 지져 놓고, 미나리도 밀가루를 묻혀 달걀물을 묻혀서 팬에 지져 사각형으로 썬다. 표고버섯은 간장과 설탕으로 간하여 팬에 볶고, 등골 손질한 것은 밀가루와 달걀을 입혀서 지진다.

2 **육수 끓이기** 고기류는 끓는 물 20컵에 넣고 함께 끓이는데, 삶을 때 마늘, 대파 잎, 생강 등을 넣어서 냄새를 없애고 국간장을 넣어서 간을 조금 하여 삶는다. 육수는 깨끗한 면보에 맑게 거른다.

3 **고기 썰기** 양지머리 수육은 결 반대 방향으로 얄팍하게 썰고, 부아는 양지머리와 같은 크기로 썬다. 양은 얇게 저며서 썰고 곤자소니도 얄팍하게 저며 썰어 양념한 후 국물에 넣고 끓인다.

how to

냉국은 차갑게 먹는 음식으로 여름에 인기있는 메뉴이다. 냉국의 건더기로는 미역, 김, 우뭇가사리, 마늘, 상추, 쑥갓, 오이, 가지, 파, 콩나물과 같이 해초나 여름 채소가 주로 쓰인다. 냉국 국물은 주로 찬물에 간장과 식초를 넣어 만든다. 냉국 건지에 양념을 해서 미리 재워 두었다가 차갑게 준비해 둔 국물을 부어야 새콤하면서 시원한 맛을 즐길 수 있다.

미역오이냉국 · 가지냉국

미역오이냉국

⦿ 기본 재료

조선오이 2개, 마른 미역 50g
소금 · 식초 · 설탕 적당량씩

⦿ 무침 양념

식초 1큰술, 고춧가루 1/2큰술
설탕 1큰술, 소금 조금
다진 마늘 1큰술, 깨소금 1/2큰술
참기름 1작은술, 생수 3컵

밑준비하기

오이는 소금으로 물질러 씻어
오돌도돌한 돌기를 없애고
어슷어슷 썰어 채 썬다

▶ **미역** 3cm 길이로 잘라 물에 20분 정도 불려 소금을 조금 넣고 주물러 씻어 물기를 꼭 짠다.

▶ **오이** 소금으로 문질러 깨끗이 씻어 물기를 닦고 채썬다.

만들기

불린 미역을 양념한다

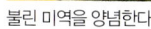

양념한 미역과 오이에 양념한 생수를 붓는다

불린 미역은 양념하고,
오이는 채썰어 그릇에 담고
소금, 식초, 설탕으로
간을 한 국물을 붓는다

1 **미역 무치기** 불린 미역에 다진 마늘, 고춧가루, 참기름, 깨소금, 소금, 설탕, 식초를 넣고 가볍게 무친다.

2 **국물 간 맞추기** 생수에 소금, 식초, 설탕을 넣고 간을 맞춘다.

3 **국물 붓기** 채 썬 오이와 양념한 미역을 그릇에 담고 차게 한 국물을 붓는다.

가지냉국

⦿ 기본 재료

가지 2개

⦿ 무침 양념장

다진 마늘 1큰술, 국간장 2큰술
고춧가루 1작은술, 식초 1큰술
깨소금 조금, 파 4cm토막

⦿ 국물

국간장 3큰술, 식초 1큰술
생수 3컵

만들기

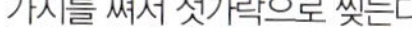

가지를 쪄서 젓가락으로 찢는다

가지를 양념에 무친다

냉국 국물을 만들어 붓는다

1 **가지 찌기** 가지를 찜통에 쪄서 젓가락으로 찢는다.

2 **무침 양념장으로 무치기** 찢어 놓은 가지에 국간장과 다진 마늘, 채 썬 파, 깨소금 등을 넣고 조물조물 양념한다.

3 **냉국 국물 만들기** 생수에 분량의 국간장과 식초를 넣어 국물을 만든다.

4 **국물에 가지무침 넣기** 냉국국물에 가지무침을 넣고 소금이나 국간장으로 간을 맞추고 그릇에 담아 얼음을 띄운다.

3.

모임에 맞는
손님상 요리~

맛깔진 손맛!

손님상 요리

볼품 있는 음식 몇 가지만 마련하면 된다. 일품요리일 수도 있는 이 메뉴들은 어떤 손님상에도 잘 어울리는 요리들이다. 전채요리에 좋은 메뉴, 본요리에 좋은 메뉴, 후식에 좋은 메뉴들이 골고루 들어 있으므로 몇 가지씩만 선택하여 상을 차리면 어떤 손님상도 차릴 수 있다.

상차림은 가짓수보다는 모임의 성격에 맞는 메뉴 표를 짜고,
먼저 내놓는 요리로 가뿐하게 먹을 수 있는 것,
식사와 함께 내놓는 요리로 비중 있는 것,
먹은 음식을 잘 소화시킬 수 있게 하는 디저트를 준비하면 된다.

손님상에는 더운 음식과 찬 음식을 고루 준비해야 한다

잔치상 음식은 차고 덥고, 국물이 있고 없고, 짜고 싱거운 맛의 찬이 골고루 섞이도록 준비한다. 우리 음식의 특징은 밥, 나물, 생선구이, 김치처럼 주재료를 한 가지만 쓰는 경우가 있고 고기와 채소, 생선과 채소를 같이 섞어서 조리하기도 한다. 이는 식품 궁합이라 해서 음과 양의 조화를 맞춰 먹자는 데 뜻이 있다. 단순히 조리를 할 때는 일상적인 식사에서의 찬이고 이것저것 재료를 어울려서 모양을 내면 손님상차림이 된다.

손수 만든 것을 맛깔스럽게 담는다

밥은 흰밥이 아닌 별식으로 하고 그 밥을 잘 먹을 수 있는 김치·찜류를 찬으로 한다. 또한 국물은 전골로 하여 여럿이 끓이면서 먹을 수 있는 해물 위주의 시원한 탕으로 한다면 푸짐하다.
잔치에는 고기 음식이 있어야 하므로 불고기를 푸른 채소와 섞어 산적으로 준비한다면 하나씩 덜어서 먹기 편하다. 고기 음식에 맞추어 냉채 요리를 곁들이면 상차림이 더 산뜻해진다. 늘 먹는 음식 중 누구나 좋아하는 잡채, 불고기와 함께 색다른 음식도 한두 가지 준비해 보자. 늘 먹는 김치를 색다른 방법으로 조리하는 것도 아이디어다.

생소한 맛보다 누구나 좋아하는 음식을 택한다

새로운 것과 맛있는 것을 겸해야 하고 볼품이 있어야 한다. 우선 주재료는 제철에 맞는 채소, 생선, 과일을 정한다. 또 계절에 따라서는 찬 음식과 더운 음식을 정한다. 육류나 생선이 주가 되지만 채소를 부재료로 곁들인다. 고기가 주재료가 되는 요리보다는 채소가 주재료가 되는 죽순채, 호박선, 가지선, 잡채 등도 조리법을 달리하면 훌륭한 일품요리가 될 수 있다.

후식으로는 떡이나 정과, 화채, 식혜, 수정과 등이 제격

떡집에서 맞춰서 사용하든지 시중에서 파는 고급 떡을 조금 준비하면 된다. 식혜, 수정과는 집에서 만들어 보자. 식혜는 멥쌀이나 찹쌀로 밥을 되게 지어서 엿기름 물에 풀어 하룻밤 따뜻하게 두면 밥알이 식으면서 위로 동동 뜨게 되는데 설탕이나 꿀을 넣고 한번 더 끓여서 식힌 후 차게 해서 먹으면 된다. 수정과는 계피와 생강 끓인 물을 체에 걸러 항아리에 담고 곶감을 넣고 봉해 두었다가 상에 낼 때 국물에 곶감 두 개씩 담고 실백과 계피가루를 조금 뿌리면 된다.

how to

잡채는 옛부터 많은 손님을 치르는 상차림 음식으로 손꼽혔다. 나물이 많이 들어가므로 한꺼번에 많이 무쳐 놓으면 상하는 수가 있다. 양보다는 맛이 중요하므로 나물은 볶아두고 당면은 금방 삶아서 무친다. 당면이 불고 상하게 될지 몰라 기름에 볶아 중국식으로 잡채를 하는 경향이 많으나, 볶지 않고 무쳐야 맛이 개운하다. 무칠 때는 당면 삶은 것에 일단 간을 하고 나물을 섞어야 간이 맞는다. 그대로 섞으면 나중에 간이 싱거워지는 경우가 많다.

잡채

⦿ 기본 재료

쇠고기(우둔살) 120g
표고버섯 중 3개, 목이버섯 10g
도라지 100g, 당근 100g
양파 1/2개(100g)
오이 중1/2개, 달걀 1개
당면 200g, 잣 1작은술
소금 · 후춧가루 · 깨소금 적당량씩

⦿ 쇠고기양념

간장 2큰술, 설탕 1큰술
다진 파 4작은술, 깨소금 2작은술
다진 마늘 2작은술
참기름 2작은술

⦿ 나물양념

다진 파 2작은술, 깨소금 2작은술
다진 마늘 1작은술
참기름 2작은술, 후춧가루 조금

⦿ 당면양념

간장 1큰술, 설탕 1큰술
참기름 1큰술

밑준비하기

쇠고기와 표고버섯은 채썰고, 목이버섯은 작게 썰어 쇠고기 양념에 무쳐 놓는다. 오이, 당근은 납작하게 썰어 데친다.

▶ **쇠고기** 살캉하게 얼려서 결을 따라서 길이로 가늘게 채로 썬다.

▶ **표고 · 목이버섯** 표고버섯은 물에 불려서 기둥을 떼어내고 가늘게 채 썬다. 목이버섯은 불려서 한 잎씩 떼어 작게 썬다. 고기 양념장을 만들어 쇠고기, 표고버섯, 목이버섯에 나누어 각각 무쳐 놓는다.

▶ **오이 · 당근** 4㎝정도로 납작하게 썬 다음 오이는 소금에 절이고 당근은 끓는 물에 데친다.

▶ **도라지 · 양파** 도라지는 가늘게 갈라서 소금을 넣고 주물러서 씻어 끓는 물에 데친 다음 나물 양념으로 무친다. 양파는 길이대로 채로 썰어 찬물에 얼른 씻어서 물기를 뺀다.

▶ **달걀** 황백으로 나누어 지단을 부쳐서 채 썬다.

만들기

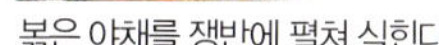
볶은 야채를 쟁반에 펼쳐 식힌다

표고 · 목이버섯을 볶는다

당면을 삶아 찬물에 헹군다

삶은 당면을 볶는다

전체를 섞어 양념한다

따로따로 양념하여 볶은 재료들을 한데 섞어 전체 간을 한다

1 재료 볶기 팬에 기름을 두르고 준비한 오이, 양파, 도라지, 당근, 버섯, 쇠고기, 당면 순서로 각각 볶아낸다.

2 당면 삶기 당면은 먼저 미지근한 물에 불린 다음 끓는 물에 부드럽게 삶아 내어 찬물에 헹궈 물기를 뺀다. 물기가 빠지면 길이를 두세 번 잘라 기름에 볶는다.

3 재료 섞어 담아내기 그릇에 볶은 재료들과 당면을 고루 섞어서 그릇에 담고 위에 달걀지단과 잣을 얹는다.

how to

죽순채는 봄철에 햇죽순이 나오면 봄나물과 섞어 산뜻하게 무쳐내는 입맛 돋우는 음식이다. 삶아낸 죽순은 초고추장에 회처럼 찍어 먹으면 아무 것도 섞이지 않은 자연의 참맛을 느낄 수 있다. 하지만 바로 삶아낸 것은 아려서 먹기 힘들므로 물에 담가 두었다가 쓰도록 한다. 죽순채는 하얀 죽순을 얇게 썰어 기름에 살짝 볶아 식힌 다음 숙주나물, 미나리, 홍고추, 쇠고기볶음을 새콤한 초간장에 묻혀 차갑게 해서 먹는 요리이다.

죽순채와 소면

⊙ 기본 재료

죽순(날 것) 중 2개(600g)

쌀뜨물 10컵, 표고버섯 중3개

쇠고기(우둔살) 120g

미나리 50g, 숙주나물 100g

홍고추 1개, 달걀 1개, 소면 300g

⊙ 고기양념

간장 2큰술, 설탕 1큰술,

다진 파 · 다진 마늘 2작은술씩

깨소금 · 참기름 2작은술씩

후춧가루 조금

⊙ 초간장 양념

간장 2작은술, 소금 2작은술

설탕 2작은술, 식초 1큰술

깨소금 2작은술, 참기름 2작은술

후춧가루 조금

밑준비하기

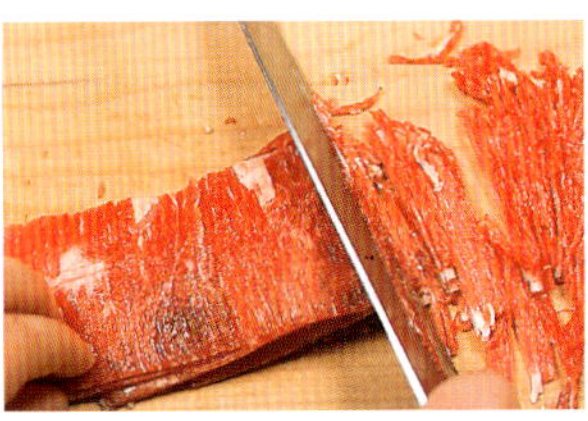

통조림 죽순은 빗살 부분에 끼어 있는 석회분을 긁어내고 햇죽순은 쌀뜨물에 삶아서 썬다.

- ▶ **쇠고기** 살짝 얼린 상태에서 가늘게 채 썬다.
- ▶ **죽순** 통조림 죽순을 이용할 때는 죽순을 반 갈라서 속의 빗살 부분에 끼어 있는 하얀 석회분을 떼어내고, 햇죽순은 뾰족한 쪽의 끝을 5cm 정도 어슷하게 자르고 칼집을 넣어 쌀뜨물에 삶아서 식힌 뒤 빗살무늬로 썬다.
- ▶ **미나리** 잎은 떼어내고 줄기만 다듬어서 쓴다.
- ▶ **숙주** 머리와 꼬리를 떼어낸 후 흐르는 물에 씻어 체에 밭쳐 둔다.
- ▶ **표고버섯** 미지근한 물에 불려서 기둥을 떼고 헹궈 물기를 꼭 짠 후 얇게 썬다.

만들기

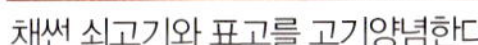
채썬 쇠고기와 표고를 고기양념한다

고기와 표고 볶은 것을 펼쳐서 식힌다

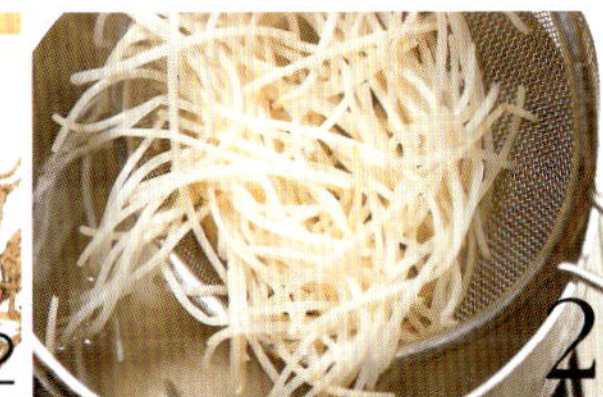

손질한 숙주는 데쳐서 망에 건진다

양념장을 만든다

초간장 재료를 분량대로 섞어 냉장고에 차게 두었다 비벼 먹으면 상큼하다.

1 **쇠고기 · 표고 양념하기** 채 썬 쇠고기와 표고버섯을 한데 섞고 고기양념장으로 양념하여 팬에 볶아서 식힌다.

2 **숙주 데치기** 데친 후 망에 건져 차게 식힌다.

3 **미나리 준비하기** 소금물에 데친 다음 바로 찬물에 헹구어 물기를 살짝 눌러 짠 후 가지런히 놓고 4cm 길이로 썬다.

4 **초간장 양념장 만들기** 초간장 양념장 재료를 섞어 차게 보관한다.

5 **소면 삶기** 끓는 물에 펼쳐서 넣고 심 없이 삶는다.

6 **양념장 곁들여 내기** 볶아놓은 쇠고기, 표고, 숙주, 미나리, 죽순, 소면을 섞어 양념으로 무쳐 내거나 재료 하나하나를 각기 다른 그릇에 담아내 적당량씩 덜어 먹도록 한다. 먹기 전에 차게 두었던 초간장 양념장을 곁들인다.

how to

녹두부침은 반죽과 건더기를 섞지 않고 따로 부치는데, 팬에 묽게 만든 반죽을 펴고 그 위에 차례대로 채소와 고기를 얹어 건더기가 보이게 지진다. 김치가 들어가지 않고 신선한 생숙주와 참나물을 넣으므로 녹두의 맛도 살고 담백하다. 건더기를 올린 후에는 다시 반죽을 살짝 올려야 건더기가 서로 붙어 떨어지지 않는다. 녹두반죽을 되게 하면 딱딱해서 맛이 없다. 믹서에서는 되직하게 갈고 반죽을 할 때는 물이나 다시장국, 달걀 등을 넣어서 묽게 한다.

녹두부침

⊙ 반죽

녹두 2컵, 달걀 4개

소금 1작은술, 밀가루 4큰술

⊙ 고명

숙주 100g, 참나물 80g

돼지고기(삼겹살) 100g

실파 적당량

⊙ 고기밑간

소금 1/2작은술, 후춧가루 조금

청주 1큰술

⊙ 양념초간장

마늘 2알, 대파 5cm, 홍고추 1개

생강 1쪽, 설탕 1작은술

식초 1/4작은술, 간장 1/3컵

장국(멸치+다시마) 1/3컵

밑준비하기

참나물은 어린 것을 준비하여 씻은 후 물기를 뺀다

▶ **녹두** 미지근한 물에 2시간 정도 불려 손으로 살살 비벼서 껍질을 벗긴다. 어느 정도 껍질과 알맹이가 분리되면 물을 갈아가면서 껍질을 흘려 버리고, 알맹이만 걸러 망에 담아서 물기를 뺀다.

▶ **참나물** 여린 것으로 준비하여 씻어서 물기를 뺀 후 3~4cm 길이로 자른다.

만들기

돼지고기를 썰어서 밑간한다

간 녹두에 밀가루를 섞는다

녹두 반죽을 팬에 둥글게 올린다

숙주와 참나물, 돼지고기, 실파를 얹는다

뚜껑을 덮고 익힌다

반죽 위에 준비한 재료들을 소복하게 얹고 뚜껑을 덮어 익힌다. 그래야 위에 얹은 재료들이 뭉근하게 잘 익는다

1 **숙주 · 참나물 · 실파 준비하기** 숙주는 흐르는 물에 씻어서 물기를 빼고, 참나물은 여린 것으로 준비하여 씻어서 물기를 뺀 후 3~4cm 길이로 자른다. 실파는 깨끗하게 손질해 송송 썬다.

2 **돼지고기 밑간하기** 돼지고기는 얇게 썰어서 고기양념으로 밑간한다.

3 **녹두 반죽하기** 믹서에 손질한 녹두와 물을 조금 붓고 약간 되직한 농도로 갈아 소금 간을 하고 밀가루 4큰술과 달걀 4개를 풀어 반죽한다.

4 **팬에 부치기** 팬을 달군 다음 기름을 두르고 녹두 반죽을 한 국자씩 떠서 올리고, 반죽 위에 숙주와 참나물을 소복하게 올린다. 그 위에 반죽을 살짝 바르듯이 올린 다음 돼지고기와 실파를 얹는다.

5 **뚜껑 덮어 익히기** 반죽에 갖은 재료를 얹었으면 팬에 뚜껑을 덮어서 익힌다. 밑이 노릇해지고 위에 얹은 고기가 색이 변하면서 반 정도 익으면 뒤집어서 익힌다. 익히는 도중에 뒤집개로 위를 누르지 않도록 한다.

plus tip

양념초간장 만들기

대파는 송송 썰고, 홍고추도 송송 썰어서 씨를 털어낸다. 마늘과 생강은 얇게 편으로 썬다. 멸치와 다시마를 우려낸 장국에 분량의 간장, 설탕 등을 섞어서 양념초간장을 만들어 차게 두었다가 녹두부침과 곁들여 낸다.

how to

고기 음식이나 기름진 음식을 먹을 때는 단순하고 담백한 맛의 반찬을 곁들이는 것이 좋다. 생으로 먹을 수 있는 향이 좋고 씹는 맛이 좋은 채소를 선택하여 간장 · 소금 · 고추장으로 간을 하고, 식초와 설탕을 넣어 달콤새콤한 맛을 낸다. 이때 파나 마늘은 쓰지 않는다. 큰 접시나 칸이 나누어진 그릇에 담아 전채요리로 내놓거나 다른 음식과 곁들여 먹을 수 있게 담아내면 먹고 난 후의 느낌이 개운하다.

모둠 생채

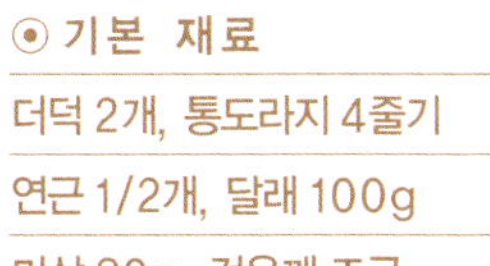

⦿ 기본 재료

더덕 2개, 통도라지 4줄기
연근 1/2개, 달래 100g
미삼 80g, 검은깨 조금

⦿ 더덕 · 통도라지 양념

고추장 1큰술, 식초 1큰술
설탕 2작은술, 참기름 조금

⦿ 연근 양념

간장 2큰술, 물 2큰술
식초 2큰술, 설탕 2큰술

⦿ 달래 · 미삼 양념

참기름 1큰술, 소금 1작은술

밑준비하기

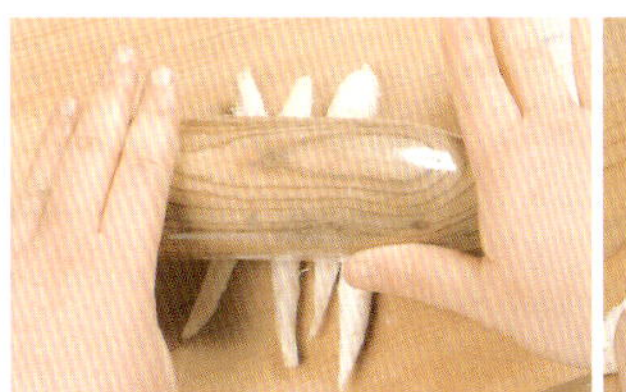

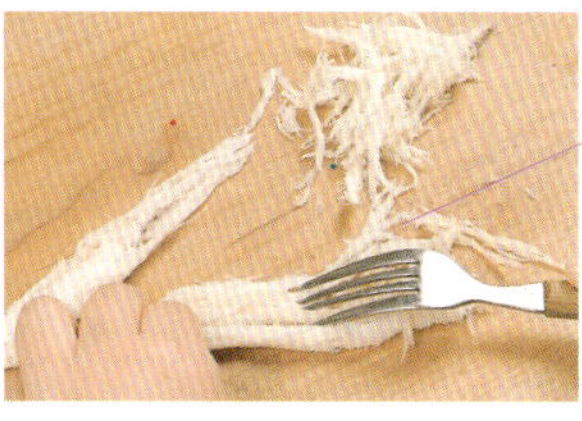

더덕 무침을 할 때는 더덕은 넓게 편 후 포크로 한 방향으로 긁는다

▶ **더덕** 껍질을 흙 없이 씻은 다음 물기를 닦아서 불에 그을리면 쉽게 벗겨진다. 벗겨서 파는 것을 구입할 때는 뽀얀 빛깔에 뽀송뽀송 느낌이 나는 것으로 고른다. 더덕을 펼 때는 도마와 방망이에 랩을 씌워서 방망이를 굴려가며 자근자근 두들겨 넓게 편 후 가운데 심을 떼어낸다. 넓게 편 더덕을 놓고 포크로 한 방향으로 긁으면 보풀이 일어나 손질하기가 쉽다.

만들기

각각의 양념장을 만들어 놓는다

도라지를 소금에 문질러 씻는다

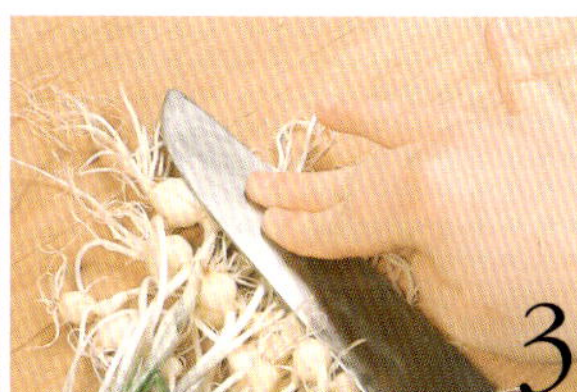

달래 뿌리를 칼등으로 으깬다

미삼은 손질해 짧게 자른다

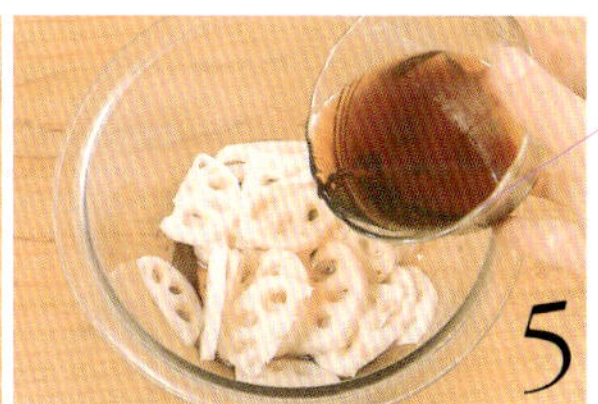

데친 연근은 초간장에 재운다

연근은 껍질을 벗긴 다음 얇게 썰어서 식초에 담갔다가 끓는 물에 데친다. 그래야 색이 변하지 않는다

1 **양념장 만들기** 더덕과 통도라지 양념인 초고추장과 연근 양념인 초간장, 달래와 미삼 양념을 각각의 양념 재료대로 섞어 만들어 둔다.

2 **도라지 준비하기** 껍질을 벗긴 더덕은 4cm 크기로 토막 내어 얇게 편으로 썬 후 소금으로 문질러 씻어 물기를 꼭 짠다.

3 **달래 준비하기** 달래는 푸른 잎이 달린 개량종이 생채로 먹기에 알맞다. 먼저 깍지 없이 씻은 다음 굵은 뿌리 부분을 칼등으로 눌러서 으깬 후 4cm 길이로 썬다.

4 **미삼 준비하기** 미삼은 흙 없이 씻어서 물기를 빼고, 굵은 것은 반으로 가르고 길이가 긴 것은 짧게 자른다.

5 **연근 준비하기** 연근은 껍질을 벗긴 다음 얇게 썰어 식초를 두어 방울 떨어뜨려 담가 두었다가 찬물에 헹군 후 끓는 물에 데쳐 물기를 뺀다. 물기 뺀 연근은 미리 초간장에 재워 차게 보관했다 먹기 전에 무친다.

6 **양념장에 버무리기** 준비한 생채 재료들을 각각의 양념에 버무려 그릇에 담는다. 미삼 생채무침에는 검은깨를 살짝 뿌린다.

plus tip

달래의 영양과 손질법

달래에는 비타민 C가 풍부하게 들어있으므로 날것으로 새콤하게 무치거나 겉절이를 하면 맛도 좋고 비타민 C도 보충할 수 있다. 달래생채는 날것으로 먹기 때문에 특히, 깨끗이 다듬어 씻는 것이 중요하다. 알뿌리 겉쪽의 얇은 껍질을 벗기고 수염뿌리를 잘라낸 후 시든 줄기는 깨끗이 다듬는다. 씻을 때는 흐르는 물에 한 뿌리씩 흔들어 씻어 흙을 말끔히 씻어낸다.

how to

김장을 할 때부터 배추의 푸른 잎이 많고 넓은 것을 쓰면 여러 가지 김치 요리에 활용할 수 있다. 만두피 대신 김치잎을 사용하여 김치잎 만두도 만들 수 있고, 서양의 양배추말이와 비슷한 음식도 만들 수 있다. 배추김치잎쌈은 보쌈김치 하듯이 김치잎을 펼치고 소를 가득 넣어 만든다. 녹말을 넣어 걸쭉한 국물을 만들어 쌈 위에 끼얹으면 따뜻하게 먹을 수 있는 별미음식이 된다.

배추김치잎쌈찜

◉ 기본 재료

배추김치잎 12장
녹말가루 1작은술, 참기름 조금

◉ 만두소

두부 1/2모, 간 돼지고기 200g
대파 2뿌리, 당면 80g
소금 1/2작은술, 후춧가루 조금

◉ 고기양념

국간장 1작은술, 소금 1/2작은술
생강즙 1/2작은술, 후춧가루 조금

밑준비하기

김치잎은 만두 쌈용으로 크게 잘라놓고, 줄기는 잘게 썬다

▶ **배추김치잎** 김치잎은 큰 것으로 준비하여 씻어서 바로 건져 물기를 꼭 눌러 짠다. 김치잎의 줄기는 잘라내어 잘게 썰고 잎은 따로 둔다.

만들기

1 돼지고기를 고기양념에 밑간한다

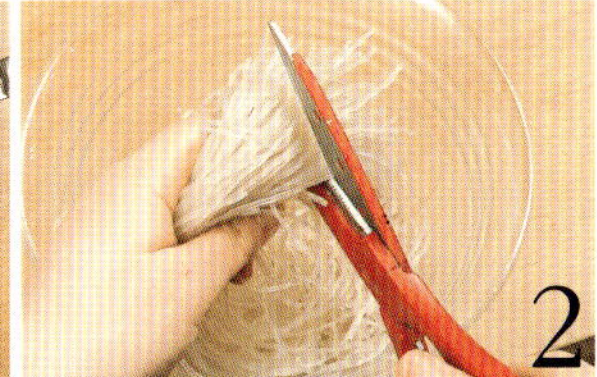
2 당면을 불려서 자른다

4 김치잎에 만두 소를 넣는다

5 김치잎 쌈을 찜통에 찐다

6 녹말가루를 넣어 국물을 만든다

찜을 하면서 생긴 국물에 육수 1컵을 더 붓고 간을 한 다음 녹말물을 풀어 국물을 만든다

1 **두부 으깨고 고기 밑간하기** 두부는 도마에 올리고 칼을 뉘어서 으깬 다음 물기를 꼭 짠다. 간 돼지고기는 고기양념으로 밑간한다.
2 **당면 자르고 대파 다지기** 당면은 불린 후 5~6cm 길이로 자르고, 대파는 깨끗하게 다듬어서 굵게 다진다.
3 **만두속 만들기** 그릇에 두부와 돼지고기, 배추줄기 썬 것, 대파와 당면을 한데 넣고 소금, 후추로 전체간을 하여 고루 섞는다. 반죽은 너무 많이 치대면 씹히는 맛도 덜하고 만두 속이 단단해져서 좋지 않다.
4 **만두소 넣어 보쌈하기** 작은 밥공기에 김치잎 3장을 엇갈려서 깔고 가운데 만두소를 100g씩 넣고, 옆에 늘어진 잎으로 보쌈을 하듯이 감싼다.
5 **찜통에 찌기** 내열그릇에 만두 4개를 옆옆이 안치고 김이 오른 찜통에 찐다.
6 **국물 만들기** 김치잎쌈을 15분 정도 찐 다음 꺼내어 만두는 그릇에 옮겨 담고, 찜을 하면서 생긴 국물은 따로 냄비에 붓고 육수(또는 물) 1컵을 더한 다음 간을 맞춘다. 그 국물에 녹말가루를 동량의 물에 타서 넣고 윤기 나게 끓인다.
7 **만두에 국물 끼얹기** 만두를 담은 접시에 만들어 놓은 국물을 1/2컵씩 흘려 넣는다. 녹말을 넣어 약간 농도가 있는 국물이므로 음식이 쉽게 식지 않도록 보온 역할을 한다.

plus tip

만두소에 넣을 두부 손질 요령

만두속이나 완자를 만들 때는 두부를 으깨서 사용한다. 두부를 으깰 때는 칼을 비스듬히 눕혀 칼면으로 으깬 후 깨끗한 행주에 싸서 꼭 비틀어 짜면 곱게 부서지고 물기도 쏙 빠진다. 볶음이나 튀김을 할 때는 소금을 뿌려두면 간도 배고 내부에 있던 물기도 어느 정도 빠지는데, 튀기기 전에는 마른 행주나 종이타월로 표면의 물기를 또 한번 닦아내도록 한다.

how to

쇠고기 산적은 고기가 두꺼워 잘못하면 질겨진다. 불고기감보다는 두껍게, 산적보다는 얄팍하게 썬다. 고기를 재워놓으면 시간이 지남에 따라 고기의 물기는 빠지고 양념간을 흡수해 짜지게 마련이므로 간을 약하게 재워놓는다. 고기를 꼬치에 뀔 때는 바느질하듯이 꿰고 가끔 푸른색의 대파나 풋마늘대를 섞는다. 직화구이와 같은 맛을 내려면 석쇠 사이에 고기를 펼쳐 놓고 석쇠를 들고 앞뒤로 바꾸어가면서 구우면 흩어지지 않는다.

너비아니와 풋마늘대꼬치구이

◉ 기본 재료

쇠고기(등심 또는 안심) 500g
풋마늘대 200g

◉ 고기 양념장

간장 4큰술, 배즙(육수) 4큰술
설탕 2큰술, 파 1/2대, 마늘 2톨
깨소금 1큰술 반, 참기름 1큰술 반
후춧가루 조금

밑준비하기

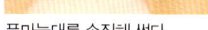

쇠고기는 등심이나 안심으로 준비해 0.5cm 정도의 두께로 썬 후 잔 칼집을 넣어 심줄을 끊어준다.

만들기

풋마늘대를 손질해 썬다

배를 갈라 양념장에 섞는다

쇠고기를 양념장에 재운다

쇠고기 · 풋마늘대를 꼬치에 끼운다

양념장을 발라가며 굽는다

양념장을 앞뒤로 발라 석쇠에 얹어 굽는다

1 풋마늘대 준비하기 풋마늘대는 흙을 털어내고 뿌리 부분을 말끔히 씻은 후 뿌리 끝과 시든 잎은 잘라내고 7cm 길이로 썬다.

2 양념장 만들기 파와 마늘은 곱게 다지고 배는 갈아서 분량의 양념장 재료와 섞어 고기 양념장을 만든다. 배가 없을 때에는 육수를 대신 넣어도 된다.

3 쇠고기 양념장에 재우기 손질해 놓은 쇠고기에 양념장을 넣고 주물러 간이 고루 배게 한다. 고기를 굽기 30분 전쯤에 준비한다.

4 꼬치에 끼우기 양념장에 재운 고기와 풋마늘대를 번갈아가며 꼬치에 끼운다. 풋마늘대가 굵은 것은 반으로 갈라서 쓴다.

5 석쇠에 굽기 석쇠는 달구기 전에 미리 종이타월에 기름을 묻혀 석쇠판 위에 문질러 기름을 묻히고 뜨겁게 달궈 꼬치를 얹은 후 양념장을 발라 양면을 고루 익혀 바로 먹는다. 숯불에 석쇠를 얹어서 굽는 방법(직화구이)이 팬에 굽는 것보다 훨씬 맛이 있다.

plus tip

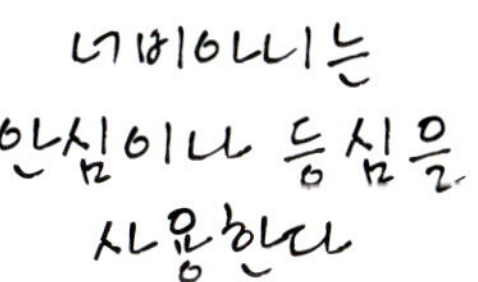

너비아니는 저며서 양념하여 굽는 쇠고기 요리로 육질이 부드러운 안심이나 등심을 사용한다.

안심은 채끝살 안쪽에 붙어 있는 가늘고 긴 부위다. 한 마리 소에서 2%밖에 얻을 수 없는 최고급 부위로 부드럽고 결이 고우며 맛도 좋다.

지방이 적고 풍미가 좋으므로 구이나 스테이크, 바비큐 등에 주로 쓰인다.

등심은 등쪽 어깨 주변의 살코기로 고기에 얼룩지방이 고르게 분포된 질 좋은 부위다. 안심에 비하면 지방질이 많은 편이다.

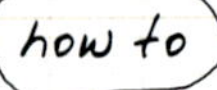

닭마늘구이는 닭다리의 뼈를 바르고 넓게 펴서 지져낸 후 향이 좋은 양념에 다시 맛을 낸 방법이다. 마늘은 날것일 때는 냄새가 많이 나지만 기름에 지져내면 향이 매우 좋고 식욕을 나게 하며 고기를 연하게 한다. 따라서 닭살을 마늘 간 것으로 재워놓았다가 녹말을 묻혀 지지면 그 풍미가 살고 바삭하게 된다. 영양의 균형을 주기 위해 상추, 깻잎, 부추 등 잎채소를 채 썰어서 같이 담아내면 푸짐한 일품요리가 된다.

닭마늘구이

⊙ 기본 재료

닭다리 4개, 마늘 간것 1/4컵

녹말가루 · 식용유 적당량씩

⊙ 조림장

맛술 1/2컵, 설탕 1큰술

간장 2큰술, 양파 반개

당근 1/4개, 청홍고추 2개씩

⊙ 곁들이채소

깻잎 5장, 상추 5장, 양상추 2장

치커리 3장

밑준비하기

깻잎, 상추, 양상추, 치커리는 씻어서 한 입 크기로 썬다

▶ **닭다리** 뼈를 발라내고 넓게 저민 후 얇게 포를 뜨고, 껍질에도 칼집을 조금씩 넣어서 간이 잘 배도록 손질하여 마늘을 갈아서 앞뒤로 고르게 묻혀서 3~4시간 둔다.

▶ **곁들이 채소** 깻잎, 상추, 양상추, 치커리는 깨끗이 씻어 한입 크기로 썰어 골고루 섞어서 찬물에 담가두었다가 건져 소쿠리에 밭쳐 물기를 거둔다.

만들기

재료를 섞어 조림장을 만든다

닭다리에 녹말가루를 묻혀 지진다

조림장을 넣고 조린다

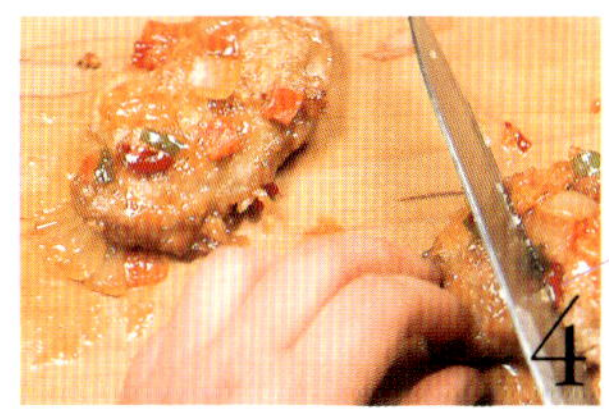

먹기 좋은 크기로 썬다

조림장에 조린 닭다리살은 뜨거울 때 먹기 좋은 크기로 썬다

1 **조림장 만들기** 양파와 당근, 청홍고추는 각각 0.8cm 각으로 썰어 달군 팬에 기름을 두르고 먼저 양파와 당근, 홍고추를 넣어 볶다가 간장과 맛술 등 조림양념을 넣고 끓인다. 한 번 끓어오르면 풋고추를 넣고 불을 끈다.

2 **닭다리에 녹말가루 묻혀 지지기** 마늘 향이 충분히 밴 닭다리살에 녹말가루를 묻혀 팬을 달구었다가 불을 중약 정도로 줄인 다음 닭살의 껍질면부터 넣어서 지진다. 앞뒤로 3분씩 지지면 완전히 익는다.

3 **조림장에 조리기** 녹말가루 묻힌 닭다리살에 조림장을 부어 서서히 간이 배도록 조린다.

4 **조린 닭다리살 썰어 야채 곁들여 내기** 조린 닭다리를 한입 크기로 썰어 물기 없이 준비한 야채를 접시에 깐 다음 썰어 놓은 닭고기를 얹어 낸다.

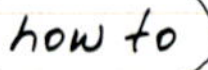

음식을 여럿이 같이 먹을 때는 한 그릇의 음식을 나누어 먹는 재미로 정을 돈독히 할 수 있다. 더운 여름철에는 큰 쟁반에 편육, 채소, 과일 등을 듬뿍 담고 그 위에 국수를 군데군데 놓아 푸짐하고 시원하게 보이도록 해서 내 놓는다. 초간장은 슴슴하며서도 달고 시게, 넉넉히 만들어 내야 한다. 채소는 날로 먹을 수 있는 깻잎, 부추, 상추 등 어느 것이나 가능하다. 겨자의 톡 쏘는 맛이 시원한 국수를 더욱 맛있게 해준다.

쟁반국수

⊙ 기본 재료

생모밀 300g, 쇠고기사태 200g
배 1개, 오이 1개, 깻잎 3장
상추 5장, 당근 1/4개
메추리알 15개, 대파 1대
마늘 5쪽, 통후추 1작은술

⊙ 국수 소스

육수 4컵, 겨자가루 2큰술반
간장 3큰술, 소금 조금
식초 4큰술, 설탕 3큰술
다진마늘 1작은술
참기름 2작은술

밑준비하기

메추리알을 삶을 때
식초와 소금을 조금 넣고
삶으면 껍질이 잘 벗겨진다

▶ **사태** 찬물에 1~2시간 담가 핏물을 빼서 건져 끓는 물에 사태와 향신야채(대파, 마늘, 통후추)를 넣고 무르게 삶아 젖은 면보에 고기삶은 국물을 거른 후 차게 식힌다. 고기 국물을 거르는 면보가 마른 상태라면 육수가 면보에 흡수되어 버려 손해가 많다. 삶은 고기는 랩으로 단단하게 싸서 그대로 차게 식히면 모양이 잡혀서 썰기에 좋다.

▶ **메추리알** 메추리알을 냄비에 담고 잠기도록 물을 부어서 삶는다. 소금과 식초를 조금씩 넣어서 7~8분간 삶는다. 삶은 메추리알은 찬물에 바로 넣어서 식힌 다음 껍질을 벗긴다.

▶ **겨자가루** 찬물에 되직하게 갠 다음 사기그릇의 안쪽에 펴 발라서 따뜻한 곳에 둔다. 서너시간 두어 매운맛이 충분히 우러나도록 발효가 되면 뜨거운 물을 부어서 15분 정도 그대로 둔다. 물이 노란색으로 우러나면 물을 따라버린 다음 떫은맛이 빠지면서 불어난 겨자를 긁어모은다.

만들기

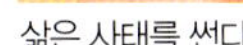

2 삶은 사태를 썬다

3 생모밀을 삶는다

4 소스를 만든다

1 **야채 채썰기** 오이는 소금으로 씻어서 어슷 썬 후 채 썰고, 당근도 채 썬다. 상추 · 깻잎은 1cm폭으로 채 썰어 찬물에 담가둔다.

2 **사태 썰기** 차게 식혀 놓은 사태를 얇게 썬다.

3 **생모밀 삶기** 생모밀을 손으로 비벼 붙어있는 가닥을 풀어주고 끓는 물에 넣고 가끔 젓가락으로 저으면서 삶다가 한 번 끓어오르면 찬물을 부어서 다시 한 번 끓여 바로 망에 건져 찬물에 넣어 손으로 비비면서 씻는다. 미끈거림이 없도록 씻어야 잘 붇지 않고 헹구는 물이 차가울수록 쫄깃하다.

4 **소스 만들기** 넉넉한 그릇에 갠 겨자를 먼저 넣고 식초와 소금, 마늘을 넣어서 먼저 대강 섞은 다음 간장, 식초를 조금씩 넣으면서 멍울 없이 푼다. 겨자장이 만들어지면 식혀둔 육수를 부어서 간이 맞도록 희석시킨다.

5 **야채 곁들여 내기** 접시에 상추와 깻잎을 먼저 깔고 위에 삶아놓은 모밀을 일인분씩 올린 다음 메추리알 삶은 것을 반씩 썰어 골고루 얹고 소스를 끼얹는다.

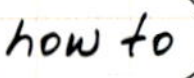

호박선과 가지선은 같은 방법으로 조리하여 각각 다른 맛을 즐길 수 있는 요리다. 냄비에 슴슴하게 장국을 부어 끓이므로 싱거울 것 같지만 톡 쏘는 겨자장에 찍어 먹으므로 자극적이고 입맛도 나게 된다. 가지의 변색을 막으려면 명반(백반)을 엷게 푼 물에 담그면 방지할 수 있다. 그리고 가지의 떫은 맛을 빼기 위해서도 찬물에 담갔다가 써야 한다.

가지선 · 호박선

가지선

⊙ 기본 재료

가지 4개, 쇠고기 200g
표고버섯 4장

⊙ 쇠고기 · 표고버섯 양념

간장 2큰술, 다진 파 1큰술
다진 마늘 · 참기름 2작은술씩
깨소금 1큰술, 후추가루 조금

⊙ 장국

간장 1큰술, 설탕 1큰술, 육수 4큰술

⊙ 겨자장

겨자불린 것 2큰술, 설탕 2작은술
식초 1큰술, 물 1큰술, 간장 조금
소금 1/2작은술, 참기름 1/3작은술

⊙ 고명

다홍고추 1개, 달걀 1개

밑준비하기

가지의 떫은 맛을 빼려면 찬물에 담갔다가 사용한다

▶ **가지** 매끈하고 단단한 것으로 골라 4~5cm토막으로 자른 후 끝을 남기고 측면에 오이소박이처럼 십자로 칼집을 넣어 찬물에 담가 아린 맛을 우려내고 끓는 물에 소금을 넣고 5분 정도 데쳐 찬물에 헹군 후 손에 쥐고 물기를 눌러서 짠다.

▶ **쇠고기 · 표고버섯** 쇠고기는 다지고 표고버섯은 불려서 채를 곱게 썬 후 섞어서 양념한다.

▶ **지단** 달걀은 흰자와 노른자로 나누어서 얇게 지단을 부친 다음 곱게 채 썬다.

만들기

1 **가지에 고기소 넣어 지지기** 고기소를 가지의 칼집 사이에 채워넣고 기름을 두른 팬에 지진다.

2 **장국물에 끓이기** 지진 가지를 냄비에 담고 장국물을 슴슴하게 타서 붓고 끓인다.

3 **고명 얹기** 적당히 익으면 가지찜에 채썬 홍고추와 달걀 지단을 골고루 얹고, 먹을 때 겨자장이나 초간장을 곁들인다.

호박선

⊙ 기본 재료

호박 중 1개

⊙ 소금물

소금 1큰술반, 물 1컵 반
쇠고기 150g, 표고버섯 중 3개

⊙ 쇠고기 · 표고버섯 양념

간장 2큰술, 설탕 1큰술
다진파 4작은술
다진마늘 · 참기름 2작은술씩
깨소금 2작은술, 후춧가루 조금

⊙ 고명

달걀 1개, 실고추 조금, 잣 조금

밑준비하기

▶ **호박** 가늘고 연한 것으로 골라 4cm 정도의 길이로 잘라서 열십자로 칼집을 넣어 소금물에 담가 놓는다. 절여진 호박은 마른 행주로 싸서 물기를 살짝 눌러서 닦는다.

▶ **쇠고기 · 표고버섯 · 달걀지단** 가지선 밑준비하기와 동일하게 한다.

만들기

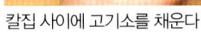

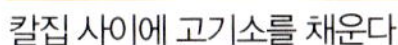
칼집 사이에 고기소를 채운다

끓는 장국에 호박을 넣어 익힌다

냄비에 육수를 붓고 간장과 설탕으로 맛을 내어 끓어오르면 호박선을 넣어 익힌다

1 **쇠고기 · 표고 채워 넣기** 호박의 칼집 사이에 양념한 쇠고기와 표고를 넣는다.

2 **호박 끓이기** 냄비에 간장, 설탕과 육수 또는 물을 붓고 끓어오르면 소를 채운 호박을 나란히 놓고 끓인다. 호박이 연하게 익으면 그릇에 담고 달걀지단채와 실고추 등 고명을 예쁘게 얹는다.

how to

여러 재료를 끼워서 만드는 '적'은 각 재료에 양념을 골고루 무쳐야 간이 배서 맛이 있다. 기름에 그대로 지질 때는 재료가 오그라들어 틈새가 많이 생기므로 촘촘히 끼우도록 한다. 적이라는 음식은 구이를 말하는데 산적, 누름적이 있다. 산적은 재료를 끼운 것이 그대로 보이는 상태로 굽는 것이고 누름적은 달걀 옷을 입혀 전처럼 지지는 것을 말한다.

잡누름적

⊙ 기본 재료

쇠고기 100g, 전복 1개
불린 해삼 1개, 마른 표고버섯 2개
통도라지 100g, 당근 6cm(100g)
오이 1개(100g), 잣가루 조금

⊙ 고기양념

간장 3큰술, 설탕 1큰술 반
다진 파 2큰술, 다진 마늘 1큰술
깨소금 2작은술, 참기름 2작은술
후춧가루 조금

⊙ 나물양념

소금 2작은술, 다진 파 4작은술
다진 마늘 2작은술, 달걀 1개
참기름 · 깨소금 2작은술씩
소금 · 후춧가루 · 밀가루 적당량씩

밑준비하기

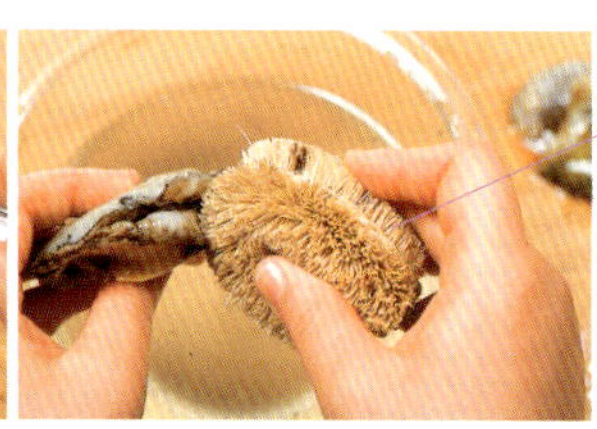

전복은 수저를 이용하여 살을 떼어내고 흐르는 물에서 솔로 내장과 검은 이끼를 긁어 제거한다

▶ **쇠고기** 적감으로 준비하여 가장자리의 기름을 떼어내고 중간의 질긴 힘줄은 칼끝으로 끊은 후 술과 설탕을 뿌려서 20분 정도 재워두면 어느 정도 연해진다. 꼬치에 끼우는 고기는 너무 연해지면 모양새가 없어지므로 연육작용을 하는 양념은 너무 많이 사용하지 않도록 한다.

▶ **전복** 수저를 이용하여 껍질에서 떼어낸 다음 내장을 손으로 떼고 솔을 이용하여 흐르는 물에서 틈 사이에 끼어 있는 검은 이끼를 닦아 없앤다. 손질한 전복살은 2mm두께로 저며서 썬다.

▶ **불린 해삼** 반갈라 속까지 잘 씻은 다음 5cm길이로 썬다.

▶ **마른표고** 물에 불려서 깨끗이 헹군 다음 기둥을 떼어내고 0.8cm폭으로 썬다.

만들기

쇠고기, 표고, 전복, 해삼을 고기양념한다

통도라지는 다듬어 삶아 건진다

오이는 막대모양으로 썬다

오이, 도라지, 당근 순으로 볶는다

준비한 재료들을 꼬치에 꿰어 지진다

준비한 모든 재료를 꼬치에 꿰어 접시에 담고 잣가루를 뿌린다

1 **고기양념에 무치기** 고기양념을 만든 다음 준비해 놓은 쇠고기와 표고버섯, 전복, 해삼을 각각 나누어 무친다.

2 **통도라지, 당근 데치기** 통도라지와 당근도 고기와 같은 크기로 썰어 소금물에 살짝 데쳐낸다.

3 **오이 썰어 소금에 절이기** 오이는 5cm로 토막을 내어 속을 잘라낸 후 막대 모양으로 썰어 소금에 절였다가 물기를 짠다. 이를 각각 나물 양념으로 무친다.

4 **재료 볶기** 팬에 먼저 오이를 넣어 볶고, 도라지와 당근을 순서대로 볶는다. 그 다음 전복과 해삼, 표고를 볶아 낸 다음 마지막에 쇠고기를 넓게 펴서 지진다. 쇠고기는 익으면 꺼내어 도마 위에 놓고 5cm 길이의 막대 모양으로 썬다.

5 **꼬치에 끼우기** 준비한 재료들을 대꼬치에 꿰어서 접시에 돌려 담고 잣가루를 뿌린다.

plus tip

산적의 종류

적류는 주재료가 분명하여 파산적, 고기산적, 송이산적, 어산적 등 한 가지 아니면 두 가지만 끼우는 적이 있고 또 색상을 화려하게 하느라 색색의 고기, 채소를 골고루 쓰는 화양적도 있다. 또 고기 종류를 여러 가지 끼워주는 잡산적이라는 특별난 것도 있다. 그러나 소의 내장을 삶아서 갖은 양념을 하여 꼬치에 끼워내는 잡산적은 요즈음은 거의 하지 않는다. 내장과 해삼, 전복 등 해물과 도라지, 박오가리 등의 채소를 같이 끼우는 잡누름적이 특별한데 이처럼 가짓수가 많은 것은 재료의 크기, 굵기는 작고 가늘게 하는 것이 좋다.

how to

궁중에서는 찐 대하를 먹을 때 불편하지 않도록 미리 껍질을 다 벗기고 한 입크기로 조각을 내서 만든다. 새우는 머리와 꼬리가 붙어 있어야 그 값이 더 돋보이지만 맛과 정성이 위주인 궁중의 대하찜은 살만 쓴다. 궁중의 대하찜은 새우살의 분홍빛, 오이의 푸른색, 노릇한 죽순, 갈색빛이 도는 사태편육이 어우러져 은은하고 품위 있는 음식이 된다. 새우에 넣는 부재료는 향이 강하거나 색이 요란하거나 억센 것은 안 된다.

대하찜

⊙ 기본 재료

쇠고기(사태) 200g, 대하 5마리
소금 조금 , 오이 1개
삶은 죽순 100g

⊙ 전체 간

소금 적당량, 흰후추 적당량

⊙ 잣즙

잣가루 6큰술, 육수 4큰술
소금 1작은술, 흰후추 조금
참기름 1작은술

밑준비하기

잣 소스 만들 때 잣다지기가 까다롭다. 도마에 넓은 종이를 펴고 튀지 않게 조심해서 다지도록 한다

- **새우** 슴슴한 소금물에 껍질째 깨끗이 씻은 후 등쪽에 꼬치를 찔러 넣어 내장을 뺀다. 손질한 새우는 내열 접시에 가지런히 담고 소금과 술을 뿌려 김이 오른 찜통에 7~8분 정도 찐다.
- **사태** 자투리 야채를 넣고 끓는 물에 삶아 건져 둔다.
- **오이** 길게 반으로 갈라 2mm 두께로 얇고 어슷하게 썰어서 소금에 절였다가 물기를 꼭 짠다.
- **삶은 죽순** 반으로 갈라 속의 하얀 석회분을 씻어낸 다음 빗살 모양으로 얇게 썬다.
- **잣즙** 잣을 곱게 다져서 그릇에 담고 분량의 참기름을 먼저 넣은 다음 기름이 잣가루에 고루 배도록 비빈 후 나머지 양념들을 분량대로 섞어서 잣가루 갠 것에 조금씩 넣으면서 뽀얗고 약간 걸쭉한 상태의 잣즙을 만든다. 잣즙에 들어가는 육수는 새우를 삶을 때 생긴 국물을 쓰거나 사태를 삶았던 국물을 맑게 걸러서 쓰도록 한다.

만들기

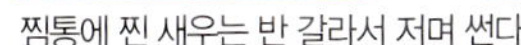
찜통에 찐 새우는 반 갈라서 저며 썬다

손질한 죽순은 센불에서 볶는다

준비한 재료들을 잣즙 넣어 무친다

1. **찐 새우 껍질 벗기기** 새우는 식기 전에 껍질을 벗긴다. 껍질 벗긴 새우는 등을 중심으로 반을 가른 다음 얄팍하게 저며 썬다. 접시에 담을 때를 생각해서 머리와 꼬리를 남겨두도록 한다.
2. **오이 · 죽순 볶기** 오이 절인 것과 죽순은 기름 두른 팬에 센 불로 얼른 볶아낸다.
3. **편육** 결 반대 방향으로 얄팍하게 썬다
4. **밑간하기** 그릇에 새우와 오이, 죽순 볶은 것, 편육을 한데 넣고 소금과 흰 후추를 살짝 뿌려서 밑간을 한다.
5. **잣소스에 버무리기** 밑간한 재료에 잣즙을 넣고 젓가락으로 가볍게 버무린다.
6. **그릇에 담아내기** 접시에 먼저 남겨두었던 머리와 꼬리로 자리를 잡아 놓고 버무린 대하를 담는다. 고급스러운 요리이므로 작고 소담하게 담도록 한다.

how to

쇠고기를 다져서 양념하여 판판히 만들어 구운 것이 섭산적인데 고기 부위는 갈비살로 한다. 보통의 갈비구이를 할 때는 뼈에 붙어 있는 채 고기를 굽지만 갈비섭산적은 갈비의 살코기를 다져서 고기에 붙이므로 먹기에 편하다. 살코기는 곱게 다지기보다는 씹히는 맛이 있도록 조금 거칠게 다진다. 고기 위에 호두나 은행 등을 붙이므로 별미다. 고기 포를 떠서 펼 때 칼집을 많이 내주면 고기가 오그라드는 것도 막아준다.

갈비섭산적

⊙ 기본 재료

쇠갈비 800g

⊙ 고명

달걀 2개, 은행 12알, 대추 2개

⊙ 갈비양념

간장 4큰술, 갈은 배 4큰술

설탕 2큰술, 다진 파 3큰술

다진 마늘 1큰술반

참기름 · 깨소금 1큰술반씩

후춧가루 조금

밑준비하기

양념장을 만들 때 배즙을 갈아 넣으면 고기가 연해진다

▶ **쇠갈비** 5cm로 토막을 내어 찬물에 1~2시간 이상 담가 핏물을 뺀다. 냄비에 갈비가 2/3정도 잠길 만큼의 물을 붓고 끓이다가 핏물을 뺀 갈비를 넣어서 핏물이 나오지 않을 정도로만 삶는다. 삶은 고기는 꺼내어 한김 식힌 다음 질긴 힘줄이나 기름 덩어리를 떼어내고 2cm 간격으로 칼집을 넣는다.

▶ **육수** 쇠갈비 삶은 물을 체에 맑게 걸러 육수로 쓴다.

만들기

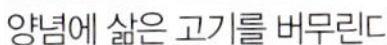

양념에 삶은 고기를 버무린다

양념에 버무린 갈비에 육수를 부어 끓인다

삶은 갈비에 양념장을 바르면서 굽는다

1 **갈비양념장 만들기** 배 껍질을 벗기고 강판에 갈아 나머지 양념장 재료들과 섞어 갈비 양념장을 만든다.

2 **양념장에 재우기** 삶은 갈비에 양념장을 2/3 분량만 넣어 고루 버무려 양념이 배도록 30분 정도 재워둔다.

3 **끓이기** 양념에 잰 갈비에 육수를 자작하게 부어 끓인다.

4 **고명 준비하기** 달걀은 흰자와 노른자로 나누어 소금을 조금 넣어 얇게 지단을 부쳐서 갈비 크기 만하게 직사각형으로 썬다. 은행은 소금을 넣고 볶아서 껍질을 벗긴다. 대추는 씨를 바른 다음 작고 모지게 썬다.

5 **갈비찜 석쇠에 굽기** 갈비찜의 국물이 잦아들고 무르게 익었으면 석쇠에 은박지를 두세 겹으로 깔고 갈비찜 한 것을 얹어서 굽는데 찜하고 남은 양념장을 발라가며 타지 않게 굽는다.

6 **구운 고기 썰기** 고기가 맛깔스러운 색이 나도록 구워지면 고기를 잘라내어 먹기 좋도록 썬 후 만들어 놓은 고명을 얹는다.

plus tip

고기를 연하게 하려면

과일즙에 재워두면 고기가 연해진다. 고기요리에는 배즙이 제일 맞기도 하고 또 많이 쓰인다. 배속에 있는 효소가 고기를 연하게 하는데 양념장에 같이 넣어도 되고 먼저 고기에 뿌려 두어도 된다.

how to

생선살에 감칠맛 나는 쇠고기를 덧붙여 깊은 맛을 낸 생선요리이다. 익었을 때 부서지지 않게 몸이 단단한 흰살생선을 사용하고 미리 간을 하여 물기를 없앤다. 사슬적은 생선살과 다진 고기를 번갈아 사슬 잇듯이 하였다고 붙여진 이름이다. 생선의 맛을 살리려면 덧붙이는 쇠고기의 양을 적게 한다. 생선은 익으면서 뽀얗게 되고 쇠고기는 검게 되므로 흑백의 조화가 은은하게 만들어진다. 꼬치의 색을 조금 강조하고 싶으면 청홍 고추를 살짝 끼워 넣는다.

사슬적

밑준비하기

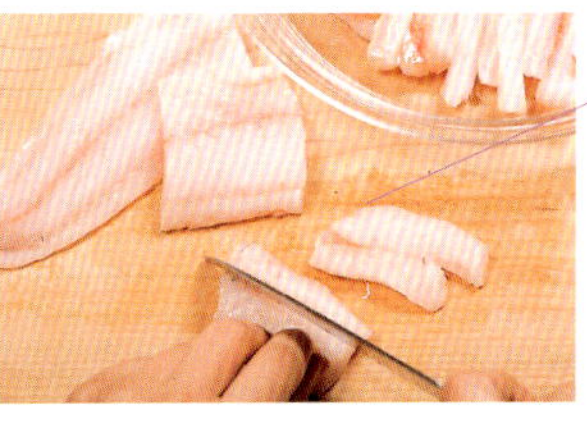

민어는 비교적 살이 단단한 흰살생선이므로 전감으로 좋다. 살만 포를 떠서 막대 모양으로 썰어 물기를 걷고 사용한다

⊙ 기본 재료

흰살 생선(민어, 광어, 동태) 200g
쇠고기 100g, 두부 100g
홍고추 · 풋고추 반개씩
밀가루 적당량, 식용유 적당량

⊙ 생선살 양념

소금 1작은술, 다진 마늘 1작은술
참기름 2작은술, 다진 파 2작은술
흰후춧가루 조금

⊙ 쇠고기 양념

간장 1작은술, 소금 1작은술
참기름 2작은술, 깨소금 2작은술
다진 파 2작은술
다진 마늘 1작은술, 후춧가루 조금

⊙ 초간장

간장 2큰술, 물 1큰술, 식초 1큰술
설탕 조금

- ▶ **생선** 길이 6cm, 폭 1cm 정도의 막대 모양으로 썬다.
- ▶ **쇠고기** 기름이 없는 살로 곱게 다진다.
- ▶ **두부** 도마 위에 놓고 칼등으로 으깬 다음 물기 없이 꼭 짠다.
- ▶ **고추** 색감을 내기 위한 것이므로 생선 크기로 길게 썰거나, 가늘게 2cm 길이로 썬다.
- ▶ **초간장** 분량대로 준비하여 미리 만들어 냉장고에 차게 둔다.

만들기

밀가루 묻힌 생선살을 꼬치에 끼운다

고기반죽을 생선살 사이에 채운다

꼬치를 달군 팬에 지진다

고기반죽을 생선살 사이에 채운 꼬치를 기름 두른 팬에 놓고 앞뒤로 지진다.

1 **생선 밑간하기** 막대 모양으로 썬 생선살은 망가지지 않도록 살살 주물러 밑간한다.

2 **소고기와 두부에 양념하기** 준비해 놓은 쇠고기와 두부를 섞어서 쇠고기 양념으로 버무린다.

3 **생선살에 밀가루 묻히기** 밑간한 생선살에 밀가루를 솔솔 뿌려서 전체에 묻힌다.

4 **준비한 재료 꼬치에 꿰기** 밀가루 묻힌 생선살을 사이를 벌려가며 꼬치에 꿰는데, 고추를 가늘고 길게 썰어서 생선살 사이사이에 하나씩 끼우거나 곱게 채썰어서 꼬치를 완성한 다음 위에 조금씩 붙인다.

5 **고기반죽 채우기** 꼬치에 끼운 생선살의 사이사이에 고기반죽을 편평하게 채워 넣고 앞뒤로 모양이 고르게 되도록 칼집을 넣는다. 칼집을 넣어야 고기가 익으면서 줄어들지 않는다.

6 **지지기** 석쇠에 굽거나 기름 두른 팬에 앞뒤로 지져 뜨거울 때 접시에 담고 잣가루를 뿌린다. 초간장에 찍어 먹는다.

plus tip

민어가 맛있는 시기

흰살생선인 민어는 기름이 많이 오르는 6월에 가장 맛이 좋다. 애호박도 이때가 단맛이 가장 많이 나므로 민어와 호박을 넣고 고추장을 풀어 민어국을 끓이면 맛있다. 민어는 전유어감으로도 좋으며 조림, 구이, 찜도 만들 수 있어 값은 조금 비싸지만 생선 중 첫째로 꼽는다.

how to

자연의 향과 색을 넣어 깔끔하게 만든 채소전이다. 각각의 채소 맛을 살려야 하므로 밀가루 반죽은 묽게 한다. 채소를 굵은 강판에 갈아 얼른 소금간을 하고 밀가루는 채소즙이 너무 흐르지 않을 정도로만 넣는다. 지지는 기름에 참기름이나 들기름을 조금 섞으면 고소한 맛이 더해져 맛이 좋다. 약간 섬유소가 씹히는 맛이 있어야 하므로 채소는 거칠게 갈거나 일부는 채를 썰거나 굵게 다져 넣어도 좋다. 음식에 비트를 쓰면 자연의 붉은 빛을 낼 수 있다.

삼색 완자전

⦿ 기본 재료

비트 1개, 연근 10cm, 호박 반개
밀가루 2컵, 소금 1큰술
들기름 적당량

⦿ 찍어먹는 장

식초 1큰술, 다시마국물 2큰술
간장 1큰술, 깨소금 조금

밑준비하기

연근은 강판에 갈아야 하므로 토막을 크게 썰어서 식촛물에 담가 우려낸다

- ▶ **비트** 껍질을 벗긴 다음 물에 담가서 붉은 물을 뺀다. 색을 우려내기 위해 물에 담가 둘 때는 물을 두어번 갈아주어야 잘 우러난다.
- ▶ **연근** 껍질을 벗긴 다음 큰 토막으로 썰어서 식촛물에 담가 둔다.
- ▶ **호박** 부드러운 행주로 흐르는 물에서 깨끗하게 씻는다.

만들기

호박을 강판에 간다

비트와 연근도 강판에 간다

갈아놓은 재료를 반죽한다

들기름 두른 팬에 노릇하게 지진다

들기름 두른 팬에 반죽을 놓아 앞뒤로 노릇하게 지진다. 한쪽이 완전히 익었을 때 뒤집는다

1 재료 강판에 갈기 손질한 비트와 연근, 호박은 각각 강판에 간다. 강판에 가는 것이 믹서에 가는 것보다 입자와 섬유질이 어느 정도 남아 있어 씹는 맛이 좋다.

2 비트, 연근, 호박 반죽하기 갈아놓은 비트와 연근, 호박에 밀가루와 소금으로 간을 하고 각각 반죽한다. 재료에 따라 농도가 다르므로 너무 되직하면 물을 조금 더 넣고 수저로 잘 떠질 정도로 농도를 조절 한다. 농도에 따라서 진반죽은 맛이 부드럽고 되직한 반죽은 쫄깃한 맛이 난다.

3 지지기 팬에 들기름을 두르고 달군 후 비트와 연근, 호박 반죽을 먹기 좋은 크기로 올려 지진다. 들기름을 사용하면 맛이 더 고소하다.

plus tip

전을 깔끔하게 부치려면

완자전을 맛있게 부치려면 반죽은 약간 되직하게 하고 불의 세기도 재료에 따라 조절해야 노릇노릇하고 맛깔스럽다. 불의 세기는 재료와 전의 두께에 따라 달라진다. 비트전과 같이 색감을 살려야 하는 재료라면 약한 중불이나 약한 불이 적당하다. 또 한쪽 면이 완전히 익은 다음 뒤집는다. 전을 여러 번 뒤적거리면 기름을 너무 많이 흡수해 깔끔한 맛이 떨어진다. 2/3 정도 익었을 때 뒤집는 것이 적당하고 완자전과 같이 한입 크기의 전은 뒤집개보다는 젓가락을 이용한다.

how to

하늘하늘한 밀전병에 푸른빛의 오이나물, 노란빛의 당근, 하얀빛의 죽순, 검은빛의 석이버섯, 갈색의 표고버섯 · 고기, 황백지단이 조금씩 놓여지고 매콤한 겨자를 한점 올려 싸먹는 구절판은 술상의 흥취를 살려주는 음식이다. 밀가루 음식 중에서 가장 다듬어지고 공들여 만들어졌기 때문에 음식의 예술이라는 말을 듣기도 하는 구절판은 잔치나 특별한 손님이 오면 만들게 되는데 재료를 모두 고운 채를 썰어야 하고 밀전병도 아주 얇게 부쳐야 한다.

구절판

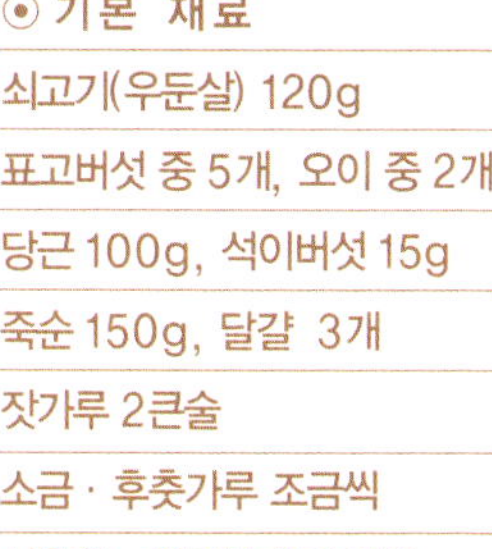

⊙ 기본 재료

쇠고기(우둔살) 120g
표고버섯 중 5개, 오이 중 2개
당근 100g, 석이버섯 15g
죽순 150g, 달걀 3개
잣가루 2큰술
소금 · 후춧가루 조금씩
식용유 · 참기름 적당량씩

⊙ 고기양념

간장 2큰술, 설탕 1큰술
다진 파 4작은술
다진 마늘 2작은술
참기름 · 깨소금 2작은술씩
후춧가루 조금

⊙ 밀전병 반죽

밀가루 1컵, 소금 1작은술
물 1컵 1/4

⊙ 겨자장

겨자가루 2큰술, 물 1큰술
식초 1큰술, 설탕 1/2큰술

밑준비하기

오이는 토막내어
돌려깎기하고
가늘게 채 썬다

- ▶ **쇠고기** 살을 살짝 얼린 다음 결을 따라서 길이로 가늘게 채 썬다.
- ▶ **표고버섯** 물에 불려서 기둥을 떼어 내고 얇게 저민 다음에 곱게 채로 썬다.
- ▶ **양념** 분량대로 섞어 만든 고기양념은 채 썬 고기와 표고버섯에 각각 덜어 넣어 양념한다. 이때 고기양념은 2/3 분량, 버섯양념은 1/3 분량을 사용한다.
- ▶ **오이** 4㎝ 길이로 토막을 내어 얇게 돌려 깎기 하여 가늘게 채 썬 다음 소금에 절인다. 맛을 보아서 짜게 절여졌으면 찬물에 얼른 헹군 다음 마른행주에 올려서 살짝 눌러 물기를 짠다.
- ▶ **당근 · 죽순** 당근은 4㎝ 길이로 가늘게 채로 썰고, 죽순은 삶아 가늘게 채 썬다.
- ▶ **석이버섯** 더운물에 불려서 안쪽의 이끼를 깨끗이 없애고 겹쳐서 말아 가늘게 채 썬다.
- ▶ **겨자장** 겨자가루를 찬물에 되직하게 갠 후 설탕과 식초를 분량대로 넣어 멍울 없이 푼다.

만들기

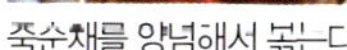

죽순채를 양념해서 볶는다

밀가루 반죽을 한다

밀가루 반죽을 체에 거른다

전병을 얇게 부친다

전병에 잣가루를 뿌린다

전병 사이사이에
잣가루를 뿌려
겹쳐 놓아야 붙지 않는다

1 **재료 볶기** 기본 손질한 오이, 당근, 죽순, 석이는 각각 참기름, 소금, 후춧가루로 양념하여 기름 두른 팬에 볶아 펴서 식힌다. 야채를 다 볶았으면 다음 고기와 버섯을 순서대로 볶는다. 석이버섯을 볶을 때는 기름을 조금만 두르고 불을 끈 다음 남은 열로 볶는다.

2 **지단 채썰기** 달걀은 황백으로 나누어 소금을 조금 넣고 지단을 부쳐 채 썬다.

3 **반죽하여 밀전병 부치기** 밀전병 반죽 재료를 섞어 체에 내려 부친 밀전병은 직경 7~8cm 크기로 얇게 부쳐 잣가루를 조금씩 뿌리고 겹쳐 놓는다.

4 **그릇에 담아내기** 구절판 틀이나 넓은 접시에 준비한 8가지의 재료와 전병을 색을 맞추어 담는다. 상에 낼 때 겨자장을 곁들인다.

how to

국수가 알맞게 삶아졌는가를 판단하려면 깊은 냄비에 물을 넉넉히 끓이고, 면은 서로 엉겨붙지 않게 적당한 양을 넣어야 한다. 또 삶는 도중에 찬물을 여러 번 부어 끓어 넘치는 것을 막아 주어야 한다. 가는 국수라면 한두 번, 굵은 국수이면 세 번쯤 찬물을 붓고 삶은 뒤, 준비한 찬물에 국수를 넣어 열을 식히고 냉기가 있도록 헹구어 내야 한다. 고기 볶음은 고기국물이 아주 없게 하는 것보다는 조금 남겨서 국수에 촉촉하게 간이 스며들게 하는 것이 더 맛있다.

온면 · 장국국수

온면

⊙ 기본 재료

가는 국수 300g
쇠고기(양지머리) 300g
파 1뿌리, 마늘 3톨, 달걀 1개
호박 1/2개, 다진 마늘 조금
깨소금 조금, 참기름 조금
석이버섯 5장, 실고추 조금

밑준비하기

▶ **육수** 양지머리고기는 핏물을 빼고 끓는 물에 넣어서 파 · 마늘과 함께 냄새없이 삶는다. 고기가 무르게 삶아지면 체에 건져서 국물을 뺀 후 젖은 행주에 싸서 눌러 편육으로 하고, 육수는 차게 식혀서 하얗게 뜬 기름을 말끔히 걷는다.

만들기

1 **지단 준비하기** 달걀은 황백으로 나누어 얇게 지단을 부쳐 가늘게 채로 썬다.

2 **호박나물 만들기** 채 썰어 소금에 절였다가 물기를 꼭 짜고 기름 두른 팬에 볶다가 갖은 양념하여 식힌다.

3 **석이 채 썰어 볶기** 석이버섯은 뜨거운 물에 불린 다음 잘 씻어 가늘게 채 썰어 참기름과 소금으로 양념한 후 따끈한 정도의 팬에 넣어서 보슬보슬하게 볶는다.

4 **국수 삶아 고명 얹기** 끓는 물에 소금을 조금 넣고 국수를 펼쳐서 넣는다. 한번 끓어오르면 찬물을 부어서 다시 한번 끓여 찬물에 헹궈 일인분씩 사리를 지어서 그릇에 담고 고명과 편육, 실고추를 고루 얹어서 뜨거운 육수를 부어 낸다.

장국국수

⊙ 기본 재료

가는 국수 200g
배추김치 200g, 김 2장
장조림 50g, 고춧가루 2큰술
대파 1뿌리

⊙ 국물내기

딤포리(큰멸치) 20g
국물용 멸치 20g, 다시마 5cm
마른고추 2개, 무 5cm토막
마늘 반컵, 양파 1개

밑준비하기

장국국물은 재료를 넉넉한 냄비에 담고 물 15컵을 부어 센 불로 끓인다. 다 끓으면 불을 끄고 장국이 완전히 식을 때까지 두었다가 체에 걸러 국물만 받는다.

만들기

1 **재료 준비하기** 배추김치는 송송 썰어서 준비하고 김은 구워서 비닐봉지에 넣어 부순다. 달걀은 소금을 넣고 풀어둔다. 대파는 어슷어슷 썬다.

2 **장조림 찢기** 장조림은 가늘게 찢어둔다.

3 **국수 삶기** 면을 펴서 넣은 다음 국자나 젓가락으로 저어서 서로 뭉치지 않도록 끓이면서 찬물을 두서너번 부어서 쫄깃하게 삶는다. 삶은 국수는 망에 담고 찬물에 담가 미끈함이 없도록 양손으로 비벼가며 헹구어 1인분량씩 사리를 지어서 담아 놓는다.

4 **국물에 간하기** 국물을 덜어서 냄비에 담고 끓기 시작하면 국간장과 소금으로 간을 한다.

5 **김 · 파 곁들여 내기** 국수를 1인분씩 망에 담아서 끓는 장국에 넣었다가 꺼내 각각의 그릇에 담고 위에 고춧가루와 김, 대파, 송송 썬 김치, 장조림 등을 곁들여 낸다.

how to

배춧잎손만두는 채소의 넓은 잎을 껍질로 하고, 그 속에 만두소를 넣어 빚는 별미만두이다. 만두 속에는 고기, 두부 외에 배추나 김치를 다져서 많이 쓰는데 이때 쓰는 배추나 김치를 만두피로 쓰는 것이 색다르다. 배춧잎손만두는 담백한 맛이므로 부드럽게 해서 초장을 찍어 먹는다. 배추김치잎쌈만두는 김치 특유의 새콤한 맛과 배추김치의 씹힘이 색다르게 느껴지는 조금은 진한 맛이다. 이 만두들은 장국을 부어서 전골처럼 끓여 먹어도 좋다.

배춧잎손만두 · 배추김치잎쌈만두

배춧잎 손만두

⊙ 기본 재료

배춧잎 8장, 두부 1/4개
다진 쇠고기 100g
다진 파 2작은술
다진 마늘 1작은술
참기름 조금, 설탕 1/2작은술
소금 1/2작은술, 간장 조금
후춧가루 조금, 녹말가루 조금

만들기

배춧잎은 줄기부분으로 준비하여 끓는 소금물에 넣고 부드럽게 데친다. 또는 소금에 절인다.

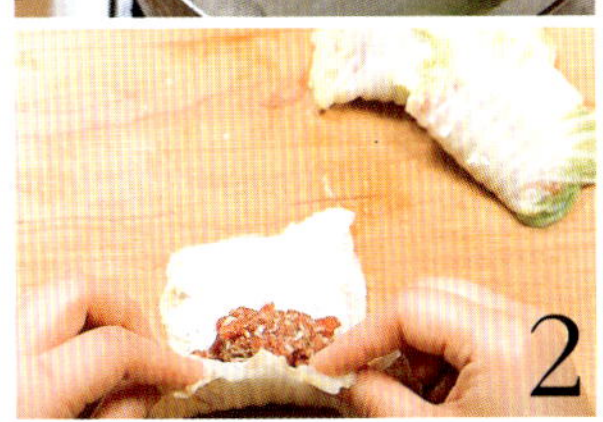

만두소를 넣어 반으로 접는다

접힌 부분에 가위집을 넣는다

1 **만두소 준비하기** 다진 쇠고기를 분량의 다진 파와 마늘, 참기름, 설탕, 소금, 간장으로 무친다.

2 **만두소 넣어 반으로 접기** 데친 배춧잎 안쪽에 녹말가루를 묻히고 만두 소를 적당히 넣어서 반으로 접는다.

3 **가위집 넣기** 반으로 접은 배춧잎의 접힌 끝부분을 가위로 4번 자른다.

4 **찌기** 김이 오른 찜통에 넣고 15분 정도 찐 후 마늘간장을 곁들여 낸다.

배추김치 잎쌈만두

⊙ 기본 재료

두부 1/4모, 돼지고기 100g
다진 파 2큰술, 다진 마늘 1작은술
생강즙 조금, 소금 · 후추 조금씩

plus tip

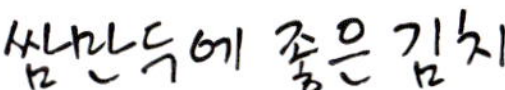

쌈만두에 좋은 김치

배추김치잎쌈만두에 쓰는 김치는 젓갈 없이 슴슴하게 담근 것이 좋고, 생배추로 한다면 소금물에 데쳐 사용하며 만두속이 잘 붙도록 밀가루 등을 바르는 것이 요령이다.

만들기

배추김치의 줄기는 다지고, 잎은 물기를 꼭 짜서 만두피로 사용한다

배추김치를 준비한다

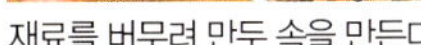

재료를 버무려 만두 속을 만든다

돌돌 말아가며 만두를 만든다

15분 정도 찜통에 찐다

1 **만두소 만들기** 다진 돼지고기를 분량의 생강즙과 다진 파와 마늘, 소금, 후추로 양념하고 다진 김치 줄기를 섞어 고루 무쳐 만두소를 만든다.

2 **만두소 넣어 만두 말기** 물기를 꼭 짜놓은 배추김치 잎을 넓게 편 다음 만두소를 넣고 양쪽을 아무리면서 돌돌 만다.

3 **찜통에 찌기** 김이 오른 찜통에 김치잎만두를 안치고 15분 정도 찐 후 초간장을 따로 곁들여 낸다.

how to

재료의 맛을 가장 잘 살리면서도 빨리 만들 수 있고, 담백하면서도 고소한 것이 채소튀김이다. 튀김용으로 쓸 수 있는 채소는 물이 적은 쑥, 쑥갓, 마, 더덕, 도라지, 두릅, 참나물, 호박, 풋고추, 가지, 표고버섯, 느타리버섯, 송이버섯, 연근, 우엉, 깻잎 등이다. 생채소는 제철에만 튀김이 되나 말려두고 튀길 때는 부각을 만들어야 한다. 감자, 깻잎, 김, 다시마, 들깨송이, 풋고추가 재료가 된다.

모듬튀김

⊙ 기본 재료

연근 5cm, 표고버섯 8개

두릅 8쪽, 더덕 4개

⊙ 찍어먹는 장

국간장 1큰술

표고버섯 불린물 2큰술

다시마 우린물 2큰술

⊙ 튀김옷

밀가루 1컵, 녹말가루 2큰술

물 1컵, 호박씨 2큰술

통깨 1작은술, 검은깨 1작은술

plus tip

재료에 물기가 없어야 튀김이 바삭하다

재료에 물기가 남아 있으면 튀길 때 기름이 튀어 델 염려도 있고 기름을 많이 흡수해 튀김이 눅눅해지기 쉽다. 야채를 씻은 후 체에 건져 물기를 쪽 빼고 종이타월로 가만히 눌러 물기를 완전히 제거한다. 또 채소는 튀겨 놓으면 축축하게 되므로 튀김옷은 밀가루에 녹말을 섞어 쓴다. 튀김옷이 잘 묻게 하려면 채소에 마른 가루를 한 번 묻힌 후에 사용한다.

튀김온도는 170˚C 정도이며, 너무 고온이면 채소가 가진 당질 때문에 튀김이 누렇게 된다. 미리 재료를 준비해 두었다가 먹기 전에 바로 튀겨내는 것이 튀김을 맛있게 먹을 수 있는 방법이다. 튀김장도 양념을 너무 많이 넣지 않도록 한다.

밑준비하기

마른 표고는 설탕을 탄 미지근한 물에 불린다

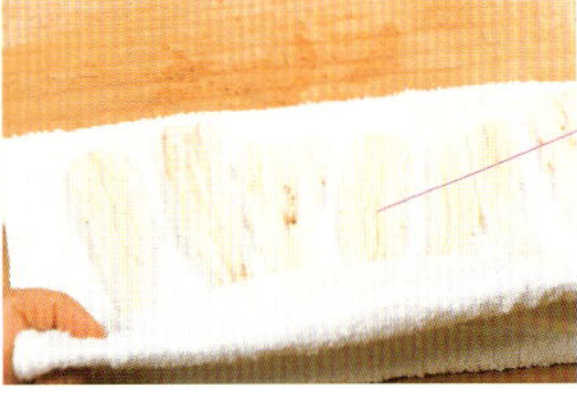

더덕은 껍질을 벗긴 후 두드려서 찬물에 씻은 후 물기를 제거한다

- ▶ **연근** 얇게 썰어서 식촛물에 담갔다 건져둔다.
- ▶ **표고버섯** 설탕을 넣은 미지근한 물에 불린 뒤 건져둔다.
- ▶ **두릅** 단단한 기둥은 잘라낸다.
- ▶ **더덕** 두드려서 찬물에 얼른 씻은 후 건져 행주나 종이 타월로 물기를 제거한다.

만들기

튀김옷을 만든다

손질한 재료에 밀가루를 묻혀 털어낸다

170˚C 기름에 바삭하게 튀긴다

찍어먹는 장을 만든다

튀김을 찍어먹는 장은 슴슴해야 하므로 국간장에 다시마 우린 물과 표고버섯 불린 물을 섞는다

1 **튀김옷 만들기** 밀가루에 녹말가루를 섞고 호박씨와 통깨, 검은깨를 섞어 튀김옷을 만든다.

2 **밀가루 묻히기** 손질해 둔 연근과 표고버섯, 두릅, 더덕에 밀가루를 가볍게 묻힌 후 체에 넣어 털어낸다.

3 **튀기기** 튀김옷에 밀가루 묻힌 재료를 입힌 다음 끓는 기름에 넣어서 튀긴다.

4 **장 만들기** 국간장에 표고버섯과 다시마 우린물을 섞어서 찍어먹는 장을 만들어 튀김에 곁들인다.

how to

무와 배추에 밀가루 반죽을 얇게 입혀 지져낸 단순한 부침으로 제철 무와 배추의 단맛을 즐길 수 있다. 배추의 푸른 겉잎은 삶아서 나물로 하고, 중간대부터 한잎씩 떼어 살짝 절였다가 물기를 거두어 쓴다. 무도 마찬가지로 절이지 않고 그대로 쓰거나 살짝 데쳐서 사용한다. 밀가루 반죽은 중간 정도의 묽기로 준비하는 것이 재료의 모양도 잘 살고 맛도 살릴 수 있어 좋다. 무와 배추에 간을 하지 않았을 때는 밀가루 반죽에 간을 한다.

배추전 · 무전

⊙ 기본 재료

무 1개, 배추속대 400g

소금 1큰술, 식용유 적당량

⊙ 밀가루반죽

밀가루 1컵, 물 1컵

소금 1작은술, 통깨 2큰술

밑준비하기

무는 3mm 두께로 둥글게 썰어 사용한다

▶ **배추** 밑둥을 잘라낸 다음 잎을 한 장씩 뗀다. 겉잎의 억센 것은 따로 떼어두었다가 국을 끓이는 데 쓴다. 여린 연녹색 잎이나 속대로 골라낸다.

▶ **무** 모양새가 갸름한 것으로 고른다. 흙을 털어내고 깨끗이 씻은 다음 3mm 두께로 썬다. 모양새를 깔끔히, 가지런히 하려면 직경이 6~7cm정도 되는 둥근 커터기로 찍어서 크기를 똑같이 맞춘다.

▶ **무 · 배추 데치기** 끓는 물에 소금을 넣고 무와 배추를 넣어 1분 정도 데친다. 배추는 잎부터 넣지 말고 단단한 줄기부터 넣도록 한다. 데친 무와 배추잎은 찬물에 얼른 넣어서 차게 식힌다.

만들기

1

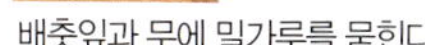

배춧잎과 무에 밀가루를 묻힌다

3

밀가루 반죽에 통깨를 넣는다

5

밀가루 묻힌 재료에 반죽을 씌워 지진다

전은 팬이 뜨겁게 달구어졌을 때 지져야 반죽이 재료에서 떨어지지 않고 부쳐진다

1 **밀가루 묻히기** 차게 식힌 배추잎과 무는 물기를 뺀 다음 마른 밀가루를 얇게 묻힌다. 이때 여분의 밀가루는 털어내야 밀가루 반죽이 깔끔하게 입혀진다.

2 **밀가루 반죽 만들기** 밀가루에 물을 넣고 거품기로 저어서 멍울 없이 잘 푼다. 전을 부치기 30분 전에 만들어 두어야 끈기가 생겨 좋다.

3 **통깨 넣기** 밀가루 반죽에 통깨를 넣어서 맛을 낸다.

4 **반죽 씌우기** 밀가루를 묻혀 놓은 무와 배추를 밀가루 반죽에 담가 고루 씌운다.

5 **지지기** 기름 두른 팬에 밀가루 반죽을 묻힌 무와 배추를 얹어 노릇하게 지진다.

plus tip

배추와 무의 다양한 이용법

우리 나라 사람이 가장 많이 먹는 채소로 무와 배추를 꼽는다. 계절마다 김치 외에도 국이나 조림, 나물, 생채감으로 많이 이용한다.

무는 겨울철에 채소가 귀할 때를 대비해 미리 말려 두었다가 장아찌나 나물을 만들고, 무청도 말려서 시래기 나물을 해 먹는다. 봄 · 여름 무는 싱겁고 가을에 나오는 김장 무가 가장 맛있다.

배춧잎으로는 쌈을 싸서 먹거나 겉절이를 만들고, 억센 겉잎은 떼어 새끼에 엮어서 말려 두었다가 삶아서 우거지 된장국을 끓이면 맛있다.

4.

체질에 맞게 먹는
궁합음식~

먹으면 약이 되는

궁합 맞춘 요리

건강한 식생활을 위한 요리로 궁합 맞춘 요리를 소개한다. 우리가 흔히 먹는 음식에 약효가 있는 한약재나 영양 효율이 높아지는 또 다른 식품을 첨가하여, 맛도 살리고 체력 향상에도 도움이 되게 했다. 한약재 중에는 약효뿐만 아니라 향신료의 작용을 하는 것도 많다. 요즘은 약재 구하기도 쉬워졌으므로 조금씩 사서 잘 보관해 두고 사용하자. 다만 한약재는 체질에 따라 안 맞는 약재도 있으므로 자신의 체질을 알고 체질에 맞는 것을 선택해서 이용하면 건강을 지킬 수 있다.

궁합맞춘 식품에 약효가 있는 한약재를 넣어 음식을 만들어 본다

예로부터 우리 조상들은 음식과 건강 관계를 한 쌍으로 생각했고 그것이 생활의 지혜로 전해져 내려와 일상 식탁에도 음식 궁합을 맞춘 먹거리들을 마련하여 건강을 다스렸다. 먹거리의 재료가 되는 각종 식품들은 저마다 성분이 다르고 영양소의 효율이 다르다. 따라서 이러한 식품들을 어떻게 궁합을 맞춰 맛난 음식을 만드느냐에 따라 웬만한 증세와 병을 다스릴 수 있다. 식품 궁합이 맞도록 음식을 만들어 일상에서 흔히 일어나는 크고 작은 병을 예방하고 젊고 활기 있게 살 수 있도록 하자.

육류에는 향신료 역할도 하는 약재가 제격

육류는 각종 영양소를 골고루 가지고 있어 건강에 꼭 필요한 식품이지만 콜레스테롤의 함량이 높아 각종 성인병의 원인이 된다. 따라서 혈압이 높은 사람이나 동맥경화증의 위험을 안고 있는 사람들은 먹는데 주의가 필요하다. 고기 요리를 할 때는 갖가지 좋지 않은 요인을 제거하면서 고기 특유의 느끼한 맛을 없앨 수 있는 식품을 배합하는 것이 좋다. 약효가 있는 한약재 중에는 향신료 역할도 하고 건강도 다스리는 약재를 사용한다.

해산물의 신선도 높여주는 약재가 좋다

맛이 담백하고 영양가가 풍부한 해산물. 특히 입맛이 없을 때나 병후 회복기에 먹으면 입맛을 돋우고 필요한 영양소를 골고루 섭취할 수 있다. 해산물 요리에는 신선도를 높여주면서 해산물의 비린내를 없애고 산뜻한 향을 살릴 수 있는 한약재를 배합하는 것이 좋다.

야채류가 주재료일 때 약재로 영양을 보충한다

신선한 맛과 아삭아삭 씹히는 감촉 때문에 많이 먹어도 질리지 않는 야채류. 하지만 야채만 먹을 경우, 영양적으로 불균형을 이루기 쉽고, 각종 질병을 유발할 수도 있으므로 함께 먹는 식품 선택에 신경을 쓰는 것이 좋다. 기왕이면 약효가 있는 식품을 찾아 첨가하든지 영양의 밸런스를 고려해 궁합 맞는 다른 식품을 함께 넣어 조리하는 방법을 권한다.

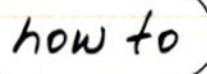

장어는 쉽게 피곤해지는 사람에게 기운을 보강해 주고, 영양실조인 사람에게는 보약이 된다. 장어는 성질이 차므로 외부 온도가 높아 몸이 식혀지지 않는 여름에 먹으면 적당하다. 그러나 지나치게 먹으면 체온이 급격히 저하되므로 몸이 찬 사람은 피해야 한다. 단백질, 지방, 칼슘이 많아 정력증진에 좋으며 특히 비타민 A가 동물 간의 2~4배나 된다. 식욕증진, 설사, 배탈, 소화불량에도 효과가 있다.

구기자를 넣은 장어튀김

밑준비하기

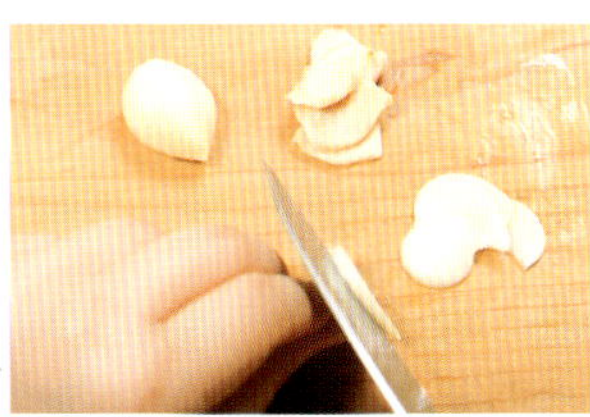

소스에 넣을 마늘과 생강을 썰고, 손질한 장어를 소금, 후추, 술, 녹말가루를 넣어 밑간한다

▶ **장어** 깨끗이 씻어 물기를 제거한 다음 등쪽에 길게 칼집을 넣어 편 후 내장과 뼈를 발라내고 머리, 꼬리, 지느러미도 말끔히 잘라내고 4cm길이로 썬 다음 분량의 소금, 후추, 술, 녹말가루로 밑간한다.

만들기

구기자를 씻어 물기를 뺀다

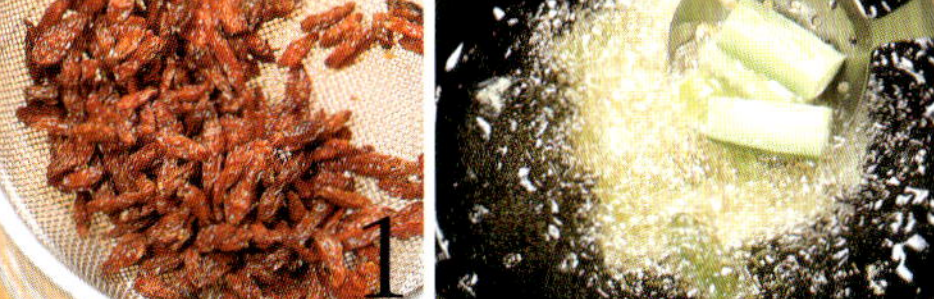

오이와 장어를 튀긴다

마늘과 생강을 볶아 향을 낸다

오이, 장어소스에 구기자, 녹말물을 넣는다

올리브유를 두른 팬에 마늘과 생강을 볶아 향을 내고 거기에 튀긴 오이와 장어 소스를 부어 볶으면서 구기자와 녹말물로 농도를 맞춘다

1 **재료 준비하기** 구기자는 미지근한 물에 씻어서 물기를 빼고, 마늘, 생강은 얇게 썬다. 오이는 길이로 4등분하여 씨를 긁어내고 4cm길이로 썬다.

2 **오이 · 장어 튀기기** 튀김기름을 중온으로 달군 다음 오이를 먼저 얼른 데쳐내고, 밑간해 둔 장어를 넣고 튀긴다.

3 **소스에 넣을 다시물 만들기** 소스는 분량대로 섞어 만들어 두고, 다시마를 씻어서 찬물에 담가 우려낸다. 빨리 만들려면 깨끗이 닦은 다시마를 찬물에 넣고 끓기 바로 전에 건져낸다.

4 **소스에 튀긴 오이와 장어 볶기** 냄비에 올리브오일과 참기름을 두르고 마늘과 생강을 볶아 향을 낸 다음 오이와 튀긴 장어를 넣고 재빨리 볶으면서 만들어 놓은 소스를 넣고 간이 밸 때까지 볶는다.

5 **녹말물 넣어 볶기** 마지막에 구기자를 넣고 녹말물을 엷게 만들어 팬 전체에 뿌려 넣은 후 얼른 위아래로 섞으면서 볶는다.

⦿ 기본 재료

장어 1마리, 구기자 1큰술
오이 3개, 마늘 1쪽, 생강 1쪽
참기름 1큰술, 올리브오일 1큰술
튀김기름 · 녹말가루 적당량씩

⦿ 소스

식초 1큰술, 소금 1/2작은술
청주 1큰술, 설탕 1작은술
다시마 우린 물 2큰술

plus tip

구기자의 약효

구기자는 신장, 폐, 호흡기 기능을 원활하게 해주고 정신노동으로 인한 스트레스가 많은 사람이 꾸준히 먹으면 정신적으로 여유를 갖게 된다. 또 흰머리를 검게 하고 눈도 맑게 한다. 성질이 차므로 장어요리에 쓸 때는 지나치게 많이 넣지 말고 몸이 항상 뜨거운 사람이나 소화기관이 약해 설사를 자주 하는 사람은 피하는 것이 좋다.

how to

맛이 달고 독특한 감칠맛으로 다른 음식을 만들 때 부재료로 많이 쓰는 버섯은 피속의 콜레스테롤 수치를 떨어뜨려 고혈압, 심장병에 효과가 있다. 또 위와 장의 독기를 풀어주며 버섯에 있는 비타민, 무기질이 기운을 보해 주고 정신을 맑게 해주는 작용을 한다. 특히 암을 예방하는 물질이 있다 하니 더욱 적극적으로 먹을 식품이다. 산조인을 넣어 편안히 수면을 취할 수 있게 한 볶음요리이므로 미용에 관심이 있는 여성들에게 권할 만한 음식이다.

산조인을 넣은 버섯볶음

⊙ 기본 재료

산조인 5g, 목이버섯 10g
생표고버섯 200g
느타리버섯 200g
팽이버섯 200g, 미나리 200g
대파 조금, 생강 조금
식용유 3큰술, 소금 · 청주 조금씩
녹말가루 적당량

밑준비하기

산조인은 냄비에 분량의 산조인과 2컵의 물을 붓고 물이 반으로 줄어들 때까지 달여 엑기스 상태로 만든다

만들기

불린 목이버섯을 한잎씩 뗀다

생표고버섯을 채 썬다

대파, 생강, 느타리, 미나리를 준비한다

대파, 생강, 목이, 느타리, 표고를 볶는다

팽이버섯과 미나리를 함께 볶는다

목이, 느타리, 표고를 볶다가 팽이, 미나리를 나중에 넣고 볶는다

1 **목이버섯 손질하기** 목이버섯은 찬물에 충분히 불려서 돌 없이 씻어 건져둔 다음 한잎씩 뗀다.
2 **생표고버섯 손질하기** 생표고버섯은 뒷부분의 기둥 끝만 잘라 버린 다음 채 썬다.
3 **대파 · 생강 · 느타리 · 미나리 준비하기** 대파는 깨끗하게 다듬어 채 썰고, 생강도 껍질을 벗겨 흐르는 물에 씻은 후 채 썬다. 느타리버섯은 가늘게 찢고, 미나리는 잎을 떼어내고 줄기만 5cm길이로 썬다.
4 **대파 · 생강 · 목이 · 느타리 · 표고 볶기** 냄비에 기름을 두르고 대파와 생강을 넣어 향이 나도록 볶다가 향이 돌면 손질해 놓은 목이버섯과 느타리버섯, 생표고를 넣고 볶는다.
5 **팽이 · 미나리 볶기** 마지막에 팽이버섯과 미나리 줄기를 넣고 얼른 볶아낸다.
6 **소스 만들어 뿌리기** 다른 냄비에 산조인 엑기스와 소금, 청주를 넣고 끓기 시작하면 물에 갠 녹말가루를 넣어 걸쭉한 소스를 만들어 볶은 버섯에 뿌린다.

plus tip

산조인이란?

산조인은 멧대추의 씨로 한약재로 많이 사용한다. 나무는 대추나무 같이 생겼고 열매는 대추보다 훨씬 작다. 효과는 비장, 심장의 기능을 원활히 하며 오장을 편안하게 한다. 간의 기운을 보하고 힘줄과 뼈를 튼튼히 해준다고 한다.

how to

패주는 아미노산, 글리코겐이 풍부하여 정력제 역할을 하는 식품이다. 패주마늘양념구이는 패주에 여러 가지 향신채를 넣어 맛도 살리고 영양도 살렸다. 특히 마늘은 강장식품으로 알려져 있고 위장을 비롯한 내부 장기들의 염증을 치료하는 효과도 지니고 있어 패주와 마늘을 함께 해서 음식을 만들면 건강에 더욱 좋은 효과를 발휘한다.

패주마늘 양념구이

⊙ 기본 재료

패주 4개

⊙ 향 버터

무염 버터 120g, 파슬리가루 5g
양파 20g, 머스터드(양겨자) 조금
넛트매그(향신료) 조금, 마늘 5g
레몬즙 1/2작은술, 소금 조금
후추 조금

밑준비하기

패주는 조갯살이 조가비에 붙어 있게 하는 단단한 근육으로 씹히는 맛이 좋아 고급음식 재료로 사용한다

▶ **패주** 약간 아이보리색이 나면서 윤기가 있는 게 신선하다. 패주 주위에 붙어있는 내장은 칼로 잘라내고 측면을 싸고 있는 얇은 흰막을 벗겨낸다.

만들기

버터를 크림상태로 만든다

파슬리 가루를 만든다

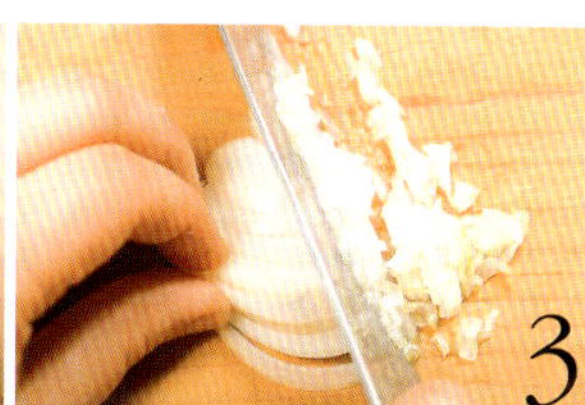

양파를 곱게 다진다

버터에 분량의 재료 섞어 향버터를 만든다

향버터 올린 패주를 오븐에 굽는다

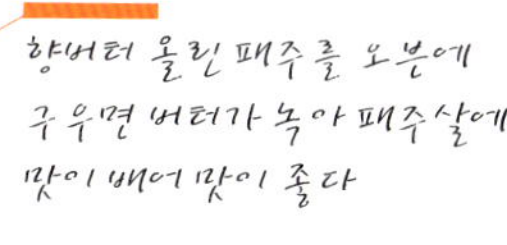

향버터 올린 패주를 오븐에 구우면 버터가 녹아 패주살에 맛이 배어 맛이 좋다

1 **버터 준비하기** 버터는 실온에 두어 부드러운 크림상태로 만든다.
2 **파슬리 물기 짜기** 파슬리는 잎을 다져서 면보에 싼 다음 물에 넣어 손으로 살살 문질러 푸른 물을 빼고 물기를 꼭 짠다.
3 **양파 다지기** 양파는 껍질을 깐 후 흐르는 물에 살짝 씻어 곱게 다진다. 마늘도 곱게 다진다.
4 **패주 물기 제거하기** 손질해둔 패주는 흐르는 물에 얼른 씻어서 마른행주를 이용하여 물기를 제거한다.
5 **향 버터 만들어 올리기** 크림상태의 버터에 파슬리가루, 양파 다진 것, 머스터드, 넛트매그, 다진 마늘, 레몬즙, 소금, 후추를 넣어서 고루 섞고 좋아하는 허브도 다져서 넣은 후 패주를 조개껍질 위에 얹고 향버터를 한 수저씩 올린다.
6 **오븐에 굽기** 200~250℃로 예열된 오븐에 버터 올린 패주를 넣어서 굽는다.
7 **레몬 곁들여 내기** 접시에 소금을 조금 깔고 오븐에서 구운 패주를 올린 다음 레몬을 곁들여 낸다.

plus tip

마늘의 약효성분

마늘은 내장을 따뜻하게 하고 신진대사를 높여 저혈압 증세를 개선해 준다. 단백질, 당질, 비타민 B_1 · B_2 · C, 칼슘, 인, 철분 등이 풍부하며 보온 효과와 강한 살균작용이 있어 감기나 냉증에도 효과적이다.

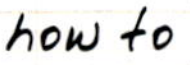

두부에 생채소와 해초를 섞은 후 자양강장제로 쓰이는 참깨소스를 만들어서 차게 먹으면 좋다. 특히 인삼차 가루를 깨장소스에 섞으면 기력보충, 피로회복, 피부미용, 노화예방 등 여러가지 효능을 갖춘 음식이 된다. 식품의 재료가 냉한 성질의 것이라면 소스에 인삼과 같이 따뜻한 성질로 조화를 맞추는 것도 좋은 방법이다. 기름진 깨장에 된장을 넣는 것도 식욕을 내주는 방법이다.

두부미역냉채

◉ 기본 재료

두부 1모, 양상추 1/2통
오이 1개, 토마토 1개, 미역 30g

◉ 깨장소스

인삼가루 2/3큰술, 통깨 2큰술
깨소금 1큰술, 된장 1큰술
물 2큰술, 설탕 1/2큰술
식초 1큰술 1/2작은술
식용유 1작은술
두반장 2/3작은술
생강즙 1/2작은술

밑준비하기

마른 미역은 찬물에 부드러워질 정도로 담가 바락바락 씻은 후 4cm 길이로 썬다

▶ **미역** 만져보아 잡티가 없고 검푸른 빛이 고르고 두꺼운 것을 구입한다. 건미역은 찬물을 듬뿍 부어 10~15분쯤, 부드러워질 때까지 불려 4cm 길이로 썰어 놓는다.

만들기

두부는 끓는 물에 데친다

양상추는 한입 크기로 뜯는다

오이와 토마토를 썰어 준비한다

소스 재료인 통깨를 분마기에 으깬다

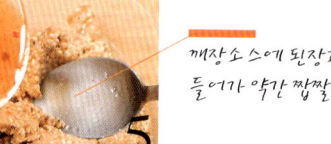

소스재료를 분량대로 섞어 냄비에 끼얹는다

깨장소스에 된장과 두반장이 들어가 약간 짭짤한 맛이 있다

1. **두부 데치기** 두부는 끓는 물에 데쳐 물기를 뺀다.
2. **양상추 준비하기** 양상추는 씻어서 물기를 없앤 다음 손으로 한입 크기로 뜯어둔다.
3. **오이 · 토마토 준비하기** 오이는 얇고 동글게 썰어서 냉수에 담가 두고, 토마토는 8등분 한다. 껍질을 벗겨내도 좋다.
4. **통깨 갈기** 분마기에 통깨를 넣어서 향이 나도록 반 정도 으깨어 간다.
5. **깨장소스 만들어 끼얹기** 그릇에 으깬 통깨와 깨소금, 된장 등 나머지 깨장소스 재료를 넣어 한데 섞어 그릇에 준비한 두부와 양상추, 오이, 토마토, 미역을 담고 소스를 끼얹는다.

plus tip

미역의 영양성분

미역은 칼슘 함량이 뛰어나서 분유와 맞먹을 정도이고, 다량의 요오드를 함유하고 있다. 열량이 극히 적어 비만 때문에 고민하는 사람에게 매우 효과적이다. 강한 알칼리성 식품으로 산성 체질을 중화시키는데도 가장 효율적인 식품이다.

미역귀에는 암과 바이러스 증식 억제 효과가 있는 성분이 들어 있고, 성분 중의 다당류는 혈중 콜레스테롤을 낮추고 피를 맑게 해준다.

칼슘은 골격이나 치아 형성에 필요하고 산후 자궁 수축과 지혈 작용을 하여 산모에게 아주 좋다.

how to

육식을 즐기는 이들은 콩음식을 같이 먹는 것이 바람직하다. 콩은 인슐린 수치를 떨어뜨려 당뇨환자에게 좋고, 비만인 사람, 술을 많이 먹는 사람에게 좋다. 고지혈증 예방에도 효과가 있다. 또한 장의 기능을 원활하게 하고 통변을 좋게 한다. 고소한 맛이 나는 뽀얀 콩국에 깨국을 섞으면 더욱 영양 많은 냉국이 된다. 여기에 면을 말아 먹으면 한여름 시원하게, 쉽게 영양을 취할 수 있다. 콩국에 인삼과 대추 달인 물을 넣어 콩국의 찬 성질을 보완했다.

영양콩국수

⦿ 기본 재료

대추 8개, 수삼 30g, 흰콩 1컵

물 6컵, 흑설탕 1큰술, 꿀 4큰술

소면 4인분

밑준비하기

깔끔하게 하려면 익히기 전에 콩깍지를 벗기도록 한다. 물에 충분히 불린 후 두 손으로 슬쩍 비비면 쉽게 벗겨진다

▶ **흰콩** 콩 1컵에 물 6컵을 붓고 3~4시간 충분히 불린 다음 물을 3컵 정도 붓고 익힌 콩은 믹서에 넣고 물 1컵을 부어 곱게 간다. 간 콩은 고운 망에 거른다.

만들기

대추를 돌려 깎아 씨를 바른다

수삼을 가늘게 채 썬다

대추물에 흑설탕을 넣어 끓인다

콩물에 대추물을 넣어 끓인다

콩물, 대추물에 꿀을 타서 그릇에 담는다

콩물을 먼저 끓이다가 대추물을 섞어 잠시 더 끓인다

1 **대추 씨 바르기** 대추는 깨끗이 씻어 둥글게 돌려 깎아 씨를 바른다.

2 **대추물 만들기** 따뜻한 물 1컵을 부어서 대추물이 우러나도록 둔다.

3 **수삼 채 썰기** 흐르는 물에 깨끗이 씻어 가늘게 채 썬다.

4 **끓이기** 냄비에 대추물을 붓고 물 1컵을 더하여 대추 건더기와 흑설탕을 넣어서 약한 불에서 1분간 끓인다.

5 **콩물에 대추물 넣기** 다른 냄비에 콩물을 붓고 약한 불에서 서서히 끓이다가 대추삶은 물을 부어 잠시 더 끓인다.

6 **꿀 넣어 상에 내기** 콩물과 대추물을 섞어 끓인 것에 꿀을 타고 따뜻하게 데운 그릇에 담는다. 삶은 국수는 따로 내어서 말아먹도록 한다. 채 썬 수삼은 국수 위에 고명으로 얹어 먹는다.

plus tip

대추의 효능

대추는 오래 전부터 완하강장제로 이용되어 왔는데, 잘 익은 대추를 쪄서 말렸다가 달여 먹으면 열을 내리고 변을 묽게 하여 변비를 없애며 기침을 멎게 하는 효과가 있다고 했다. 또 쇠약해진 내장을 회복시켜 주며, 대추 달인 물은 진정 효과가 있고 원기를 돋우어 준다. 이 외에 여러 가지 성분을 잘 어울리게 하고 제독하는 효과도 있어 탕약 달일 때 대추와 생강 몇 개를 함께 넣어 사용하면 효과가 있다.

how to

대추는 자양강장제로 옛부터 모든 약재에 고루 쓰였다. 도인이 먹었다는 잣, 노인들에게 기운을 돋우어준다는 기력회복제 호도, 입맛을 살려주는 밤을 넣어 만든 주먹밥이다. 옛부터 찰밥에 이러한 재료를 넣은 것을 약밥이라 했으니 맛도 맛이지만 약의 효능까지 겸한 음식이다. 대추는 진정작용과 노이로제, 불안, 불면, 신경성 증세 등을 가라앉히는 효과도 있다.

대추찰주먹밥

밑준비하기

흑미·찹쌀은 분량만큼 깨끗하게 씻어서 3시간 동안 물에 불린 다음 건져서 물기를 빼둔다.

⊙ 기본 재료

대추 50g, 잣 10g, 밤 75g
호두 50g, 흑미 100g
찹쌀 400g, 계피가루 조금
소금 조금

만들기

대추는 물을 조금 붓고 문질러 씻은 후 망에 담아서 물기를 빼고 씨를 발라낸다

대추를 문질러 씻는다

잣은 고깔을 뗀다

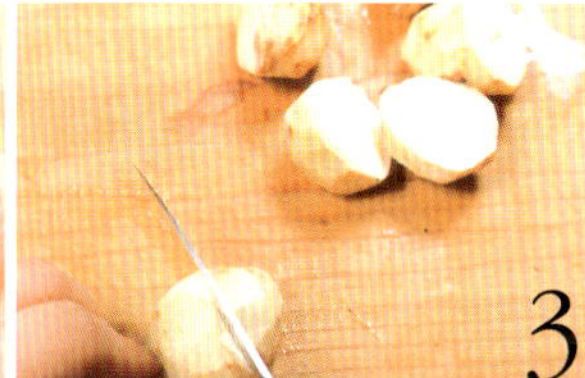

밤은 껍질을 벗기고 반으로 자른다

준비한 재료를 섞은 후 소금간을 한다

밑이 두꺼운 솥에 쌀과 준비한 재료를 안치고 밥을 짓는다

물을 부어 밥을 짓는다

찹쌀은 열이 많은 사람에게 좋다

찹쌀은 성질이 따뜻하고 맛은 달다. 소화기가 약하고 몸이 찬 사람, 선천적으로 기운이 없는 사람에게 기운을 보강해주는 식품이다. 땀을 많이 흘리고 설사를 자주 하는 이에게도 효과적. 열이 많은 사람은 소화하기 힘드니 너무 많이 먹지 않도록 한다.

찹쌀을 부드럽게 찌려면 충분히 불려야 하고, 다른 재료와 잘 어울려 알맞게 찌려면 찰밥을 먼저 쪄서 다시 부재료와 버무려 중탕을 해도 좋다. 소금간은 처음부터 한다.

1 **대추 준비하기** 대추는 물을 조금 붓고 서로 부딪치도록 문질러서 씻어 망에 담아서 물기를 뺀다. 물기 빠진 대추는 씨를 발라낸다.
2 **잣 손질하기** 잣은 고깔을 뗀다.
3 **밤 준비하기** 밤은 껍질을 벗겨서 반으로 자른다.
4 **소금 간하기** 그릇에 준비한 재료들을 모두 섞은 후 소금간을 한다.
5 **밥하기** 밑이 두꺼운 솥에 쌀과 준비한 재료를 안친 후 적당히 물을 부어 밥을 한다.
6 **주먹밥 만들기** 밥이 다 되면 뜨거운 상태에서 주먹밥을 만드는데, 찬물에 소금을 약간 탄 물을 준비해 손에 묻혀가면서 만들면 밥알이 손에 묻지 않는다. 주먹밥은 한입 크기로 만든다.

how to

닭고기는 단백질과 지방이 풍부하고 소화가 잘 되는 육류라 여름에는 복중음식으로 꼭 먹는 우리의 보양식품이다. 닭의 뱃속에 인삼, 대추, 찹쌀을 넣고 흠씬 고운 삼계탕은 선조들의 지혜에서 나온 스태미나식이다. 특히 누런 암탉은 남성의 양기를 보충하고 냉기를 다스리고 오장의 허약증상을 다스려 기력을 나게 한다고 알려져 있다. 몸이 허약하고 잔병치레가 많고 소화기관이 약해 밥을 못 먹는 어린이를 위한 영양식으로 좋다.

흑미찹쌀삼계탕

 **기본 재료**

영계 1마리, 흑미찹쌀 1/3컵
대추 3개, 감초 2쪽, 황기 1뿌리
마늘 1통, 생강 1쪽, 대파 1뿌리
청주 1큰술, 소금 · 후추 조금씩

밑준비하기

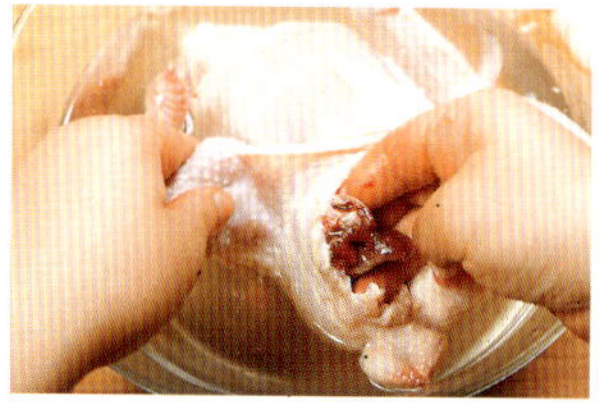

밤은 겉껍질, 속껍질을 벗기고 물에 담가놓는다

▶ **닭** 영계로 준비해 털을 말끔히 뽑은 다음 머리와 발을 잘라내고 꽁지 부위에 칼집을 넣어 내장을 꺼낸 후 속을 깨끗이 씻는다.

▶ **밤** 속껍질까지 깨끗이 벗겨 물에 담가둔다.

만들기

1 흑미찹쌀을 씻어서 불린다

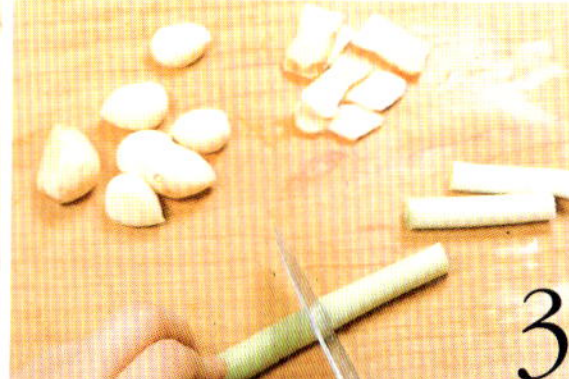

3 생강과 대파를 썬다

5-1 닭 뱃속에 찹쌀 · 마늘을 넣는다

5-2 칼집 낸 닭살 사이로 닭다리를 끼워 넣는다

6 재료를 안치고 물을 부어 끓인다

솥에 찹쌀 넣은 닭과 감초, 황기, 밤, 대추, 생강, 청주, 대파를 안치고 물을 부어 끓인다

1 **흑미찹쌀 불리기** 흑미찹쌀은 씻어서 5시간 물에 불린다.
2 **대추 물기 빼기** 대추는 씻어 물기를 빼둔다.
3 **마늘 · 생강 · 대파 준비하기** 마늘은 껍질을 깨끗이 벗기고 생강도 손질하여 얇게 저며 놓는다. 대파는 5cm 길이로 썬다.
4 **황기 · 감초 손질하기** 황기와 감초는 깨끗이 씻어 둔다.
5 **닭 뱃속에 재료 넣기** 손질한 닭의 뱃속에 불린 흑미찹쌀과 마늘을 잘 채워 넣고 속이 빠지지 않도록 닭다리를 꼬아 칼집 낸 닭살 사이로 끼워 넣는다.
6 **닭과 재료 안치기** 솥에 닭을 안치고 물 5컵을 붓는다. 준비한 감초, 황기, 밤, 대추, 생강, 청주, 대파를 넣는다.
7 **끓이기** 중불에서 40분간 푹 끓인다. 압력솥에서는 약재의 맛과 성분이 우러나오는 시간이 짧기 때문에 가능하면 서서히 우러나오도록 끓이는 것이 좋다.
8 **소금 · 후추 곁들여 내기** 닭 속의 재료가 푹 익으면 대파, 생강은 건져내고 그릇에 담아 소금, 후추를 곁들여 낸다.

plus tip

감초는 오장육부의 혈맥을 잘 돌게 한다

약방의 감초라는 별명을 갖고 있는 감초는 단맛이 있는 풀이라는 뜻이다. 여러 가지 약들을 조화하고 중화하는 효능이 있고 다른 약재의 부작용, 독성을 완화시켜준다. 오장육부의 혈맥을 잘 돌게 하고 힘줄과 뼈를 튼튼하게 하고 살찌게 한다. 그러나 감초는 기운을 막아주는 성질이 있어 뚱뚱하고 자주 붓는 사람은 살이 더욱 찔 염려는 없다.

how to

단백질도 많고 비타민 B가 풍부한 돼지고기는 살이 부드러운 편이다. 허약한 사람에게는 기운을 보태주며 성질은 찬 식품이다. 갈비살은 한 번 끓는 물에 데쳐내어 기름기를 빼고 녹두를 넣어 같이 찜을 하므로 열을 내려주고 고혈압을 예방해 주는 효과가 있다. 돼지고기를 삶을 때는 통파, 생강, 청주를 넣어 데치면 누린내가 없어진다. 돼지갈비 데친 것은 40분 정도 약한 불에서 조리게 되므로 녹두를 처음부터 같이 넣고 끓여도 된다.

녹두를 넣은 돼지갈비찜

⦿ 기본 재료

녹두 100g, 돼지갈비 300g
대파 1/2뿌리, 생강 1쪽
식용유 적당량

⦿ 소스

소금 1작은술 반, 청주 3큰술
후추 조금

plus tip

입맛없을때, 설사할때 효과적인 녹두

녹두는 옛부터 환자들의 원기를 돋워 주고 오장육부의 기운을 조화 있게 해주는 식품으로 알려져 왔다. 특히 여름에는 녹두를 푹 삶아 거른 것에 국수를 넣어 만든 녹두칼국수, 쌀을 넣어 만든 녹두죽을 끓여 먹으면 좋다.

이 음식들은 몸 안의 열기를 없애주고 가슴을 시원하게 해줘 먹는 것만으로 더위를 예방할 수 있다. 하지만 매우 성질이 차서 몸이 차고 소화력이 약한 이는 피하는 것이 좋다.

여름철에 피부 질환이 생겼을 때는 녹두를 곱게 갈아 환부에 파우더처럼 뿌리고 녹두죽을 함께 먹으면 도움이 된다.

밑준비하기

돼지갈비는 다른 고기에 비해 누린내가 많이 나므로 생강즙과 청주에 한 시간 정도 재워 놓았다가 튀긴다. 그래야 냄새도 가시고 고기가 부드러워진다.

▶ **돼지갈비** 갈비는 5~6cm 정도로 토막을 내는 것이 먹기에 가장 알맞다. 표면에 붙어있는 기름을 얄팍하게 저며 떼어내고 찬물에 담가 핏물을 뺀 후 체에 밭쳐 물기를 빼둔다. 물기 뺀 돼지갈비는 생강즙과 청주를 조금 뿌려 놓는다.

만들기

1 재료를 분량대로 섞어 소스를 만든다

2 녹두를 충분히 불린다

3 대파 · 생강을 굵게 다진다

4 돼지갈비를 끓는 기름에 튀긴다

5 재료를 안쳐 약한 불에서 찐다

튀긴 돼지갈비에 녹두, 대파, 생강 소스를 섞고 물 2컵 반을 부어 뭉근히 찐다

1 **소스 만들기** 소스 재료를 분량대로 섞어 소스를 만든다.
2 **녹두 불리기** 물을 부어 하룻밤 정도 충분히 불린다.
3 **대파 · 생강 다지기** 대파와 생강은 굵게 다진다.
4 **돼지갈비 튀기기** 물기를 뺀 돼지갈비를 끓는 기름에 넣어서 5분간 튀긴다.
5 **돼지갈비 찌기** 냄비에 튀긴 돼지갈비와 불린 녹두, 다진 대파, 생강, 소스, 물 2컵 반을 넣어서 뚜껑을 덮고 약한 불에서 40분간 찐다.

how to

소의 위인 양을 곱게 다져 밑간만 해서 오랫동안 중탕하여 한약처럼 짜 낸 양즙이다. 또 푹 고아서 탕으로 하는 양탕, 다져서 양념하여 전처럼 지지는 양동구리도 있다. 양은 내장 중에서 음식을 소화시켜 주는 기관이라 다른 고기 부위와는 다르게 돌기가 많이 나와 있으며 질기다. 그러나 오래 삶으면 의외로 연하고 부드럽고 오히려 소화를 더 잘 시켜주는 음식이 된다. 위가 약한 이에게는 약처럼 먹인다.

양탕 · 양죽

양탕

⊙ 기본 재료

양 간 것 300g, 사골 뼈 300g
마늘 6알, 밤 5개, 대추 1컵
수삼(작은 것) 1뿌리
소금 · 후추 조금씩

만들기

사골은 국물이 우러나게 끓인다

솥에 재료를 넣어 끓인다

국물을 망에 걸러낸다

1 **사골국물 준비하기** 사골은 하룻밤 물에 담가 두어 핏물을 빼고, 끓는 물에 넣어서 국물이 뽀얗게 우러나도록 끓인다.

2 **재료 준비하여 끓이기** 마늘은 통으로 준비하고 밤은 껍질을 벗긴다. 대추는 씨를 바르고, 수삼은 흙 없이 씻은 후 대강 썰어 밑이 두꺼운 솥에 안치고 사골국물과 양 간 것(양죽의 밑준비 참조)을 함께 넣어 건더기가 형체가 없어질 때까지 4시간 정도 푹 곤다.

3 **국물 망에 거르기** 양탕을 맑게 국물처럼 먹으려면 망에 건지 없이 거른다. 또는 손질한 마늘, 대추, 수삼, 밤을 믹서에 넣고 잠깐 돌려서 죽과 같은 형태로 갈아서 먹기도 한다. 소금과 후추를 따로 곁들여 낸다.

양죽

⊙ 기본 재료

양 300g, 쌀 1컵
참기름 1큰술반, 다진 마늘 1큰술
소금 1작은술, 청주 1큰술
흰후춧가루 1/3작은술

밑준비하기

양은 밀가루를 넣어 문질러 씻은 다음 흐르는 물에 깨끗이 씻어 끓는 물에 얼른 데쳐서 검은 껍질을 벗긴 후 분쇄기로 곱게 간다.

만들기

참기름을 넣어 양을 볶는다

쌀을 함께 넣어 볶는다

1 **쌀 불리기** 쌀을 씻어 불려둔다.

2 **양 양념하기** 양 간 것에 분량의 다진 마늘, 흰후춧가루, 청주, 소금을 넣고 조물조물 양념한다.

3 **양 · 쌀 볶기** 냄비에 참기름을 두르고 양념한 양을 볶다가 국물이 뽀얗게 생기기 시작하면 쌀을 넣어서 함께 볶는다.

4 **죽 쑤기** 볶아낸 양과 쌀에 10배의 물을 붓고 끓여서 죽을 쑨다. 중불에서 저으면서 오랫동안 끓인다. 쑤어진 죽은 양의 알갱이가 없도록 걸러서 먹거나 알갱이가 있는 채로 먹어도 좋다.

how to

연자는 연의 씨앗으로 심장기능을 강화하고 신장, 비장에 영양분을 준다. 중국 고대의 학서에도 '연밥죽은 몸을 보호하여 강인한 의지를 만들고 귀와 눈을 총명하게 해준다고 했다. 연밥죽을 쑤려면 60g의 연밥 껍질을 벗기고 가루로 만들어 쌀 300g과 함께 죽을 쑨다. 지금도 중국에서는 질병 치료를 위한 중요한 식이요법으로 쓰이는 건강식이다. 단, 변비가 있거나 감기로 열이 있을 때는 피하는 것이 좋다.

녹차나물밥 · 연자죽

녹차나물밥

⦿ 기본 재료

멥쌀 5컵, 물 6컵, 녹차잎 100g

달걀 4개

⦿ 양념장

간장 4큰술, 다진마늘 1작은술

깨소금 1작은술, 참기름 1큰술

다진파 1작은술, 달래 조금

풋고추 1개, 고춧가루 1작은술

만들기

녹차잎은 따뜻한 물로 한번 헹군 다음 밥물이 될만큼의 물을 부어 10분간 우려서 밥물로 사용한다

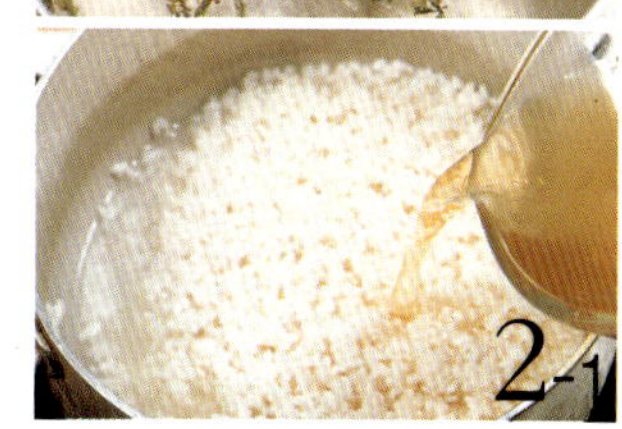

녹차 우려낸 물로 밥물을 붓는다

소금으로 간을 하여 끓인다

1 **멥쌀 불리기** 멥쌀은 씻어서 1시간 정도 물에 담가 불린다. 너무 오래 담가 놓으면 밥알에 힘이 없고 고슬고슬하지 못하다.

2 **녹차잎 넣기** 우려둔 찻물로 밥물을 붓고 소금으로 간한 후 한소끔 끓으면 건져둔 녹차잎을 넣고 저어가며 고루 섞어 준 후 불을 줄여 뜸을 들인다. 녹차잎은 밥이 뜸들 때 넣어야 잎이 부서지지 않고 색도 곱다. 녹차잎이 싫은 사람은 밥물에만 찻물을 쓰고 차잎은 나물로 무쳐 먹는다.

3 **달걀 넣기** 밥이 다 되었으면 주걱으로 이리저리 훌훌 털어가며 푼 후 뜨거울 때 달걀을 깨뜨려 넣고 양념장을 끼얹어 비벼 먹는다.

연자죽

⦿ 기본 재료

연밥 1/2컵, 멥쌀 1컵, 물 6컵

소금 · 꿀 적당량씩

참기름 적당량

만들기

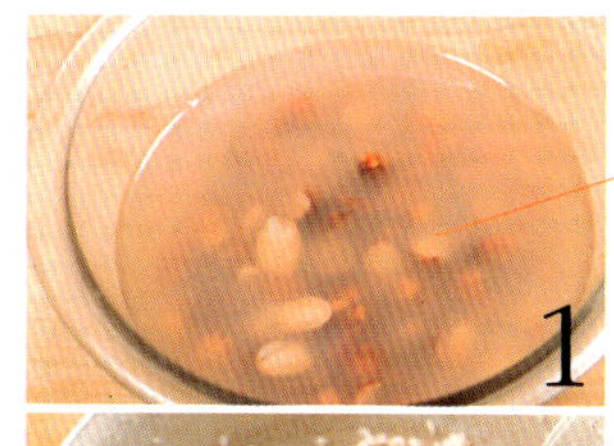

연밥은 쓴맛이 가시도록 물을 갈면서 불리고 멥쌀은 20~30분 정도 불려 놓는다.

참기름으로 볶다가 물을 부어 죽을 쑨다

3-1

죽에 연밥을 넣고 끓인다

죽이 다 되면 믹서에 넣고 간다

1 **연밥 익히기** 불려둔 연밥을 끓는 물에 넣어서 충분히 익힌다.

2 **죽 쑤기** 솥에 불린 멥쌀을 넣고 참기름으로 볶다가 물을 붓고 죽을 쑨다.

3 **연밥 넣기** 죽을 쑤는 중간에 연밥을 넣어 함께 끓인다. 죽이 다 되면 믹서에 넣어서 곱게 갈아 그릇에 옮겨 담고 먹을 때 꿀을 넣는다.

how to

생선 쑥갓탕은 비린 맛이 없는 담백한 생선에 향이 좋은 쑥갓을 넣어 시원하게 끓인 국이다. 특히 숙취로 속이 불편한 남편의 해장국으로도 좋다. 작약은 혈맥을 잘 통하게 하고 응혈을 풀어 줘 여성들의 병과 산전산후에 잘 쓰이는 약재이다. 특히 젊은 여성들이 월경통으로 고생을 할 때 먹으면 좋다. 쑥갓은 성질이 평이하고 몸 속의 기운순환을 촉진시키고 소화기관을 튼튼하게 해준다. 쑥갓이 들어가 변비에도 효과가 있다.

작약을 넣은 생선쑥갓탕

⊙ 기본 재료

작약 30g, 흰살생선 200g
청주 2큰술, 당근 1/3개
양송이 4개, 쑥갓 150g
대파 1/3개, 생강 1쪽
달걀흰자 2개, 녹말물 적당량

⊙ 양념

소금 1작은술, 청주 2큰술
후추 조금

밑준비하기

흰살생선은 도미, 민어, 대구, 명태 등으로 준비하여 채썬 후 유리 그릇에 물 4컵과 청주를 넣어 재운다.

만들기

작약과 물을 부어 끓인다

당근과 양송이를 둥글게 썬다

당근, 양송이는 납작하게, 대파는 채썰고, 생강은 다진다.

쑥갓을 손으로 자른다

달걀흰자를 풀어 소금 간을 한다

생선살을 넣어 끓인다

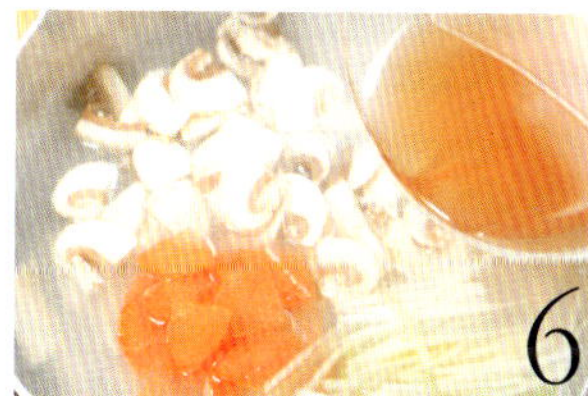
생선 끓인 물에 재료를 넣고 끓인다

녹말물을 풀어 걸쭉하게 한다

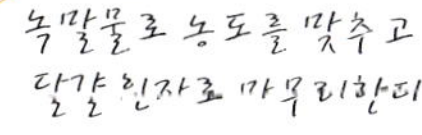

녹말물로 농도를 맞추고
달걀 흰자로 마무리한다

1 작약 끓이기 냄비에 작약과 물 1컵을 붓고 약한 불에서 반 분량이 되게 끓인다.

2 당근 · 양송이 · 대파 · 생강 썰기 당근과 양송이버섯은 둥글고 얇게 썰고, 대파는 채 썰고, 생강은 다진다.

3 쑥갓 준비하기 쑥갓은 흔들어 씻은 후 5cm 길이가 되도록 손으로 자른다.

4 달걀흰자에 소금간하기 달걀흰자는 멍울이 없이 풀어 소금간을 한다.

5 생선살 끓이기 밑간해 두었던 생선살을 끓이면서 거품은 걷어낸다.

6 재료 끓이기 생선살 끓인 것에 작약 끓인 물과 야채, 양념을 한 번에 넣고, 후루룩 끓여서 한 김을 낸 다음 거품을 걷어낸다.

7 녹말물 넣기 생선 끓인 것에 으깨 놓은 생강을 넣고 녹말물을 풀어서 약간의 농도를 낸 후 달걀 흰자를 전체에 돌려 가며 흘려서 넣고 바로 불에서 내린다.

plus tip

피로회복에 좋은 작약

작약은 뿌리에 약효가 있다. 잦은 소변을 비롯해서 정신을 안정시키는 작용이 있으므로 정신적으로 긴장이 잦아 화장실을 자주 가는 사람에게 적합하다. 또한 출산 후의 피로회복이나 월경불순, 냉증에 효과가 있기 때문에 부인병의 약으로도 이용되고 있다.

how to

감자는 사계절 쉽게 구할 수 있는 재료로 강한 항균작용이 있고 대 · 소장을 보호하고 허리와 무릎을 따뜻하게 해준다. 또한 감자는 몸 안에 불필요한 수분을 없애주는 역할을 한다. 노화의 속도도 늦추고 젊음을 오래 지키게 하는데 필요한 식품이다. 고추는 식욕부진과 스트레스를 풀어 주고 혈액순환을 촉진시키는 작용이 있다. 생감자를 갈아서 빈대떡처럼 많이 만들지만 이 음식은 감자를 곱게 채 썰어 소금에 살짝 절였다가 빈대떡처럼 부친다.

동충하초를 넣은 감자부침

⊙ 기본 재료

동충하초 5개, 감자 3개
부추 30g, 홍고추 1/2개
녹말가루 2큰술, 소금 조금
후추 조금, 식용유 1큰술

⊙ 양념간장

간장 2큰술, 물 2큰술, 소금 조금
설탕 2작은술, 깨소금 1큰술
참기름 · 고춧가루 2작은술씩
다진 마늘 1작은술
실파 송송 썬 것 2큰술

밑준비하기

감자를 그대로 사용하면 전분이 있어 부서지기 쉽다. 곱게 채 썰어 소금에 절였다가 헹구어서 사용한다

▶ **감자** 흙을 털고 깨끗이 씻은 후 필러나 칼로 껍질을 벗겨 곱게 채 썬 다음 소금에 살짝 절인다.

만들기

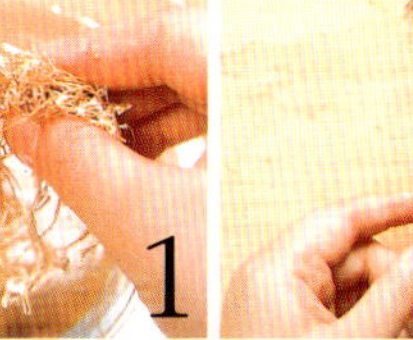

동충하초를 물에 얼른 씻어 불린다 / 부추 · 홍고추를 썰어 놓는다 / 절인 감자를 체에 걸러 물기를 뺀다

재료를 섞어 부침 반죽을 만든다 / 감자 반죽에 동충하초를 얹어 지진다

반죽에 동충하초를 얹어 지진 후 먹기 좋은 크기로 썰어 양념장에 찍어 먹는다

1 **동충하초 불리기** 동충하초는 얼른 씻어서 물을 뿌려두어 부드럽게 불린다.
2 **부추 · 홍고추 썰기** 부추는 씻어서 물기를 뺀 다음 4cm길이로 썰고, 홍고추는 동글게 썰어서 씨를 털어 냉수에 얼른 헹구어낸다.
3 **감자 체에 거르기** 소금에 절인 감자를 건져 물에 한 번 헹군 후 체에 건져 놓는다.
4 **재료 섞어 반죽하기** 채 썬 감자와 부추, 홍고추, 녹말가루, 소금, 후추를 섞어 반죽한다.
5 **지지기** 기름을 두르고 팬을 달군 다음 만들어 놓은 반죽을 반 국자씩 떠 넣고 동충하초를 올린 후 얇게 펴서 지져 접시에 담고 양념간장을 곁들인다.

plus tip

동충하초는 병후 허약증에 좋다

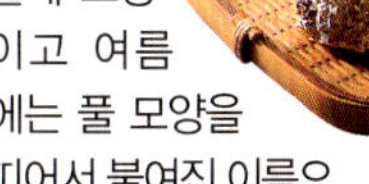

동충하초는 겨울에는 벌레 모양이고 여름에는 풀 모양을 띠어서 붙여진 이름으로, 마른 풀이 돌돌 말려 있는 형태로 판매한다. 새로운 생약으로 여기는 약재로 맛은 단 편이고 성질은 평이하다. 성분은 지방, 단백질, 핵산 등을 함유한다. 강장, 강정, 진해약으로 쓰이며 병후의 허약증, 빈혈증에 효과가 있다. 동충하초는 어느 재료와도 잘 어울리는 약재이다. 건재상에서 구할 수 있다.

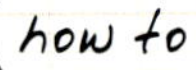

검은깨는 몸의 신진대사를 조절하고 지방 운반을 도와주는 레시틴이 주성분이며, 뇌를 이루는 성분으로 정신 노동을 많이 하는 사람들에게 좋은 식품이다. 콜레스테롤이 몸 안에 쌓이지 않게 하므로 동맥경화를 예방하는 효과도 있다. 또한 검은깨는 신장기능을 강화시켜 주는데 효과적이며, 하수오는 혈기를 보하고 힘줄과 뼈를 튼튼하게 하고 머리털을 검게 한다. 약재를 연하게 달여 필요한 음식인 죽이나 밥, 국 등에 넣어 먹을 수 있다.

하수오를 넣은 검은깨죽

⊙ 기본 재료

하수오 5~10g, 검은깨 8큰술
흑설탕 4큰술, 밤(통조림) 2개
릿지(중국과일 통조림) 8개
멥쌀가루 1/2컵

밑준비하기

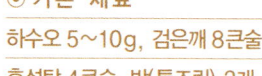

검은깨는 마른 팬에 볶아서 맷돌믹서에 넣고 반 정도만 부서지게 간다.

만들기

하수오를 끓여서 체에 거른다

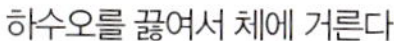

흑설탕을 믹서에 갈아 곱게 가루를 낸다

검은깨를 갈아 끓는 물에 넣어 젓는다

검은깨를 넣어 끓인다

흑설탕 · 하수오 끓인 물을 넣고 끓인다

검은깨죽에 흑설탕과 하수오 끓인 물을 부어 중불에서 끓인다

1 **하수오 끓이기** 하수오는 물 1컵을 넣고 반 분량이 되도록 끓인 다음 체에 거른다.
2 **흑설탕 가루내기** 흑설탕은 맷돌믹서에 넣고 곱게 가루로 낸다.
3 **검은깨 물 섞기** 그릇에 검은깨 간 것과 끓는 물 1/2컵을 붓고 거품기로 고루 섞이도록 저어준다.
4 **멥쌀가루 끓이기** 멥쌀가루는 찬물 4컵을 붓고 주걱으로 서서히 저으면서 끓인다.
5 **검은깨 넣기** 멥쌀가루가 익어서 투명한 빛이 나기 시작하면 끓는 물에 갠 검은깨를 조금씩 넣으면서 끓인다.
6 **흑설탕 · 하수오 끓인 물 붓기** 검은깨죽에 흑설탕과 하수오 끓인 물을 붓고 중불에서 서서히 끓인다.
7 **밤 · 릿지 곁들여 내기** 죽을 그릇에 담고 얇게 썬 밤과 릿지를 넣거나 곁들여 낸다.

plus tip

하수오의 약효

하수오는 레시틴, 부신피질호르몬 물질로 되어 있어 한방에서 약으로 많이 쓰이며 동맥경화 예방에 효과가 있다. 또한 장의 활동을 촉진시켜 통변을 시켜주고 신경을 안정시켜 주며, 피부 가려움과 어지럼증도 없애준다.

'하수오' 라는 이름은 병으로 하얗게 된 머리를 기적같이 검게 만들었다는 고사에서 생긴 말이다. 이렇듯 백발방지, 탈모방지에 효과가 크다.

5.

고급스럽고 귀한
장금이 요리~

전문가도 알고 싶어 하는

장금이 요리

우리 고유의 요리는 세계 어느 나라에 내놓아도 자랑할만한 귀한 음식들이다. 맛이나 볼품, 영양적으로도 조화가 잘 되어 새삼 세계인들의 관심의 촛점이 되고 있으며 배우려고 하는 외국인들도 많아지고 있다. 옛날부터 전해 내려오는 귀한 음식들의 조리비법이 무엇인지 알아보자. 특히 이 책에 소개된 요리들은 요리를 업으로 하는 전문가들이나 전문 음식점을 경영하는 분들이 배우고 싶어하는 메뉴들이다. 이번 기회에 그 방법을 상세히 소개한다.

다른 반찬 없이도 먹을 수 있는 국수, 만두의 제맛을 살린다

예로부터 내려오는 전통 음식 중 국수와 만두는 지역마다 특징이 있어 맛내기 비결도 각양각색이다. 옛날에는 잔치나 명절, 점심 때의 별식으로 먹던 음식이었지만 지금은 평상시에도 흔히들 만들어 먹는다. 제대로 된 면 요리의 노하우를 배워보자.

만두는 껍질의 재료나 모양에 따라 이름이 달라진다

껍질 재료에 따라서는 밀가루 만두, 메밀만두, 어만두, 감자막가리만두, 동아만두, 처녑만두 등이 있고 빚은 모양에 따라서는 사각 모양의 편수, 해삼 모양의 규아상, 골무처럼 작게 빚은 골무 만두, 석류 모양의 석류 만두 등 여러 가지가 있다. 거기에 따라 맛도 다양하다. 우리나라 음식 중에는 가루반죽을 쓰지 않아도 생선이나 육류, 채소 등의 재료를 넓게 펼쳐서 소를 넣고 아무린 것에 만두라는 이름을 붙여 놓은 것들이 많이 있다. 어만두는 생선살을 한 장씩 펴서 소를 넣고 빚으며, 꿩만두나 준치만두는 살을 다져서 둥글게 빚은 후 녹말을 묻혀서 굴림만두처럼 만든다. 만두 소도 돼지고기 다진 것에서부터 꿩고기, 돼지고기, 닭고기살, 쇠고기, 두부, 오이, 표고 등 계절에 따라 혹은 지방에 따라 달리 사용하고 있다.

국수장국은 찬물에 헹궜다가 토렴해야 맛이 있다

국수를 뜨거운 장국에 만 것을 국수장국, 또는 온면이라고 한다. 국수장국을 맛있게 먹으려면 국수를 미리 삶아 놓지 말고 먹을 때 바로 삶아 찬물에 헹군 후 뜨거운 장국으로 토렴해야 따뜻하고 제 맛이 난다.

국수 삶을 때는 물을 넉넉히 붓는다

국수를 삶을 때는 큰 냄비에 물을 넉넉히 붓고 끓이다가 국수발을 헤쳐가며 넣어 잘 젓는다. 부르르 끓어오르면 찬물을 한 대접 부어 거품을 가라앉히고, 잠시 더 끓여 국수발이 속까지 잘 무르게 삶아 낸다. 삶아낸 국수는 찬물에 충분히 헹구어야 국수 가락이 탄력이 있고 매끄럽다.

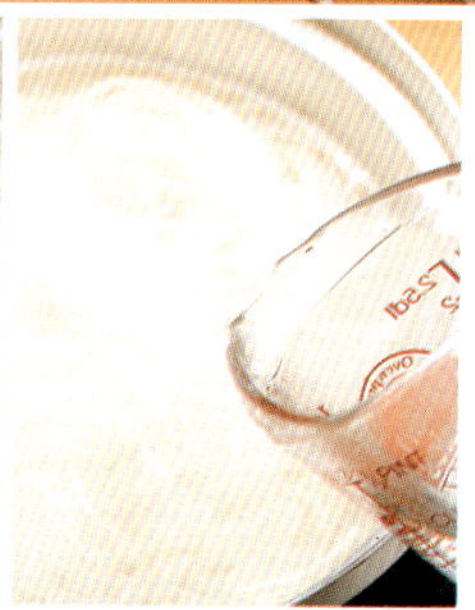

냉면은 겨울철에 먹어야 제 맛이 난다

냉면이라 하면 평양냉면과 함흥냉면으로 나눈다. 평양냉면은 메밀을 많이 넣고 삶은 국수를 차가운 동치미 국이나 육수에 말아 먹는 냉면이고, 함흥냉면은 강냉이나 고구마 전분을 많이 넣고 가늘게 뺀 국수를 매운 양념으로 무치고, 맵게 양념한 홍어회를 넣어 비벼 먹는 냉면이다. 이 두 가지 종류 말고 궁중냉면이 있다. 궁중냉면은 메밀국수, 양지머리, 배추김치, 배, 꿀, 잣 등을 넣었다고 기록에 나와 있다. 하지만 요즘 입맛에 맞게 조금 응용하여 만드는 것이 맛있게 먹을 수 있는 방법이다.

how to

밥하면서 뜸들일 때 같이 쪄낸 알찜은 알맞게 부풀어 익어 제일 먼저 수저가 가게 된다. 달걀에 새우젓으로 간을 하면 잘 풀어지고 소금간보다 훨씬 맛있다. 채란은 달걀의 고소한 맛을 더 상승시킨 별미 알찜이다. 찜 온도는 세게 하지 말고 냄비 뚜껑을 살짝 비껴 닫아 찜통 안의 온도가 일시적으로 너무 오르지 않게 한다. 채소의 여러 가지 색이 어울린 부드러운 달걀반찬이다.

채란

밑준비하기

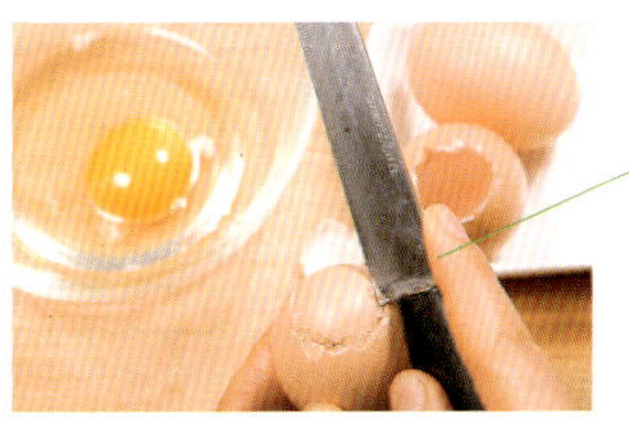

달걀의 뾰족한 부분을 칼끝으로 살살 두들겨서 직경 2cm 크기의 구멍을 낸다

▶ **쇠고기** 기름이 없는 것으로 곱게 다져서 간장, 설탕, 후추, 참기름으로 양념한다.

▶ **표고버섯** 미지근한 물에 불려서 기둥을 떼고 2mm 각으로 잘게 썬다.

▶ **당근** 3mm 각으로 납작하게 썬 다음 끓는 물에 데친다.

▶ **실파** 뿌리를 자르고 흙을 털어낸 후 씻어서 송송 썬다.

▶ **달걀** 뾰족한 부분을 칼로 살살 두드려서 직경 2cm 크기의 구멍을 내는데, 달걀 껍질이 깨지지 않도록 따로 담아 두고 달걀물은 그릇에 담아 놓는다.

⊙ 기본 재료

달걀 4개, 쇠고기 50g
표고버섯 2장, 당근 30g
실파 4뿌리

⊙ 쇠고기 양념

간장 1작은술, 설탕 1/2작은술
참기름 적당량, 후추 조금

⊙ 달걀 양념

새우젓국물 1큰술, 소금 조금
설탕 1/2작은술

만들기

달걀에 새우젓국물을 넣어 푼다

양념한 쇠고기에 달걀물을 섞는다

달걀 껍질에 재료 섞은 달걀물을 붓는다

달걀을 찜통에 넣어 뭉근하게 찐다

달걀물을 달걀 껍질안에 4/5정도 채워 찜통에 찐다

1 **달걀물 간하기** 달걀물에 새우젓국물을 넣고 설탕과 소금으로 간하여 가는 망에 덩어리 없이 거른다.

2 **재료 섞기** 쇠고기는 갖은 양념을 한 다음 젓국을 넣은 달걀물을 조금씩 섞으면서 덩어리지지 않도록 젓가락으로 푼다. 쇠고기가 달걀물과 잘 섞이면 당근과 표고버섯, 실파를 섞는다.

3 **껍질에 달걀 붓기** 달걀 껍질을 작은 종지에 쓰러지지 않도록 세운 다음 그 안에 4/5 정도만 달걀물을 붓는다. 달걀은 익으면서 부풀어오르므로 가득 채우지 않는다.

4 **달걀 찌기** 김이 오른 찜통에 준비한 달걀을 올리고 불을 약하게 하여 20분간 찐다. 달걀을 들어보아서 묵직하면 아직 덜 익은 것이다.

5 **썰어 담기** 꺼내어 한김 식으면 껍질을 벗긴 다음 원하는 모양으로 동글게 또는 세로로 4등분하여 썰어 접시에 담는다.

plus tip

전통 달걀요리

옛날 음식책에 나오는 달걀 찬으로는 수란과 알쌈, 달걀선, 채란 등이 있다. 수란은 국자에 기름을 바르고 달걀을 살짝 쪄낸 것이고 알쌈은 고기 양념 소를 넣어 반달형으로 부친 달걀전이다. 달걀선과 채란은 손이 많이 가는 음식으로 달걀을 풀어서 찐 것이다. 달걀선은 달걀을 고기 국물에 풀고, 다진 고기를 양념해 볶아서 양푼에 켜켜로 얹어 중탕해 썰어낸다. 채란은 달걀 껍질 윗쪽에 구멍을 내어 달걀 속을 쏟은 다음 볶은 쇠고기와 버섯, 채소 채를 섞어서 도로 껍질에 채워서 쪄낸 음식이다.

how to

돔배기는 상어의 자투리 부위이다. 워낙 큰 생선이라 일반적으로 토막으로 잘라 냉동된 것으로 판다. 부위에 따라 흰 것, 붉은 것이 있으며 살이 매우 단단하며 약간 새콤한 맛이 있어 조리 전에 물에 담갔다가 쓴다. 익히면 살이 더 단단해져 꼬치에 끼워 산적을 하여 제사상에 고임용으로 많이 쓴다. 생선을 꼬치에 끼워 구우려면 미리 밑간(소금간, 간장간)을 하여 잠깐 건조시켰다 사용하면 마치 어포처럼 단단해진다.

돔배기산적

⊙ 기본 재료

돔배기(상어살) 500g

식용유 적당량

⊙ 재움장

간장 3큰술(또는 소금 1큰술)

설탕 1작은술, 참기름 2큰술

⊙ 고명

통깨 조금, 실고추 조금

깻잎채 (또는 미나리) 조금

밑준비하기

돔배기는 핏물을 잘 빼야 누린내도 나지 않고 색깔도 깔끔하다

▶ **돔배기** 덩어리로 구입한 다음 먼저 껍질을 벗겨낸다. 껍질은 질겨서 잘 쓰지 않지만 돔배기를 즐기는 사람들은 껍질도 따로 두었다가 조리하여 먹기도 한다. 껍질 벗긴 돔배기는 찬물에 담가서 핏물을 뺀다. 핏물이 잘 빠지지 않으면 누린내가 나고 익힌 다음에 검은 빛이 나게 된다. 핏물 뺀 돔배기는 2cm 폭, 0.8cm 두께, 8cm 길이로 썬다.

만들기

재료를 섞어 재움장을 만든다

돔배기를 재움장에 넣어 재운다

재움장에 재운 돔배기를 꼬치에 끼운다

꼬치에 꿴 돔배기를 채반에 널어 말린다

말린 돔배기를 팬에 지진다

돔배기는 너무 바싹 말리지 말고 꾸득꾸득하게 말려서 지지는 것이 맛있다

1 **재움장 만들기** 분량의 간장과 설탕, 참기름을 섞어서 재움장을 만든다. 간장 대신 소금으로 간을 하면 맛보다도 색감의 차이가 난다.

2 **돔배기 물기 빼기** 돔배기는 핏물을 충분히 뺀 다음 건져서 종이 위에 나란히 얹어 물기를 뺀다.

3 **돔배기 양념하기** 넓은 그릇에 양념장과 생선살을 넣어 양념이 배도록 주무른다.

4 **꼬치에 끼워 말리기** 물기를 뺀 돔배기는 꼬치에 끼워 채반에 널어서 꾸득하게 말린다. 너무 오래 바싹 마르면 생선살이 단단해져 맛이 떨어지므로 겉이 조금 단단하고 속은 말랑한 정도로 말리는 것이 좋다.

5 **돔배기 지지기** 팬에 기름을 두르고 꼬치에 끼워 말려둔 돔배기를 하나씩 얹어 지진다. 꼬치에 끼우다 크기가 맞지 않아 남은 자투리는 따로 모아 비슷한 크기로 썰어서 마찬가지로 재움장에 재운 다음 팬에 볶는다.

6 **고명 얹어 내기** 지져낸 돔배기는 접시에 담고 통깨와 실고추, 깻잎채나 송송 썬 미나리 등을 고명으로 올린다.

plus tip

적이란?

꼬치에 꿰거나 석쇠에 얹어서 불 위에서 바로 굽는 것을 적이라 한다. 연한 고기나 생선을 두툼하고 넓게 저며서 밑간을 하고 갖은 양념을 한 후 주물러서 간이 배게 한 다음 꼬치에 하나씩 꿰어 지져 먹는 산적은 고기뿐 아니라 제철 채소나 흰떡 등 다양한 재료로 만들 수 있다.

how to

냉면은 국물이 있는 물냉면과 국물이 없는 비빔냉면으로 나누어진다. 그 종류를 더욱 세분하면 톡 쏘는 동치미국물이나 열무김치국물에 말아먹는 물냉면 또 장국을 시원하게 해서 말아먹는 장국냉면, 홍어회를 넣어 맵게 비비는 회냉면, 비빔냉면 등 여러 가지이다. 냉면용 국수인 전분국수는 풀기가 많아 물이 적으면 들러붙게 되므로 물의 양에 특히 유념해서 넉넉히 붓고 삶아내야 한다.

궁중냉면

밑준비하기

냉면에 넣을 고기는 푹 삶아 뜨거울 때 베보에 싸서 무거운 것으로 눌러 편육을 만들어 사용한다

▶ **냉면 육수** 사태나 양지머리고기는 핏물을 빼고 끓는 물에 넣어서 향신 야채와 함께 냄새없이 삶는다. 고기가 무르게 삶아지면 체에 건져서 국물을 뺀 후 젖은 면보에 싸서 눌러 편육으로 하고, 육수는 차게 식혀서 하얗게 뜬 기름을 말끔히 걷고 국물로 사용한다.

⊙ 기본 재료

쇠고기(양지머리 또는 사태) 300g
물 15컵, 파 1뿌리, 마늘 3톨
동치미 무 소1개, 오이 1개
배 1/2개, 달걀 2개
메밀국수(냉면용) 4인분

⊙ 육수양념

동치미 국물 5컵, 육수 5컵
식초 2큰술, 설탕 2큰술

⊙ 겨자즙

겨자갠 것 2큰술, 설탕 1큰술
식초 2큰술, 소금 1작은술
물 1/2큰술, 간장 1작은술

만들기

배는 수저로 속을 파낸다

편육은 얇게 썰어놓는다

겨자에 물을 부어 겨자장을 만든다

육수에 식초와 설탕을 넣어 간을 한다

면은 심이 조금 남을 정도로 삶는다

냉면 국수는 찬물에 헤쳐서 넣고 심이 조금 남을 정도만 삶아 찬물에 여러 번 헹군다. 그래야 쫄깃하다

1 **동치미 무 · 오이 준비하기** 동치미 무는 반달형으로 썰어 고춧가루 물을 들이고, 오이는 둥글고 얇게 썰어 소금에 절인다.
2 **배 속파기** 배는 껍질을 벗긴 후 수저로 속을 파낸다.
3 **달걀 삶기** 식초와 소금을 넣고 삶아서 도톰하게 썬다.
4 **편육 썰기** 편육은 기름기를 떼어내고 얇게 썬다.
5 **겨자즙 만들기** 겨자를 찬물에 개어 따뜻한 곳에 두었다가 마르면 뜨거운 물을 부어 노란물이 우러나도록 한 후 그 물을 따라내고 단촛물(식초1 : 물1 : 설탕1의 비율)을 부어 겨자즙을 만든다.
6 **육수에 간하기** 차가운 육수와 동치미 국물을 반씩 섞고 식초와 설탕으로 간을 맞춘다. 온면장국을 만들 때처럼 간을 조금 세게 하도록 한다.
7 **면 삶기** 꾸미와 장국의 준비가 다 되면 물을 넉넉히 끓여서 냉면 국수를 헤쳐서 넣어 심이 조금 남을 정도로 잠깐 삶아낸 후 냉수에 여러 번 헹구어 일인분씩 사리를 짓는다.
8 **장국 부어 상에 내기** 대접에 냉면사리를 담고 위에 꾸미를 고루 얹은 후 장국을 붓는다. 겨자즙, 설탕, 식초를 곁들인다.

plus tip

냉면국수의 종류

젖은 상태로 파는 냉면국수는 삶으면 다 풀어지므로 국수가닥끼리 서로 붙지 않게 헤쳐 놓은 뒤 펄펄 끓는 물을 붓기만 하면 된다.

요즈음엔 끈기가 많은 전분국수를 많이 찾기도 하는데 고무줄처럼 질긴 쫄면 같은 것도 있다. 냉면용 국수는 메밀을 조금 넣고 전분을 많이 넣어 만드는데 요즘엔 다른 가루도 섞어 쌀국수, 칡국수, 도토리국수 등을 만든다. 냉면은 밥처럼 든든하게 먹는 것이 아니고 점심이나 고기를 먹고 난 후 간단히 요기를 하는 것으로 즐긴다. 시원한 맛에 먹는다고는 해도 영양을 고려하지 않을 수 없으므로 국물로는 육수를 쓰는 것이 좋다.

how to

국수는 철따라 먹는 방법을 달리할 수 있다. 더울 때는 찬 장국이나 김칫국에 말아 먹고, 겨울에는 뜨거운 장에 말아 먹어 언 몸을 녹인다. 또 여름이라 할지라도 뜨끈뜨끈한 칼국수를 먹으며 땀을 식힐 수도 있다. 봄에는 매끄럽고 산뜻한 비빔국수를 해 먹는다. 국수비빔은 자칫하면 기대한 맛에 어긋나는 경우가 많다. 국수를 맛있게 먹으려면 알맞게 삶아진 면을, 촉촉한 물기가 있을 때 즉시 먹어야 맛이 있다.

골동면

밑준비하기

국수를 쫄깃하게 삶으려면 국수가 끓어 오를 때 찬물을 끼얹어 다시 끓이기를 두세번 거듭한다

▶ **면 삶기** 냄비에 물을 넉넉히 끓여서 마른 국수를 헤쳐서 넣고 삶아 냉수에 여러 번 헹구어서 건져 물기를 잘 뺀다. ▶ **비빔양념** 비빔양념장 재료를 섞어 양념장을 만들어 둔다.

▶ **오이** 겉면의 돌기를 소금으로 문질러 씻은 후 얇게 썰어 소금에 잠깐 절여 물기를 꼭 짜 놓는다.

⦿ 기본 재료

가는 밀국수 300g

쇠고기(우둔살) 100g

표고버섯 3장, 오이 1개

달걀 2개, 다홍고추 1개

소금 · 식용유 적당량씩

⦿ 고기양념

간장 1큰술, 설탕 1/2큰술

다진 파 2작은술

다진 마늘 1작은술

깨소금 1작은술, 참기름 1작은술

⦿ 비빔양념장

간장 3큰술, 설탕 2큰술

참기름 1큰술, 깨소금 1큰술

만들기

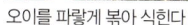

오이를 파랗게 볶아 식힌다

쇠고기 · 표고를 볶아서 식힌다

국수에 비빔양념장을 넣어 비빈다

재료를 모두 넣어 고루 비빈다

비빔국수 양념장으로 맛을 내고 볶아 놓은 표고, 지단, 오이를 넣어 고루 비빈다.

1 **오이 볶기** 오이는 반을 갈라서 어슷하고 얇게 썰어서 소금을 뿌려 숨이 죽으면 물기를 짠 후 다진 파와 마늘, 깨소금, 참기름을 넣고 파랗게 볶아 식힌다.

2 **쇠고기 · 표고버섯 볶기** 쇠고기는 살코기로 준비해 다지고 마른 표고버섯은 불려서 가늘게 채 썬다. 쇠고기와 표고를 합하여 고기양념으로 무쳐서 볶는다.

3 **지단 부치기** 달걀은 황백으로 나누어 풀어서 얇게 지단을 부쳐 가늘게 채로 썬다.

4 **비빔양념장에 비비기** 큰그릇에 삶은 국수를 담고 비빔양념장을 넣고 비빈다.

5 **재료 넣어 비비기** 비빔양념으로 비빈 국수에 준비해둔 쇠고기와 표고, 지단, 오이를 넣어 고루 비빈다. 고명으로 얹을 것은 조금씩 남겨 놓는다.

6 **고명 얹어 내기** 비빔국수를 대접에 담고, 고명과 다홍고추를 채 썰어 고루 얹는다.

plus tip

국수 맛있게 삶는 방법

물이 끓으면 국수를 펴서 넣은 다음 국자나 젓가락으로 저어서 서로 뭉치지 않도록 풀어주는 것이 첫단계이다. 흰거품이 생기면서 끓어오르기 시작하면 찬물을 한번 끼얹어 거품을 가라앉히고 또 부르르 끓어오르면 다시 찬물을 부어 거품 가라앉히기를 서너번 하면 국수가 쫀득하면서 충분히 익는다. 속에 단단한 심이 없는지 확인한 다음 꺼내어 찬물에 헹군다. 찬물에서 미끈함이 없도록 말끔하게 양손으로 비벼가며 헹군 후 채반에 1인분씩 사리를 지어 올려 물기를 뺀다.

how to

복만두는 복주머니처럼 생긴 큰 만두 안에 작은 만두 알이 소복이 들어 있어 한국인의 복을 기원하는 심리가 너무나 잘 나타나 있는 음식이다. 일반 가정에서 널리 해먹던 만두는 아니고 특정 집안에서만 명절에 만들어 먹었던 것 같다. 속에 들어 있는 작은 만두에 물을 들이고 또 물고기 모양으로 만들어서 합에 담아 육수를 부어 내놓으면 먹는 이가 먹으려고 수저를 대고 헤칠 때 마치 물고기가 튀어나오는 형상을 즐기게 했다니 얼마나 재미있는 음식인가.

복만두

⊙ 기본 재료

밀가루 3컵, 끓는 물 2/3컵
찬물 1/3컵, 배추김치 1/4포기
두부 100g, 쇠고기 100g
돼지고기 100g, 숙주 100g
실파 100g, 녹말가루 조금

⊙ 고기양념

다진 마늘 1/2작은술
다진 파 1작은술, 간장 2작은술
참기름 1/2작은술
깨소금 1/2작은술, 후춧가루 조금

밀준비하기

만두피 반죽은 미리 만들어 비닐 봉지에 넣어 냉장고에서 숙성시킨다. 그래야 쫄깃하다

▶ **반죽** 밀가루에 따뜻한 물을 조금씩 부어가며 섞은 뒤, 다시 찬물을 부어 반죽해서 비닐봉지에 넣어 30분 정도 냉장고에 넣어둔다.

만들기

크고, 작은 만두피를 준비한다

다진 고기를 양념 한다

재료 섞어 만두소를 만든다

큰 만두피로 작은 만두를 감싼다

작은 만두 7개를 큰 만두피 안에 넣고 풀어지지 않게 싸서 띠로 맨다

1 만두피 만들기 반죽은 반을 덜어서 한쪽은 4등분하여 지름이 15cm되는 만두피를 만들고 남은 반죽은 직경 4cm의 작은 만두피를 28개 만든다.

2 만두소 재료 준비하기 배추김치는 속을 털어내고 송송 썰어서 꼭 짜 놓고 실파도 송송 썬다. 두부는 으깬 다음 젖은 행주에 싸서 물기를 짠다. 쇠고기와 돼지고기는 다져서 다진 마늘, 파, 참기름, 후춧가루로 양념하고 숙주는 끓는 물에 데쳐 썰어 놓는다.

3 고기 양념하기 그릇에 다진 고기를 넣어서 다진 마늘과 파, 참기름, 깨소금, 후춧가루를 넣고 양념한다.

4 만두소 만들기 양념한 고기에 배추김치와 숙주, 두부와 실파를 넣어서 고루 섞어 만두소를 만든다.

5 작은 만두 빚기 작게 민 만두피에 소를 한 작은술 정도 넣어 반달 모양의 작은 만두를 만들어 녹말가루를 묻혀 놓는다.

6 복만두 빚기 큰 만두피 한장 안에 7개의 작은 만두를 넣고 싸서 주름이 고루 잡히도록 한 다음 남은 반죽을 가늘게 늘려서 띠처럼 맨다.

7 찜통에 찌기 김이 오른 찜통에 넣고 찐 다음 그대로 초장에 찍어 먹거나 육수를 부어 삶아 먹는다.

plus tip

복만두 이야기

50여 년 전 발간된 이용기란 분이 쓴 '조선무쌍요리전집'에 나와 있는 만두인데 다른 책에서는 찾을 수 없는 특이한 만두이다. 작은 만두 여러 개를 큰 껍질에 싸서 익히므로 작은 만두 하나 하나에 녹말가루를 묻혀 서로 엉겨 붙지 않게 했으며 껍질까지 같이 먹게 하려고 장국에 삶아 먹었다고 한다. 아이들이게는 껍질에 물을 들여서 5~10개 정도 들어가게 주머니로 만들어 주면 흥미로울 것이다.

how to

예전에는 메밀가루가 밀가루보다 흔해서 메밀을 가지고 국수, 만두, 전병, 과자 등 다양하게 만들었다. 그래서 설날에 꿩고기를 다져 반죽한 것을 넣고 메밀반죽을 껍질로 하여 빚는 생치만두를 해 먹었다고 한다. 일명 메밀만두라고도 부른다. 메밀 자체가 끈기가 없어 녹말이나 밀가루를 섞어 썼지만 최대한 끈기를 낼 수 있는 방법으로는 오래 치댄다거나 익반죽을 한다. 대개 만두는 속을 먹자고 한다지만 메밀만두의 맛은 껍질 맛도 보통이 아니다.

메밀만두

⊙ 기본 재료

메밀가루 2컵반, 녹말가루 1/2컵
닭살 200g, 쇠고기 300g
배추 300g, 숙주 100g
미나리 100g, 표고버섯 4장
두부 100g, 파채 조금
지단 조금

⊙ 녹말풀

녹말가루 1/2컵, 물 1컵반

⊙ 쇠고기양념

다진 파 2큰술, 다진 마늘 1큰술
간장 · 소금 조금씩
후춧가루 · 깨소금 조금씩
참기름 조금, 생강즙 1작은술
계피가루 조금

밑준비하기

만두소로 사용할 닭살이므로 곱게 다져서 양념한다

▶ 닭 살을 발라낸 다음 뼈와 껍질을 끓는 물에 넣고 국물을 만든다. 발라놓은 닭살은 다진다. 쇠고기도 다져 놓는다.

만들기

1 표고버섯은 불린 후 기둥을 뗀다

2 찬물을 부어 녹말풀을 쑨다

3 쇠고기에 양념을 넣어 무친다

4 닭살은 쇠고기양념으로 무친다

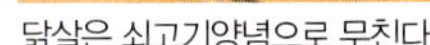

5 소를 넣어 송편 모양으로 빚는다

메밀반죽은 밤톨만하게 떼어 동글게 굴려 가운데를 우물처럼 파서 소를 넣는다

1 만두소 재료 준비하기 배추는 송송 썰어서 끓는 소금물에 데쳐 물기를 꼭 짜 놓고 숙주와 미나리는 삶아서 송송 썬 후물기를 짠다. 표고버섯은 불려서 기둥을 떼고 채 썬 후 곱게 다진다.

2 녹말풀 쑤어 반죽하기 찬물에 녹말가루를 풀어서 되직한 농도의 풀을 쑨 후 메밀가루에 녹말가루를 섞어 체에 친 후 녹말풀을 넣어 말랑말랑하게 반죽한다.

3 쇠고기 양념하기 쇠고기양념을 만들어 일부만 덜어 쇠고기에 양념한다.

4 닭살 양념하기 남은 쇠고기 양념으로 닭고기를 양념한 후 생강즙과 계피가루를 더하여 양념한다.

5 만두 빚기 준비한 만두소 재료를 모두 섞어 치댄 후 메밀 만두피에 넣고 송편 모양으로 빚는다.

6 닭 국물에 만두 넣기 국물에 간을 맞춰 끓이다가 빚어놓은 만두를 넣고 끓인다. 만두가 떠오르면 파채를 넣어 그릇에 떠담고 지단을 썰어 올린다.

plus tip

메밀과 무를 함께 먹는 이유

메밀가루는 밀가루와 달리 끈기가 적은데 이는 단백질 중 끈기를 나타내는 프로라민이 적기 때문이다. 메밀가루 껍질 부분에는 살리실아민과 벤질아민이라는 성분이 있어 사람에게 조금 유해한 것으로 알려져 있다. 메밀의 이런 성분을 제독시켜 주는 가장 좋은 식품이 무이다. 메밀국수에 무 간 것을 곁들여 먹는 것이 이런 이유이다. 또한 메밀에는 모세혈관을 튼튼하게 하는 루틴이라는 성분을 함유하고 있고 변비에도 효과가 있다.

how to

감칠맛 있고 차진 새우살을 으깨어 녹말과 흰자를 섞어 굴림만두를 한다. 소를 따로 넣지 않고 둥근 것 전체가 소가 되고 껍질은 밀가루나 전분을 여러 겹 씌워 쪄내는 손쉬운 만두이다. 껍질을 얇게 밀어 싸는 것이 아니고 둥글게 빚은 소에 마른 가루를 묻히고 물에 담갔다가 다시 가루를 묻히기를 여러 번 해, 그대로 찌면 껍질이 씌워진 상태가 된다. 준치살을 쪄서 으깬 다음 둥글게 만드는 준치만두도 있다. 즉석에서 만들어 먹을 수 있는 굴림만두이다.

새우굴림만두

밑준비하기

⊙ 기본 재료

- 새우살 300g
- 다진 돼지고기 100g
- 녹말가루 3큰술, 생강즙 1큰술
- 달걀 흰자 2큰술, 잣 1큰술
- 풋고추 2개

⊙ 돼지고기양념

- 간장 1큰술, 설탕 1/2큰술
- 다진 파 2작은술
- 다진 마늘 1작은술
- 깨소금 · 참기름 1작은술씩
- 후춧가루 조금

풋고추는 깨끗이 씻어 꼭지를 잘라내고 반 갈라 씨를 말끔히 긁어낸다

▲ **새우** 등쪽으로 내장을 뺀 다음 슴슴한 소금물에 씻어서 건진다.

▲ **풋고추** 반으로 갈라서 씨를 빼고 잘게 썬다.

만들기

새우에 생강즙을 넣어 간다

돼지고기를 양념한다

돼지고기, 녹말, 달걀 흰자로 반죽한다

반죽을 손으로 치댄다

둥글게 빚어 잣을 끼운다

반죽은 조금만 떼고 동그랗게 빚은 다음 잣을 끼운다

1 새우 갈기 새우는 분마기에 넣어서 완전히 으깨지도록 간다. 갈면서 생강즙과 흰후추를 조금 넣어 밑간 한다.

2 돼지고기 양념하기 돼지고기는 분량의 양념으로 양념한다.

3 재료 반죽하기 간 새우와 양념한 돼지고기에 잘게 썬 풋고추, 녹말가루, 달걀 흰자를 넣고 반죽한다.

4 반죽 치대기 대강 섞은 반죽을 적당량 떼어 손에 올려 공기가 빠지도록 치대면서 반죽한다.

5 완자 빚기 반죽을 조금 떼어 직경 2~3cm의 동그란 완자 모양으로 빚은 후 잣을 한 알씩 끼운다.

6 찜통에 찌기 완자로 빚은 만두에 녹말가루를 고루 묻혀서 찜통에 젖은 행주를 깔고 잠깐 찐다.

7 초장 곁들여 내기 쪄낸 만두를 국물 없이 그대로 접시에 쑥갓을 깔고 담아 초장을 곁들여낸다.

plus tip

새우는 껍질과 머리에도 영양이 풍부

새우는 단백질과 칼슘, 각종 비타민이 풍부하게 들어 있는 강장·강정식품이며 각종 성인병에 효과가 있다. 냉증, 저혈압, 쉽게 피로해지는 사람, 체력이 약한 사람, 식욕부진, 정력감퇴에 효과적인데 특히 생새우에 술을 뿌려 찐 요리는 소화가 잘 되고 열량원이 되기 때문에 체력 증강에 효과가 있다. 새우의 껍질에는 항암작용을 하는 효소가 있으므로 조리시 껍질을 벗기지 말고 함께 이용한다. 머리 부분에도 단백질이 풍부하므로 버리지 말도록.

how to

감자의 전분을 만두피로 사용하는 별미의 만두로 함경도, 강원도 지방의 향토음식이다. 여름철에는 생감자를 갈아 감자 전분과 섞어 반죽하는데 전분은 밀가루와는 달라 익반죽 해야 한다. 감자가 흔한 지역에서는 흠집 난 감자를 여름에는 한군데 모아 썩힌다. 썩힌 감자 전분은 일반 것보다 색이 검다. 그것으로 여름에 송편을 많이 해먹는다. 부추와 돼지고기를 소로 간단히 쓰는데 익혀서 사용해야 물기가 적어 빚는데 힘들지 않다. 납작하게 빚어야 차지다.

감자막가리 만두

밑준비하기

강판에 간 감자 건더기는 꼭 짜서 만두피 반죽으로 사용하고 물은 받아서 반죽물로 사용한다

⦿ 기본 재료

감자 4개, 다진 돼지고기 150g

부추 50g, 감자녹말 2큰술

⦿ 고기양념

간장 2작은술, 다진 파 1작은술

다진 마늘 1/2작은술

깨소금 · 참기름 1/2작은술씩

후춧가루 조금

▶ **감자** 껍질을 벗겨 강판에 갈아 건더기를 꼭 짜서 찜통에 찌고 물은 버리지 말고 앙금을 가라앉혀 반죽할 때 사용한다.

만들기

부추는 깨끗이 씻어 송송 썬다

만두소를 만든다

감자 건더기는 찜통에 찐다

반죽에 부추를 넣어 반죽한다

만두소를 넣어 빚는다

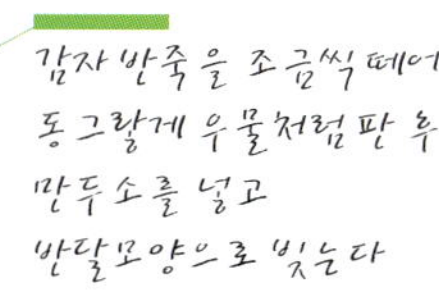

감자 반죽을 조금씩 떼어
둥그렇게 우물처럼 판 후
만두소를 넣고
반달모양으로 빚는다

1 **부추 썰기** 부추는 잡티 없이 다듬어 씻어서 물기를 뺀 다음 송송 썬다.

2 **만두소 만들기** 돼지고기는 기름이 적은 부위로 곱게 간 후 분량의 고기 양념을 넣어 양념하고, 거기에 송송 썰어놓은 부추를 잘 섞어 만두 속을 만든다. 이때 부추 썬 것을 3큰술 정도 남겨 두었다가 만두피에 섞는다.

3 **감자 건더기 찌기** 강판에 간 감자 건더기는 꼭 짜서 김이 오른 찜통에 넣고 말갛게 되도록 찐다.

4 **반죽하기** 감자 건더기가 익으면 꺼내, 녹말물 가라앉힌 것과 녹말가루, 남겨놓은 부추를 넣어 반죽한다. 많이 주무를수록 매끈하다.

5 **만두 빚기** 반죽을 조금씩 떼어 손바닥에 둥글게 펼치고, 고기소를 넣어 반달 모양으로 빚는다.

6 **찜통에 만두 찌기** 찜통에 젖은 보를 깔고, 빚은 만두를 넣어 찐다.

plus tip

감자는 고혈압예방과 변비치료에 효과

감자는 녹말이 주성분인 알칼리성 식품으로 중간 정도의 크기 두 개면 밥 1공기분의 열량이 있다. 비타민 B_1, B_2, C와 칼륨이 풍부하게 들어있다. 감자에 들어있는 비타민 C는 푸른잎 채소에 비해 삶아도 파괴되지 않는 점이 특징.

특히 칼륨의 함량이 높아 밥의 16배나 된다. 칼륨은 체내에 있는 여분의 나트륨을 배출하는 작용을 하므로 고혈압의 예방과 치료에 효과가 있다. 감자에는 또 식물성 섬유의 일종인 펙틴이 들어 있어 변비 치료에도 효과적이다.

how to

물 위에 조각이 떴다는 데서 이름이 붙여진 편수는 만두를 냉국에 띄운 것이다. 편수는 여름철에 해먹는 만두인데 소에 호박을 넉넉히 넣는 것이 특징이다. 만두소가 호박이어서 담백하고 모양도 특이하다. 호박은 임진왜란 이후 들어온 것이지만 이젠 우리의 음식 재료로 빠지지 않고 쓰이고 있다. 또 소화 흡수가 잘 되는 식품인 만큼 여름철 만두의 재료로는 제격이다.

편수

⊙ 기본 재료

밀가루 1컵반, 소금 1작은술
물 5큰술, 쇠고기 150g
표고버섯 3장, 후춧가루 조금
호박 1개, 숙주 150g, 잣 1큰술
참기름 · 소금 적당량씩

⊙ 고기양념

간장 1큰술, 다진 파 2작은술
설탕 1/2큰술, 다진 마늘 1작은술

⊙ 초간장

간장 1큰술, 식초 2큰술
잣가루 1/2큰술

밑준비하기

편수 아래 넣을 호박은 가운데 씨를 발라내고 돌려 깎아 채로 썰어 소금을 뿌려서 살짝 절인다.

만들기

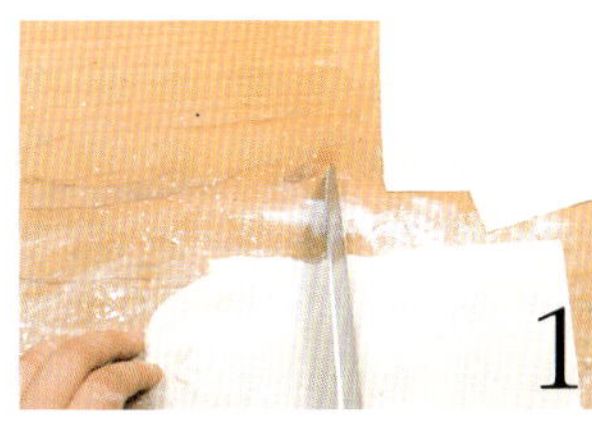
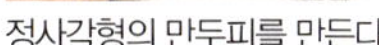
정사각형의 만두피를 만든다

숙주는 끓는 물에 데쳐 식힌 후 송송 썬다

소금에 절인 호박을 볶아 식힌다

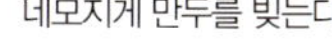
네모지게 만두를 빚는다

찜통에 넣고 찐다

만두소를 넣은 편수는 삶아서 식히든지 찜통에 쪄서 식힌다

1 **만두피 만들기** 밀가루는 소금물로 반죽하여 30분 정도 싸두었다가 얇게 밀어 사방 8cm정도의 정사각형으로 만두피를 만든다.
2 **숙주 준비하기** 숙주는 씻어서 끓는 물에 소금을 조금 넣고 데쳐 건져 식힌 후 면보에 싸서 물기를 짜서 송송 썬다.
3 **호박 볶기** 소금에 절여놓은 호박은 팬에 참기름을 두르고 볶아서 바로 큰 그릇에 펴서 식힌다.
4 **쇠고기 · 표고 볶기** 쇠고기는 곱게 다지고, 표고는 불려서 가늘게 썰어 쇠고기와 섞은 후 고기양념으로 고루 무쳐 팬에 볶아 접시에 펴서 식힌다.
5 **만두소 만들기** 숙주와 호박, 볶은 쇠고기, 표고버섯을 섞어서 만두 소를 만든다. 전체 양념은 참기름과 깨소금으로 한다.
6 **만두 빚기** 만두피를 도마 위에 펴고 소를 한 큰술 정도 가운데에 놓고 잣을 한 알씩 얹은 후 네 귀를 한데 모아서 맞닿는 자리를 마주 붙여서 네모지게 빚는다.
7 **만두 익히기** 끓는 물에 편수를 넣어 삶아서 바로 찬물에 헹구어 건지거나 찜통에 넣어 쪄낸다.
8 **초간장 곁들여 내기** 익은 편수는 찬 장국(멸치국물이나 고기국물에 간장으로 간한 것)에 띄우고 초간장을 따로 곁들여 낸다.

plus tip

개성 편수의 특징

개성 사람들은 김치와 고기, 두부를 넣고 둥글게 만두를 삶아서 먹으면서 편수라고도 했는데 보통 모자 모양의 만두를 개성 편수라고 한다. 개성 편수의 특징은 소를 만드는 방법인데 쇠고기, 돼지고기, 닭고기를 늘 함께 쓰고 또 두부는 고춧가루로 먼저 붉게 물을 들여 맵게 한 다음 다른 재료와 합한다. 물만두처럼 삶아서 건져 먹는다.

how to

상화병은 일반적으로 알고 있는 부풀린 찐빵인데 소를 고기와 채소로 했다. 겨울철에 주로 먹는 호빵이다. 밀가루에 술을 넣거나 또는 이스트를 넣어 부풀려서 만두피를 만든다. 크기를 크게 하고 소를 넉넉히 넣으므로 식사 대용이 될 수 있다. 예전에는 막걸리만 넣어 부풀렸는데 지금은 이스트와 섞어서 쓴다. 이스트를 넣어야 반죽이 골고루 부풀고 만두피의 빛깔이 막걸리만 사용한 것보다 희다.

상화병

⊙ 기본 재료

밀가루 200g, 막걸리 100cc
설탕 2큰술, 소금 1/4작은술
호박 1/2개, 숙주 30g
다진 쇠고기 30g, 표고버섯 2장
목이버섯 3장, 깨소금 조금

⊙ 고기양념

간장 1큰술, 설탕 1/2큰술
다진 파 2작은술
다진 마늘 1작은술

밑준비하기

- **밀가루** 체에 한번 친다.
- **숙주** 깨끗이 다듬은 후 씻어 건져 놓는다.
- **호박** 채 썰어 소금에 잠깐 절였다가 씻어 물기를 꼭 짠다.

만들기

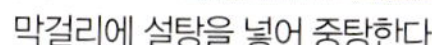

막걸리에 설탕을 넣어 중탕한다

반죽을 랩으로 싸서 발효시킨다

기름을 두르고 호박을 볶는다

고기 · 표고 · 목이를 양념한다

반죽에 속을 넣어 만두를 빚는다

반죽이 부풀어 오르면
주물러서 공기를 빼고
소를 넣는데 밑은 얇고 위는
두툼하게 빚는다.
그래야 터지지 않는다

1 막걸리 중탕하기 막걸리에 설탕을 조금 넣고 따뜻하게 중탕한다.

2 반죽하여 발효시키기 체에 친 밀가루에 중탕한 막걸리와 설탕, 소금을 넣고 손으로 여러 번 치대면서 반죽하여 윗부분을 매끄럽게 한 후 랩으로 싸서 따뜻한 곳(약 30℃)에 1시간 가량 발효시켜 부풀어오르면 다시 반죽해서 공기를 뺀 후 랩으로 싸서 두꺼운 천으로 덮어 1시간 가량 다시 발효를 시킨다.

3 호박 채 썰어 볶기 호박은 채를 썰어 소금에 절였다가 물기를 꼭 짠 후 볶는다.

4 표고 · 목이 채 썰어 볶기 표고와 목이는 불려서 손질한 후 물기를 꼭 짠 다음 채 썰어 볶는다.

5 숙주 송송 썰기 숙주는 데친 후 송송 썰어 물기를 짠다.

6 만두소 만들기 그릇에 준비한 호박과 표고, 목이, 쇠고기, 숙주를 넣고 고루 섞어 양념해서 만두소를 만든다.

7 만두 빚기 반죽이 처음 부푼 정도가 되면 다시 공기를 빼준 후에 적당한 크기로 떼어 소를 넣는다. 소를 넣을 때 밑은 얇고 위는 두툼해야 속이 터지지 않는다.

8 만두 찌기 김이 오른 찜통에 만두를 안치고 뚜껑을 연 채 불을 약하게 하여 3분 정도 두었다가 조금 부풀어오르면 불을 세게 하여 뚜껑을 덮어 15분 정도 찐다.

how to

고추의 매운맛을 넣어 만든 특이한 찹쌀유과이다. 간을 했으므로 과자라기보다는 기름에 튀겨낸 절에서 먹는 반찬이다. 육식을 피하므로 기름에 지지거나 튀기는 조리법으로 지방을 섭취한다. 찹쌀은 머리가 아플 정도의 냄새가 날 때까지 삭혀야 차진 기운이 없어져 연하게 된다. 날콩물은 조금만 넣어야지, 지나치면 과자가 부서져 버린다. 붉은 빛이 나는 것이 맛있게 보이며 입안에서 부서지면서 남는 매운맛이 개운하다.

고추맛자반

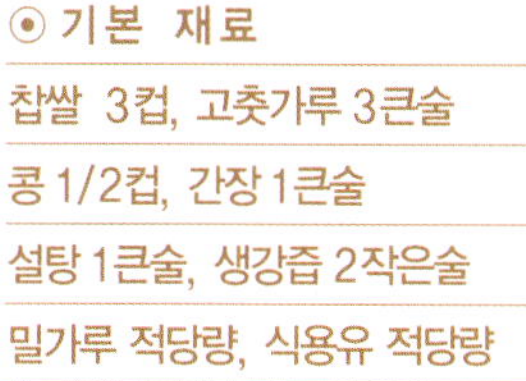

⊙ 기본 재료

찹쌀 3컵, 고춧가루 3큰술

콩 1/2컵, 간장 1큰술

설탕 1큰술, 생강즙 2작은술

밀가루 적당량, 식용유 적당량

밑준비하기

날콩은 미지근한 물에 담가 콩이 2~3배로 커질 때까지 불려서 껍질을 벗긴다

▶ **찹쌀** 찹쌀은 한 번만 물에 슬쩍 헹구어 낸 후 물을 붓고 그릇에 담아 랩을 씌워서 따뜻한 곳에 5일 정도 둔다. 발효가 되면 부글부글 거품이 뜨는데 이때 깨끗이 씻어 물기를 뺀다.

▶ **흰콩** 흰콩은 미지근한 물에 담가서 하루 반 정도 두어 크기가 2~3배로 커질 때까지 불린다. 흰콩이 불면 손으로 비벼 껍질을 벗겨내고 찬물에 헹군 다음 믹서에 동량의 물을 붓고 곱게 갈아 물기 짠 면보에 밭쳐서 맑은 콩물을 낸다.

만들기

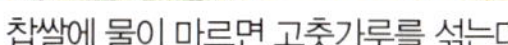

찹쌀에 물이 마르면 고춧가루를 섞는다

김이 오른 찜통에 가루를 섞어 찐다

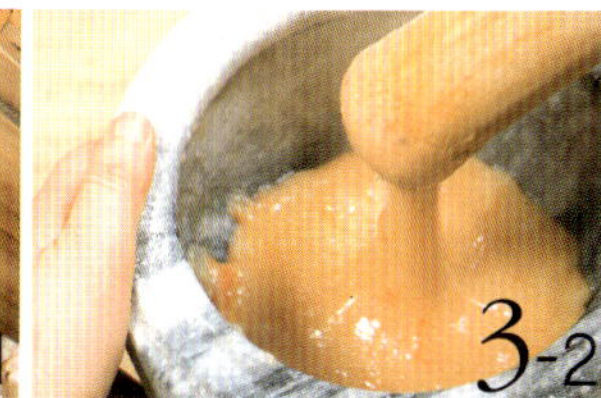

찐 가루를 절구에 넣고 찧는다

반죽을 얇게 편다

얇게 편 반죽을 2cm 폭으로 길게 썰어 마름모꼴로 자른다

1 **찹쌀에 고춧가루 넣어 믹서에 갈기** 불린 찹쌀의 물기가 거의 마르면 분량의 고춧가루를 넣어 믹서에 갈아 체에 한 번 내려 곱게 준비한다.

2 **콩물 양념하여 섞기** 믹서에 갈아 둔 콩물에 간장, 설탕, 생강즙을 섞고 콩물을 부어 멍울이 생기지 않도록 손으로 비비듯이 섞는다.

3 **찜통에 찌기** 김이 오른 찜통에 물기를 짠 보자기를 깔고 찹쌀에 콩물 섞은 가루를 넣어서 찐 후 절구에 넣고 찧는다.

4 **반죽 펴기** 넓은 쟁반에 밀가루를 뿌리고 반죽을 올린 후 밀가루를 뿌려 뜨거울 때 얇게 펴서 2cm 폭으로 길게 썰고, 다시 마름모꼴로 작게 썬다.

5 **채반에 말리기** 알맞게 썬 반죽을 채반에 담아서 햇볕에 바싹 말려 봉지에 넣어서 보관했다가 먹을 때마다 160°C의 기름에 튀긴다.

how to

콩의 종류에는 여러가지가 있다. 대부분은 노란콩(메주콩)으로 장을 담그거나 두부를 만들거나 콩나물을 길러 먹는다. 콩 자체의 모양대로 먹는 경우는 콩자반을 빼고는 별로 없다. 짠 반찬이 아니면서도 승승하게 간식 정도로 먹을 수 있는 찬이 콩강정이다. 이왕이면 색이 다른 콩을 준비하여 삼색으로 한다면 맛도 있고 보기도 좋을 듯. 강정은 엿물을 묻혀 윤기나고 찰기가 있는 조리법이다.

삼색 콩 튀김강정

밑준비하기

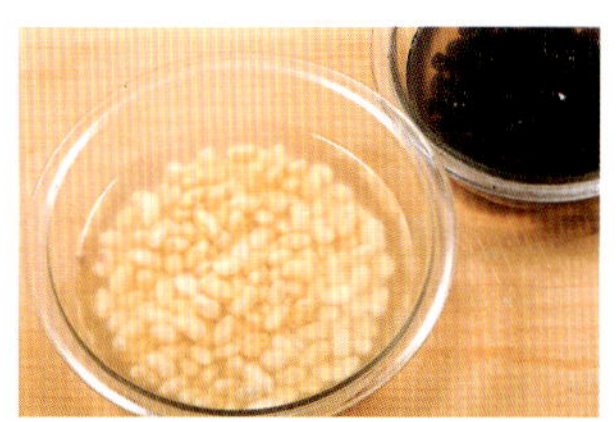

▶ **흰콩 · 검정콩** 물에 담가 불린 후 깍지 없이 깨끗이 씻는다.
▶ **완두콩** 깍지를 까고 속껍질이 없도록 깨끗이 씻는다.

⊙ 기본 재료
통깨 3큰술, 흰콩 1컵
완두콩 1컵, 검정콩 1컵
찹쌀가루 1컵반, 소금 2작은술
녹말가루 조금, 튀김기름 적당량

⊙ 양념장
물엿 1/2컵, 간장 1작은술
다진 홍고추 · 풋고추 3큰술

만들기

찹쌀가루를 물에 풀어 풀을 쑨다

불려둔 콩에 녹말가루를 묻힌다

콩에 찹쌀풀을 묻힌다

콩에 찹쌀가루를 묻힌다

찹쌀가루 묻힌 콩을 기름에 튀긴다

튀긴 콩을 양념장에 버무린다

튀긴 콩이 식기 전에 뜨거울 때 양념장에 버무린다

1 **찹쌀풀 쑤기** 찹쌀가루 1컵에 2컵 반의 물을 붓고 되직하게 풀을 쑨다.
2 **녹말가루 묻히기** 불려둔 흰콩과 검정콩, 완두콩에 각각 녹말가루를 묻힌다.
3 **찹쌀풀 묻히기** 찹쌀풀이 완전히 식으면 녹말가루를 묻혀둔 콩을 색깔별로 한 가지씩 넣어서 묻혀 낸다.
4 **찹쌀가루 묻히기** 쟁반에 찹쌀가루를 뿌리고 찹쌀풀 묻힌 콩을 흩뿌려서 가루가 고루 묻도록 굴린다. 여분의 가루는 털어낸다.
5 **튀기기** 달구어진 기름에 찹쌀가루 묻힌 콩을 한알씩 붙지 않도록 넣어서 찹쌀가루가 하얗게 일어나도록 튀긴다.
6 **양념장에 버무리기** 분량의 양념장 재료를 섞어 양념장을 만들어 두었다가 튀긴 콩이 뜨거울 때 가볍게 버무린다.

plus tip

콩이 동맥경화에 좋은 이유

콩에는 많은 양의 단백질과 식물성 기름인 리놀산 · 레시틴 등이 포함되어 있어 혈관 벽에 붙어 있는 콜레스테롤을 제거하고 혈관을 유연하게 해 준다.

콩의 종류에는 흰콩, 누런콩, 푸른콩, 밤콩, 검정콩 등이 있고 두 가지 이상의 색을 띠는 우렁콩(청록색 바탕에 검정 반점), 선비재비콩, 매알콩, 아주까리콩 등이 있다. 그 중 검은 콩에는 흰쌀밥을 먹는 사람에게 부족하기 쉬운 필수아미노산이 풍부하고, 여러 가지 효소나 특수 성분도 많이 들어 있어 혈관을 젊게 유지해 주고 혈액도 정화시켜 준다. 영양학적 관점에서 콩은 동맥경화를 예방하는 유일한 단백질 식품으로 콩의 가공 식품인 두부나 유부, 콩비지 등도 효과는 같다.

how to

전복, 해삼, 홍합을 쇠고기와 함께 조린 삼합장과는 재료가 호화로운 만큼 맛도 훌륭한 궁중의 고급찬이었다. 옛날 조리책에는 전복과 홍합 말린 것을 불려서 썼으나 요즘에는 구하기도 어렵고 날것도 맛이 훌륭하다. 해삼은 반드시 마른 것을 불려서 써야 한다. 생해삼은 가열하면 모양이 녹아버려 볼품도 없고 맛도 없다. 해물은 쇠고기 국물에 알맞게 불리거나 데쳐서 사용하고, 조린 국물이 어느 정도 남아 있어야 끝까지 촉촉해서 두고 먹기에 좋다.

삼합장과

밑준비하기

마른 해삼은 물에 담가 충분히 불려 칫솔 같은 것으로 박박 문질러 씻고 길게 반 갈라 속에 있는 내장을 빼낸다

▶ **전복** 껍질째 솔로 깨끗이 씻어 끓는 물에 살짝 데쳐 살에 붙어 있는 검은 막은 소금으로 문질러 씻고 찜통에 살짝 찐다. 쪄낸 전복은 내장을 떼어내고 얇게 저민다.

▶ **해삼** 불린 해삼은 내장을 빼고 씻어 어슷하게 저며 썬다.

만들기

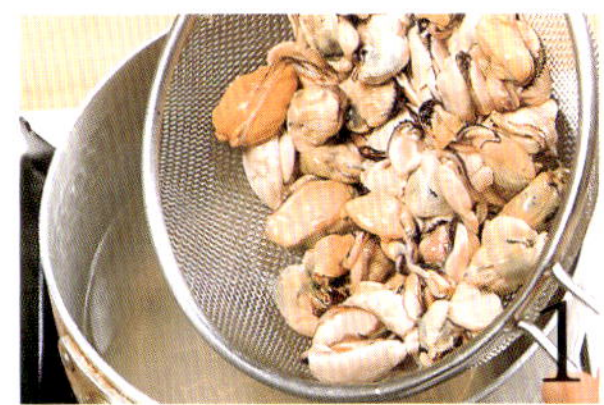

홍합을 데친다

밑손질한 전복 · 해삼을 썬다

양념장에 쇠고기를 넣고 끓인다

해물을 조리다가 참기름으로 맛을 낸다

홍합, 전복, 해삼, 쇠고기를 양념장에 넣고 한데 조리다가 참기름으로 맛을 낸다

1 **홍합 데치기** 크고 신선한 것을 골라 털과 얇은 막을 없애고 끓는 물에 삶는다. 큰 것은 2~3등분한다.

2 **재료 썰기** 밑손질한 전복, 해삼을 썰고, 흰파는 다듬어서 3cm 길이로 토막낸다. 마늘과 생강은 얇게 저며서 썬다.

2 **쇠고기 양념하여 조리기** 쇠고기는 연하고 기름기가 없는 우둔살로 납작납작하게 저며 썰어 양념 A로 양념한 후 양념 B의 간장, 설탕, 물을 섞어서 불에 올려 끓어오르면 먼저 양념한 쇠고기를 넣어 조린다.

4 **해물 조리기** 쇠고기가 익으면 후춧가루를 뿌리고 여기에 손질해둔 해물을 넣어 고루 간이 배도록 가끔씩 뒤섞으면서 서서히 조린다.

5 **잣가루 뿌리기** 국물이 거의 졸면 참기름으로 버무려 맛을 내어 그릇에 담고 잣가루를 뿌린다.

⊙ 기본 재료

생홍합(대) 200g
생전복 1개(300g)
불린 해삼 2개(200g)
쇠고기(우둔살) 100g

⊙ 양념 A

간장 1큰술, 설탕 1/2큰술
후춧가루 조금, 파(흰 부분) 15cm
마늘 2톨(10g), 생강 1톨(10g)

⊙ 양념 B

간장 4큰술, 물 4큰술
설탕 2큰술, 후춧가루 조금
참기름 1큰술, 잣가루 1큰술

plus tip

홍합 · 전복 · 해삼 먹는 법

홍합은 날것이나 말린 것을 두루 쓰는데 말린 것은 불려서 죽도 쑤고 미역국 끓일 때 넣거나 쇠고기와 함께 간장에 조려서 홍합초를 만들어 먹는다.

전복은 주로 찜이나 죽을 쑤어 먹는데 가격이 비싸다.

해삼은 날로 썰어서 초간장이나 초고추장을 찍어 먹는다.

how to

해물을 간장조림한 다음 녹말물을 넣어 되직하면서 윤기나게 만든 음식을 '초'라고 한다. 예를 들어 전복초, 해삼초 등이 이와같은 것이다. 홍합초는 궁중에서는 화양적(쇠고기, 표고, 오이, 당근, 도라지를 꼬치에 끼워 만든 궁중음식)을 접시에 돌려담고 가운데 소복히 담아냈던 음식이다. 생홍합은 물이 많고 해물 향이 진하여 끓는 물에 데쳐낸 후 조려야 한다. 크기가 큰 것은 어슷하게 저며서 반으로 썬다.

홍합초

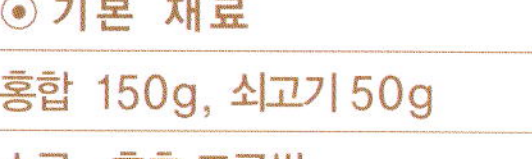

⊙ 기본 재료

홍합 150g, 쇠고기 50g
소금 · 후추 조금씩
다진 마늘 조금, 간장 2큰술
설탕 1큰술, 물 1/2컵
마늘 · 생강 1톨씩, 파 1뿌리
후춧가루 조금, 참기름 1작은술
잣가루 1작은술

⊙ 녹말물

녹말가루 1큰술, 물 1큰술

밑준비하기

홍합은 지저분한 것들을 모두 떼어내고 끓는 물에 데쳐 사용한다

▶ **홍합** 큰 것으로 골라 연한 소금물에 흔들어 씻은 후 건져내고 내장과 가장자리의 검은 수염, 얇은 막 등을 떼어낸 다음 끓는 물에 살짝 데친다.

만들기

쇠고기를 밑간한다

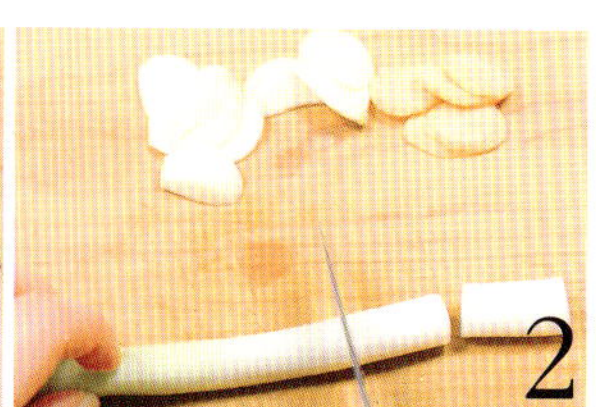

마늘 · 생강 · 파를 썬다

장물에 쇠고기를 끓인다

홍합을 넣어 서서히 조린다

녹말물을 넣고 조린다

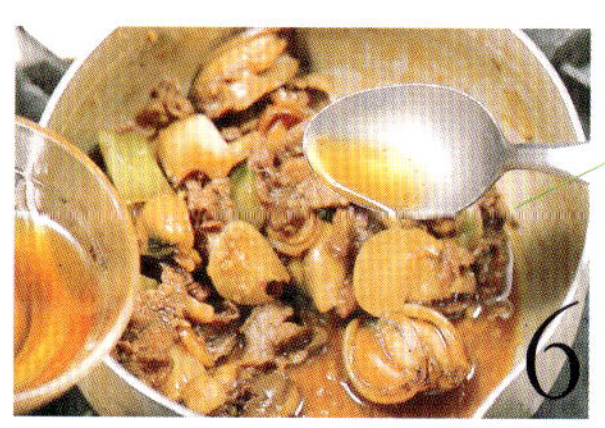

참기름을 넣어 윤기를 낸다

쇠고기 끓인 장물에 홍합을 넣어 조리다가 녹말물로 농도를 맞추고 참기름으로 마무리맛을 살린다

1 쇠고기 밑간하기 쇠고기는 납작하게 저며 썰어 소금과 후추, 다진 마늘로 밑간한다.

2 마늘 · 생강 · 파 준비하기 마늘과 생강은 납작하게 저며 썰고, 파는 흙을 털어내고 깨끗하게 손질해 3cm로 토막을 낸다.

3 쇠고기 끓이기 냄비에 분량의 간장과 설탕 · 물을 넣고 썰어 놓은 마늘과 생강 · 파, 밑간해둔 쇠고기를 넣어 끓인다.

4 홍합 넣어 조리기 쇠고기 끓인 장물에 홍합을 넣어 약한 불에서 서서히 조린다. 조리는 도중, 재료 위에 장물을 끼얹어서 전체에 고루 간이 들도록 한다.

5 녹말물 넣기 조려진 국물이 3큰술 정도 남으면 녹말물을 풀어 걸쭉하게 한다.

6 참기름 넣기 마지막에 참기름을 넣어 윤기를 내고 맛을 살린다.

plus tip

조림맛을 내는 요령

생선조림을 할 때 다 조려졌는지 아닌지는 맛으로 결정하는 것이 아니라 재료의 무른 정도를 보고 결정한다. 계속 조리고 있어야만 건더기에 간이 배는 것이 아니므로 젓가락으로 찔러봐서 쑥 들어갈 정도일 때 불을 끈다. 불을 끄고 그대로 두면 간이 배어든다.

조림을 할 때 국물을 너무 많이 잡으면 조려지는데 시간이 걸려 모양이 망가질 수 있으므로 주의한다. 조림은 국물을 끼얹으면서 건더기가 들썩거리지 않을 정도의 약한 불에서 서서히 조려야 한다.

how to

메밀로 지져낸 전병 속에 나물을 넣어 돌돌 말아서 먹는 간편한 대용식이다. 비타민을 함유한 나물을 메밀전병에 싸서 먹으므로 간식으로도 훌륭하다. 메밀에는 쌀이나 밀에는 없는 단백질을 많이 함유하고 있다. 소화도 잘 되고 변비와 고혈압에도 효과가 있으며 구수한 맛이 있어 건강식으로 각광받는 식품이다. 많이 먹어도 살이 찌지 않아 비만인 사람들에게 밥 대신 먹을 수 있는 식품으로 권할 만하다.

메밀총떡

⊙ 기본 재료

무 10cm, 표고버섯 4장
숙주 100g, 미나리 50g
실고추 조금, 소금 1/2작은술
간장 1/2작은술, 참기름 1큰술
깨소금 1큰술

⊙ 메밀전병

메밀가루 1컵반, 찹쌀가루 5큰술
물 2컵, 소금 1작은술

밑준비하기

전병 안에 넣을 소재료를 준비하고 메밀가루와 찹쌀가루를 섞어 전병 반죽을 해 둔다

- ▶ **무** 얇고 둥글게 썰어 채썬 다음 소금을 조금 뿌려서 살짝 재운다. 무에 간이 알맞게 절여지면 행주에 싸서 물기를 꼭 짠다.
- ▶ **표고버섯** 미지근한 물을 넉넉히 붓고(5배 정도) 설탕을 조금 넣어 불린 다음 기둥을 잘라내고, 깨끗이 헹구어 물기를 꼭 짠다. 물기 짠 표고버섯은 2~3번 저며서 곱게 채썬다.
- ▶ **숙주** 길고 지저분한 꼬리는 뗀 다음 끓는 물에 소금을 넣고 아삭하게 데친다. 숙주나 콩나물은 삶은 다음 찬물에 헹구지 않는다. 그대로 차게 식혀야 단맛을 빼앗기지 않고 아삭하다.
- ▶ **미나리** 잎을 떼어내고 줄기만 다듬어서 소금물에 파랗게 데친 다음 4cm길이로 썬다. 푸른잎 채소는 데친 다음 찬물에 얼른 담가야 파란색이 선명하게 산다. 데쳐서 그대로 두면 여열 때문에 조직이 물러지고 색이 변할 수 있다.
- ▶ **메밀가루** 찹쌀가루를 풀어 메밀가루에 붓고 멍울 없이 잘 풀어 전병 반죽을 만든다.

만들기

전병안에 넣을 소를 양념한다

볶은 무와 표고버섯, 데친 미나리와 숙주를 양념하여 전병 안에 넣을 소를 준비한다

메밀가루로 전병 반죽을 한다

전병을 부쳐 소를 넣고 돌돌 말아 적당히 썬다

1 **재료 볶기** 팬(또는 냄비)을 달군 다음 식용유를 조금 두르고 절인 무와 표고버섯을 넣어 물기 없이 볶는다.

2 **소 만들기** 볶은 무와 표고버섯에 데친 미나리와 숙주를 섞어 소금, 참기름, 깨소금으로 간하여 살살 무친다.

3 **반죽에 간하기** 메밀전병 반죽은 30분간 두었다가 부치기 바로 전에 소금으로 간한다.

4 **전병 말기** 반죽은 직경 20cm 크기로 얇게 부쳐 양념한 소를 적당히 올린 후 돌돌 말아 적당하게 썬다.

plus tip

메밀이 좋은 이유

메밀은 효소가 많아 소화도 잘 되고 다른 곡류와는 달리 영양 성분을 고루 함유하고 있어 건강 식품으로 인기이다.

메밀로 음식을 만들 때는 될 수 있으면 겉껍질을 함께 섞어 빻은 거뭇거뭇한 메밀가루를 쓰는 것이 좋다. 메밀에는 전분과 단백질 분해효소, 산화 효소가 많아 가루 상태로 오랫동안 저장해 두면 이들 효소가 발효해 메밀가루 고유의 특성이 없어지므로 메밀가루로 국수나 전 음식을 할 때는 신선한 가루를 사용한다. 그래야 맛도 좋고 영양도 좋다.

how to

어만두는 만두의 일종이라기 보다는 생선요리의 하나로 보는 것이 가깝다. 어만두는 큼지막한 생선살을 껍질로 삼아 안에 소를 넣고 덩어리로 만들어 쪄낸다. 어만두용 생선살은 손바닥만하게 얇게 포를 떠야 안에 소를 넣고 둥글게 쌀 수 있다. 또 미리 소금을 뿌려서 생선의 물기를 빼야 쪄낸 다음 부서지지 않는다. 안에 넣는 소도 물기가 있어서는 안되므로 모두 익혀서 넣는다. 생선살을 잘 붙게 하려면 마른 녹말로 이음새를 잘 붙인다.

어만두

⊙ 기본 재료
생선살(민어 대구 · 도미 · 숭어살 등) 400g, 잣 적당량

⊙ 만두소
쇠고기 100g, 표고버섯 2장
목이버섯 4잎, 숙주나물 50g

⊙ 생선밑간
소금 2작은술, 흰후추 1/2작은술
생강즙 · 청주 2작은술씩

⊙ 곁들이 재료
오이 반개, 석이버섯 4장
홍고추 1개, 쑥갓 한줌

⊙ 겨자장
불린겨자 2큰술, 물 1큰술
식초 2큰술, 설탕 1큰술
소금 1작은술, 참기름 조금
간장 1/2작은술

⊙ 고기 양념
간장 1큰술, 설탕 2작은술
다진 파 2작은술
다진 마늘 1작은술
참기름 · 깨소금 1작은술씩
소금 · 후춧가루 조금씩

밑준비하기

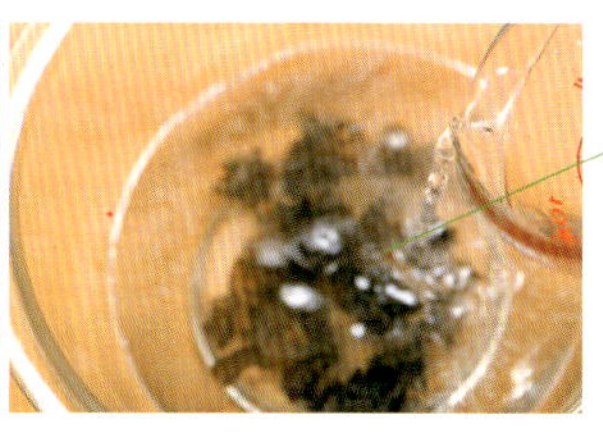

목이버섯은 10배의 물을 부어 부드럽게 불린 후 주물러 씻어 잘게 썬다

- ▶ **생선살** 뼈 없이 손바닥 넓이 만하게 얇게 포를 떠서 소금, 후추, 생강즙, 청주를 섞어서 위에 뿌렸다가 물기를 거둔다.
- ▶ **쇠고기 · 표고버섯** 쇠고기는 다지고 표고버섯도 불려서 잘게 다진다.
- ▶ **목이버섯** 10배의 물을 부어서 불린 후 주물러 씻은 다음 잘게 썬다.
- ▶ **숙주** 깨끗이 씻어 삶아서 건져 물기를 꼭 짠 다음 송송 썬다.

만들기

다진 고기와 버섯을 볶는다

생선살에 소를 넣고 만두를 만다

곁들이 야채를 데친다

찜통에 베보를 깔고 어만두를 놓아 찐다

생선살에 소를 넣고 돌돌 만 어만두를 김이 오른 찜통에 얹어 찐다

1 **고기 · 버섯 양념하기** 다진 고기와 버섯은 양념하여 팬에 보슬보슬하게 볶아 식힌다.

2 **만두소 만들기** 숙주와 볶은 고기를 섞어 소를 만든다.

3 **만두 말기** 생선살을 한 장씩 펴고 그 위에 만두소와 잣을 한알씩 넣고 양옆을 마무리 하면서 갸름하고 단단하게 말이를 한다. 모양이 만들어지면 전체에 녹말가루를 묻혀 풀어지지 않도록 다듬는다.

4 **곁들이 야채 준비하기** 석이버섯은 뜨거운 물에 담가 비벼서 손질하고, 오이는 3cm 길이로 토막내어 길게 4등분 한 뒤 씨부분을 도려낸다. 홍고추는 반을 갈라 씨를 빼어 네모지게 썬다. 석이, 고추, 오이는 녹말가루를 묻혀 끓는 물에 매끈하게 데친다.

5 **만두 찌기** 만두는 김이 오른 찜통에 넣고 3~4분 정도 쪄낸다. 꺼낼 때는 물을 뿌려 준 다음 꺼낸다.

6 **겨자 곁들여 내기** 쑥갓을 깔고 어만두와 데쳐 놓은 곁들이 야채를 한 옆에 놓은 후 겨자장을 곁들인다.

how to

3백년 전에 만든 조리책으로, 안동 장씨의 '음식디미방'이라는 것이 있다. 이 책에 나온 옛 음식인 대구껍질채를 응용한 요리이다. 비리지 않은 생선의 껍질을 말려 두었다가 불려 새콤하게 무쳐 먹으면 산뜻하면서도 씹는 맛이 별미다. 건어물 시장에 가면 명태껍질을 따로 판다. '음식디미방'에는 대구껍질로 되어 있으나 구하기 어려우므로 명태껍질을 사용한다.

명태껍질쌈

⊙ 기본 재료

명태껍질 200g, 녹말가루 5큰술

밤 4개, 배 1/4개, 미나리 50g

⊙ 초고추장

고추장 2큰술, 물 1큰술

설탕 2작은술, 마늘즙 1/2작은술

생강즙 조금

꿀(또는 물엿) 2작은술

⊙ 겨자장

불린 겨자 2큰술, 식초 2큰술

설탕 1큰술(또는 꿀 조금)

소금 · 간장 1/2작은술씩

밑준비하기

명태껍질은 부드러워질 때까지 물에 불려 도마 위에 한 장씩 펴고 비늘을 긁어낸다

▶ **명태껍질** 건어물상에서 구입해 크기가 고르게 고르고, 껍질을 물에 불린 다음 부드러워지면 칼로 비늘을 긁어낸다. 비늘을 긁어낸 껍질을 다시 한 번 씻어서 건져 물기를 꼭 짠다.

만들기

밤은 껍질을 벗겨 채썬다

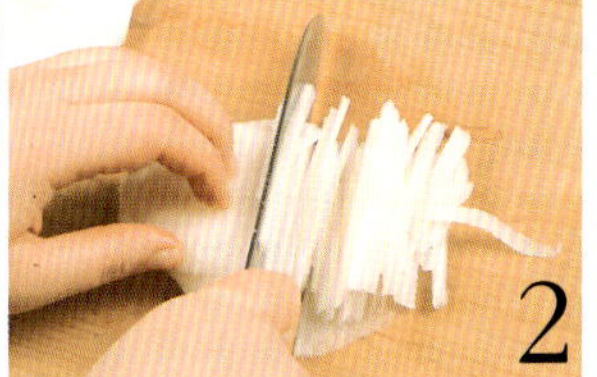

배도 껍질을 벗겨 채썬다

미나리는 2cm 길이로 썬다

분량의 재료로 겨자장을 만든다

명태껍질에 녹말가루를 묻혀 데친다

명태껍질에 재료를 넣어 만다

손질해 놓은 명태껍질에 반듯이 놓은 밤채, 배채, 미나리를 넣고 돌돌 말아 초고추장이나 겨자장을 찍어 먹는다

1 **밤 채 썰기** 밤은 껍질을 벗긴 다음 가늘게 채 썬다.

2 **배 채 썰기** 배는 껍질을 벗긴 다음 밤과 비슷한 길이로 채 썬다.

3 **미나리 준비하기** 미나리는 여린 것으로 준비해 깨끗하게 손질한 후 2cm 길이로 썬다.

4 **양념장 만들기** 초고추장과 겨자장을 각각 만들어 냉장고에 차게 둔다.

5 **명태껍질 데치기** 손질한 명태껍질은 앞뒤로 녹말가루를 묻힌 후 끓는 물에 데친다.

6 **명태껍질에 재료 말기** 썰어놓은 밤채와 미나리, 배채를 섞어 명태껍질 안에 한 젓가락씩 넣어 말이를 한다.

7 **양념장 곁들여 내기** 초고추장 · 겨자장을 곁들여 찍어 먹는다.

plus tip

생선껍질에 풍부한 영양성분

생선의 종류에 따라 다소 차이는 있지만 껍질 부분에 살의 2~3배에 가까운 비타민 B_2가 함유되어 있다. 또 같은 생선이라도 색이 짙은 등부분에 비타민 B_2가 많이 들어있다.

명태는 흰살생선으로 생태 · 북어 · 동태로 불리기도 하며 알은 명란이라 하여 명란젓을 담그고, 간은 간유를 만드는 재료로 쓰인다.

명태껍질은 직접 벗겨서 사용해도 되지만 건어물상에서 마른 명태껍질을 구입해 사용하면 된다.

향기가 상큼하고 씹는 맛이 좋은 미나리와 밤채, 배채가 속재료로 궁합이 잘 맞는다. 미나리는 잎 부분은 향이 약하므로 잎은 떼어내고 줄기만 다듬어서 사용한다.

how to

무지개떡은 멥쌀가루에 여러 가지 색으로 물을 들여 층층이 안쳐 쪄내는 떡이다. 집안 잔치나 케익 대용으로 준비하면 좋다. 멥쌀은 수분이 모자라면 쪄낸 다음 떡이 부서지므로 물을 충분히 넣어야 한다. 주먹으로 몇 번 쥐어보아 부서지지 않을 정도로 떡반죽을 한다. 구기자차는 여름에는 차게, 겨울에는 따뜻하게 만들어 마시는 건강차로 항상 준비해 놓고 수시로 마시면 좋다.

구기자차 · 무지개떡

구기자차

⊙ 기본 재료

말린 구기자 40g, 물 6컵

잣 적당량, 꿀(설탕) 적당량

만들기

구기자는 깨끗이 씻는다

구기자는 깨끗이 씻어 끓는
물에 달인 후 면보에 걸러
고운 구기자물을 받는다

끓는 물에 넣어서 달인다

1 **구기자 달이기** 구기자를 깨끗이 씻은 후 끓는 물에 넣어서 불을 약하게 하여 서서히 달인다.

2 **잣 띄워 내기** 구기자의 맛이 우러나면 면보를 씌운 체에 걸러 찻잔에 담고 잣을 서너 알씩 띄운다. 꿀이나 설탕은 따로 작은 그릇에 담아 기호에 따라 넣도록 한다. 여름철에는 구기자를 차게 식혀서 마시면 좋다. 해열과 강장제로 효험이 있으므로 건강을 위해서 마실 때는 설탕을 타지 않는다.

무지개떡

⊙ 기본 재료

아몬드 적당량

⊙ 백편

멥쌀가루 2컵, 물 2큰술

설탕 3큰술

⊙ 꿀편

멥쌀가루 2컵, 꿀 2작은술

치자물 1큰술

⊙ 캐러멜 소스

설탕 6큰술, 물 3큰술

더운물 3큰술, 물엿 1작은술

⊙ 치자편

멥쌀가루 2컵, 치자 우린물 2큰술

설탕 3큰술

⊙ 오미자편

멥쌀가루 2컵, 물 2큰술

오미자 우린물 2큰술, 설탕 4큰술

밑준비하기

▶ **멥쌀** 3~4시간 물에 불려 물기를 빼고 소금으로 간하여 빻은 후 고운 체에 내린다.

▶ **치자물** 치자는 반으로 잘라 따뜻한 물(반컵 정도)에 담가 노란물을 우려낸다.

▶ **오미자물** 하루 전에 한 번 씻어낸 후 물 3큰술을 부어 진하게 우려내 면보에 걸러 사용한다.

만들기

오미자물을 넣어 손으로 비빈다

가루에 설탕을 넣는다

설탕으로 맛을 낸 쌀가루를 체에 내린다

1 **백편 준비하기** 분량의 멥쌀가루와 물, 설탕을 넣고 손으로 고루 비벼 체에 내린다.

2 **꿀편 준비하기** 멥쌀가루에 꿀과 치자물, 캐러멜 소스 2큰술을 넣고 손으로 고루 비벼 체에 내린다.

3 **치자편 준비하기** 멥쌀가루에 치자 우린물과 설탕을 넣고 고루 비벼 체에 내려 치자편을 준비한다.

4 **오미자편 준비하기** 멥쌀가루에 오미자 우린 물과 설탕, 물을 넣어 비벼 체에 내린다.

5 **시루에 찌기** 시루에 한지를 깔고 준비한 떡가루를 꿀편, 오미자편, 백편, 치자편, 꿀편 순으로 편평하게 올리고 맨 위에 베보를 덮어서 찐다. 시루 윗부분에서 김이 오르면 뚜껑을 덮고 약 20분 정도 찐다.

how to

찰떡의 켜를 얄팍하게 해서 찐 다음 붉은 팥고물을 묻혀 틀에 안쳐 굳힌 떡이다. 얄팍하게 썰면 마치 흰찰떡과 고물이 구름이 뭉게뭉게 있는 모양이 되어 구름떡이라 한다. 붉은 팥앙금을 만들어 볶아 놓아야 하는데, 이 고물만 준비되면 찰가루를 익혀 팥고물과 섞기만 하면 된다. 만들기 어려운 떡이 아니므로 집에서 한 번 만들어 보자. 배수정과는 곶감 대신 배를 띄운 전통 음료로 떡과 함께 마시면 소화도 잘 되고 풍미도 있다.

배수정과 · 구름떡

배수정과

⊙ 기본 재료

생강 50g, 물 10컵
배(작은 것) 1개, 통후추 적당량
설탕 1컵반, 잣 적당량

만들기

생강을 끓여서 체에 거른다

꽃모양의 배에 통후추를 박는다

생강물에 배를 넣고 끓인다

1 **생강 끓이기** 생강은 껍질을 벗겨서 얇게 저민 후 물을 부어 은근한 불에서 서서히 끓여서 고운 체에 거른다.

2 **배에 통후추 박기** 배는 길이로 6등분 또는 8등분하여 껍질을 벗기고 꽃 모양으로 준비하는데, 등쪽에 통후추를 한 개씩 박는다.

3 **배수정과 끓이기** 달인 생강물에 설탕과 후추를 박은 배를 넣어 불에 올려서 끓인다.

4 **국물 거르기** 배가 무르게 익으면 차게 식혀 화채 그릇에 담고 잣을 서너 알씩 띄워서 상에 낸다.

구름떡

⊙ 기본 재료

찹쌀가루 10컵, 팥 5컵, 밤 10개
대추 20개, 설탕 1컵
계피가루 1큰술, 소금 1큰술

밑준비하기

팥고물은 팥을 물을 넉넉히 붓고 푹 삶아 손으로 비벼가며 체에 내린다. 체에 내린 팥고물은 볶으면서 계피가루를 넣어 맛을 낸다

만들기

찹쌀가루 · 밤 · 대추 · 설탕을 섞는다

찌는 중간에 한 번 뒤적인다

팥고물을 묻힌다

1 **밤 · 대추 준비하기** 밤은 껍질을 벗기고 3~4등분 하여 살짝 삶거나 그대로 사용한다. 대추는 돌려 깎아 씨를 빼고 2~3등분 한다.

2 **찹쌀가루에 고물 섞기** 찹쌀가루에 밤과 대추, 설탕을 넣고 고루 섞는다.

3 **찜통에 찌기** 찜통에 면보를 깔고 고물 섞은 찹쌀가루를 안친 후 찌면서 중간에 한 번 뒤적여 준다. 한 번에 많이 찌면 잘 익지 않는다.

4 **팥고물 묻히기** 떡이 잘 익으면 팥고물에 쏟아 나무주걱으로 잘게 등분하여 고물을 묻힌 후 손으로 모양을 만든다. 팥고물을 묻힐 때는 설탕물을 묻혀 가면서 묻힌다.

how to

과일화채는 설탕시럽을 만들어 단감과 귤을 시럽에 띄워 먹는 화채로 쫄깃한 경단을 넣어 씹히는 맛이 별미인 전통 음료다. 사탕절편은 멥쌀에 물을 많이 넣어 쪄낸 떡을 다시 뭉쳐지도록 치면서 반죽한 것이 절편이다. 옛날 잔치상에 고임으로 쓰였던 사탕인 옥춘과 같은 모양이어서 사탕절편이라 한다. 가래떡을 늘리듯 길게 민 후 손날로 잘라 동글게 만들어 떡살로 가운데를 누르면 된다.

과일화채 · 사탕절편

과일화채

⊙ 기본 재료

단감 1개, 배 1/2개

귤(큰 것) 2개

⊙ 경단

찹쌀가루 1컵, 뜨거운 물 1/3컵

소금 조금, 꿀 적당량

⊙ 설탕시럽

물 5컵, 설탕 1컵

만들기

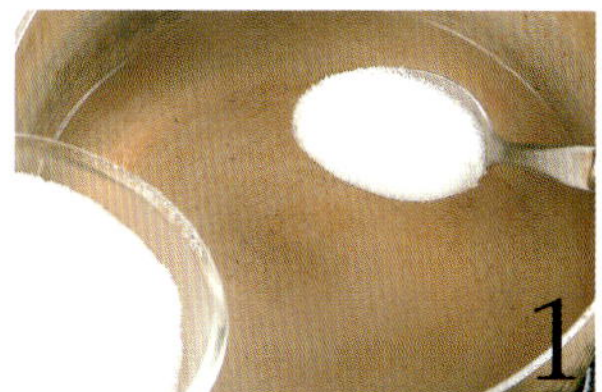
설탕을 녹여 시럽을 만든다

귤 · 배 · 단감을 준비한다

경단을 빚어 끓는 물에 데친다

1 **시럽 만들기** 물을 끓이다가 분량의 설탕을 넣고 젓는다. 설탕이 완전히 녹으면 한 소끔만 더 끓인 다음 불에서 내려 차게 보관한다.

2 **단감 썰기** 단감은 껍질을 벗겨 씨 없이 얇게 썬다.

3 **귤 · 배 준비하기** 귤은 속껍질까지 완전히 벗기고, 배는 꽃 모양으로 준비한다.

4 **경단 만들기** 찹쌀가루는 뜨거운 물로 익반죽해서 작게 경단을 빚은 다음 끓는 물에 데쳐내어 찬물에 식혀둔다.

5 **설탕시럽 넣기** 넓은 화채 그릇에 경단과 과일을 담고 차게 식힌 설탕시럽을 붓는다.

사탕 절편

⊙ 기본 재료

흰절편 500g, 쑥절편 50g

⊙ 식용색소

치자 1개, 오미자 1/2컵

밑준비하기

▶ **절편** 잘 쳐서 손에 달라붙지 않도록 하여 따뜻한 곳에 놓아 굳지 않도록 한다.

▶ **치자 · 오미자** 치자는 반으로 잘라 따뜻한 물 20㎖에 담가 진하게 우려내고, 오미자도 1큰술 분량을 진하게 우려 놓는다.

만들기

색절편으로 둥글게 감싼다

길게 밀어 손으로 잘라 꼬리떡을 만든다

꼬리떡을 떡살로 찍어 모양을 낸다

1 **절편에 물 들이기** 흰절편을 50g씩 떼어 치자물로 노란색을, 오미자 우린물로 분홍색 물을 들여 각각 얇고 길게 밀어 놓고 쑥절편도 길게 밀어 놓는다.

2 **흰절편에 감싸기** 흰절편의 덩어리를 동그랗게 만든 후에 색깔 별로 길게 밀어놓은 절편으로 사진 ②와 같이 동그랗게 감싼다.

3 **꼬리떡 만들기** 동그란 절편덩어리를 길게 늘인 후 손날로 잘라 꼬리떡을 만든다.

4 **떡살로 찍기** 떡살로 꼬리떡 가운데를 눌러 모양을 낸 후 참기름을 바른다.

how to

약식은 찹쌀밥에 꿀 · 참기름 · 간장으로 간을 하여 밤 · 대추 · 잣 등을 섞어서 쪄낸 단맛이 나는 떡이다. 유래는 신라 소지왕 때에 까마귀에게 제사를 드린 데서 시작되었다고 하며, 참기름 · 꿀이 들어갔다고 약밥 또는 약식이라고도 한다. 쌀을 잘 불려 속까지 잘 무르도록 찌는 것이 중요하다. 약식은 간장으로 간을 하며 색은 꿀만으로는 안되므로 설탕을 태워 만든 캐러멜소스로 보충한다.

약식

약식

⊙ **기본 재료**

찹쌀 3컵, 설탕 2/3컵
참기름 4큰술, 대춧물 2큰술
계피가루 1/2작은술, 밤 4개
대추 10개, 잣 1큰술, 간장 2큰술

⊙ 캐러멜소스

설탕 6큰술, 물 3큰술
더운물 4큰술, 물엿 1큰술

밑준비하기

찹쌀은 씻어서 물에 6시간 이상 충분히 불려 물기를 뺀 후 찜통에 행주를 깔고 40분 정도 찌는데 도중에 나무 주걱으로 위아래를 두세번 고루 섞어준다.

만들기

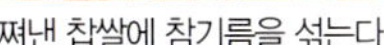
쪄낸 찹쌀에 참기름을 섞는다

재료를 버무려 랩을 씌워 놓는다

찜통에 1시간 정도 쪄낸다

1 캐러멜소스 만들기 설탕과 물을 냄비에 넣어 끓어올라서 큰거품이 나고 가장자리부터 타기 시작하면 불을 약하게 줄인 후 나무주걱으로 고루 젓는다. 전체가 진한 갈색이 되면 바로 더운물을 붓고 섞어서 굳지 않도록 한다. 마지막으로 물엿을 넣는다.

2 밤 · 대추 · 잣 준비하기 밤은 속껍질까지 깨끗이 벗겨 2등분 하고, 대추는 씨를 발라내어 각각 2~3조각으로 나누고, 잣은 고깔을 발라놓는다.

3 대춧물 만들기 대추씨를 은근한 불에서 오랫동안 조려 되직하게 되면 체에 내려 대춧물을 만든다.

4 재료 섞기 찹쌀이 뜨거울 때 그릇에 쏟고 먼저 설탕을 고루 섞은 후 분량의 참기름과 간장, 캐러멜소스, 대춧물을 차례로 넣어 고루 버무린 후 밤과 대추를 섞고 계피가루를 고루 뿌려 2시간 정도 랩을 씌워 놓는다.

5 찜통에 찌기 찹쌀에 간이 충분히 스며들면 찜통에 젖은 베보를 깔고 약 1시간 정도 찐 후 잣을 섞어 그릇에 담는다. 둥근 쿠키틀에 랩을 깔고 참기름을 발라 모양을 찍어내면 더 예쁘다.

how to

칼국수의 장국은 멸치, 조개, 고기 등 다양하지만 특히 닭고기 국물로 만드는 칼국수는 보신음식도 되어 별미라 할 수 있다. 또한 푹 삶아 거른 훌훌한 녹두즙에 쌀을 넣어 죽을 쑤거나 칼국수를 해서 먹는 맛은 별미이다. 소금간을 잘 해야 더 고소함을 느낄 수 있다. 걸쭉한 농도가 있는 국물에 쌀이나 국수를 넣으므로 자칫하면 되직하게 된다. 따라서 녹두를 끓여 체에 밭친 앙금은 나중에 넣는다.

녹두칼국수 · 팥칼국수

녹두칼국수

⊙ 기본 재료

녹두 2컵, 물 15컵, 소금 적당량

⊙ 칼국수

밀가루 2컵반, 소금 2작은술

식용유 1컵술, 물 2/3컵

밀준비하기

밀가루에 소금과 식용유를 조금 넣어서 되직하게 반죽을 한 다음 밀대로 밀어서 칼로 가늘게 썬다. 칼국수는 서로 붙지 않아야 하므로 밀가루를 뿌려 헤쳐 놓는다

만들기

녹두에 물 부어 삶는다

삶은 녹두는 체에 거른다

국수 넣어 끓여 소금간을 한다

1 **녹두 삶기** 녹두는 씻어서 일은 다음 10배 정도의 물을 붓고 1시간 이상 잘 무를 때까지 삶는다.

2 **녹두 체에 거르기** 녹두가 무르게 익었으면 분량의 물을 부으면서 중간 체에 거른다. 체에 남은 껍질은 버리고 거른 것은 그대로 두어 가라앉힌다.

3 **앙금 끓이기** 녹두앙금이 가라앉으면 윗물은 따라 내고 앙금을 냄비에 넣고 물을 10컵 정도 더 부어 잘 풀어준 다음 끓인다.

4 **칼국수 넣어 끓이기** 녹두물이 끓어오르면 칼국수 면을 넣고 익을 때까지 끓인 다음 한김 식힌 후에 소금으로 간을 맞춘다.

팥칼국수

⊙ 기본 재료

팥 2컵, 물 15컵, 칼국수 300g

소금 · 설탕 조금씩

만들기

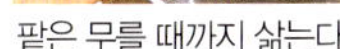

팥은 무를 때까지 삶는다

체에 걸러 팥물을 만든다

팥물에 칼국수 넣어 끓인다

1 **팥 삶기** 팥은 깨끗이 씻어서 일은 후 물을 붓고 끓인다. 삶는 물이 끓으면 따라 버리고 다시 10배의 물을 붓고 팥이 무를 때까지 삶는다.

2 **팥물 만들기** 삶은 팥에 물을 부어 체에 걸러 팥물이 10컵 정도 되게 한다.

3 **국수 넣어 끓이기** 팥물을 불에 올려 끓으면 소금, 설탕으로 간을 맞추고 칼국수를 넣고 다시 끓여 면이 익으면 대접에 담는다.

how to

향토음식 중에 평양의 명물로 냉면과 더불어 어복쟁반이 있는데 보통 쟁반으로 통한다. 지름이 50cm 가량 된 놋쟁반에 쇠고기편육, 특히 가슴살을 얇게 썰어 양념을 하여 돌려 담고 삶은 달걀, 파, 배채 등을 고루 넣어서 육수를 부어 끓인다. 쟁반 한가운데에는 초장 종지를 놓아 편육과 건더기를 찍어 먹는다. 편육을 거의 다 먹을 무렵에는 삶은 메밀국수 사리를 넣어 잠시 끓여서 먹는다.

쟁반전골

밑준비하기

양지머리, 사태, 등심은 향신채 넣은 물에 삶아 육수는 국물로, 고기는 각각 양념하여 전골 냄비에 넣어 익혀 먹는다

▶ **양지머리 · 사태 · 등심** 양지머리와 사태는 끓는 물에 파뿌리, 마늘, 생강, 양파 등의 향채와 같이 넣어 삶아서 편육과 육수를 만든다. 등심은 생고기로 쓴다.

⊙ **기본 재료**

메밀국수(생메밀) 5사리
양지머리 200g, 사태 200g
등심 150g, 느타리버섯 10개
표고버섯 5개, 배 1개, 달걀 2개
대파 2대, 밤 3개, 은행 10알
대추 10개

⊙ **고기양념장**

소금 적당량, 다진 파 적당량
다진 마늘 적당량, 국간장 적당량
참기름 적당량, 깨소금 적당량
후추 적당량

만들기

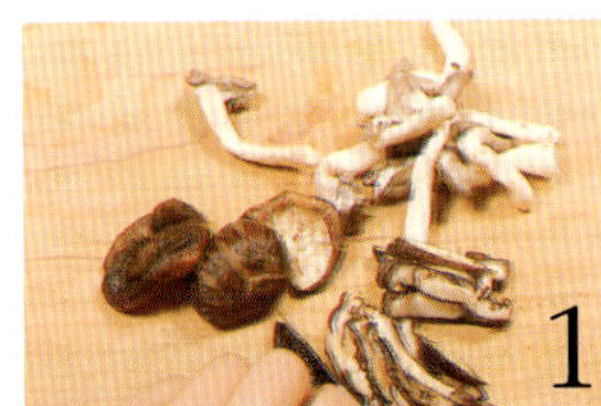

느타리 · 표고 버섯을 준비한다

대추 · 배 · 대파를 준비한다

은행은 볶아서 껍질을 벗긴다

고기는 각각 양념에 버무린다

전골냄비에 재료를 돌려 담는다

준비한 재료를 전골 냄비에 색맞추어 돌려 담고 육수를 부어 끓이면서 먹는데 생메밀사리를 넣어 먹으면 더욱 맛있다

1 **버섯 준비하기** 느타리버섯은 끓는물에 데쳐서 찬물에 헹구어 물기를 짠다. 표고버섯은 불려 물기를 짜서 굵게 채썬다.

2 **달걀 삶기** 달걀은 노른자가 가운데 오도록 굴려가며 완숙으로 삶아 4쪽으로 가른다.

3 **재료 썰기** 대파는 2~3번 정도, 길이로 갈라주고, 대추는 깨끗이 씻어 물기를 뺀 후 돌려깎는다. 배는 껍질을 벗겨 굵게 채썬다.

4 **은행 · 밤 준비하기** 은행은 투명한 색이 나도록 기름에 볶아 마른 면보에 싸서 살살 문질러 껍질을 벗긴다. 밤은 껍질을 벗겨 설탕을 넣고 조려 놓는다.

5 **고기 양념장에 버무리기** 양지머리, 사태, 등심은 얄팍하게 썰어 따로따로 고기양념장에 버무린다.

6 **전골냄비에 안쳐 끓이기** 전골 냄비에 준비한 재료들을 돌려 담고 간을 맞춘 후 육수를 부어 끓인다. 먹을 때는 먼저 고기를 초장에 찍어 먹는다. 생메밀사리는 국물에 넣어 말아 먹는데, 국물이 식으면 더운 육수를 부어가며 먹는다.

plus tip

전골 국물 내기

• **멸칫국물** 멸치는 건조가 잘 되고 광택이 있는 큰 것을 골라 머리와 내장을 떼고 깨끗이 손질하여 물을 붓고 뭉근히 끓인다. 한번 팔팔 끓고 나면 불을 약하게 줄여 오래 끓여야 국물맛이 진하다.
• **다시마장국** 깨끗이 손질한 다시마를 5cm 정도의 네모꼴로 썰어 물에 넣고 끓인다. 4인분을 기준으로 했을 때 다시마 1장은 맛이 너무 약하므로 2장 정도를 넣어 끓인다. 모시조개를 몇 개 함께 넣고 끓이면 맛있다.

6.

나만의 맛을 내는
진짜 우리 김치

꼭 가르쳐 주고 싶은

나만의 별미 맛김치

소개하는 보쌈김치, 총각김치, 파김치, 고들빼기김치, 궁중식 동치미 등은 김장 때가 아니라도 조금씩 만들어 먹을 수 있는 별미 맛김치이다. 밥을 주식으로 하는 우리의 식습관에서 김치는 빼놓을 수 없는 음식이므로 김치만큼은 내 손으로 담그는 것이 좋겠다. 아무리 시중에 김치가 종류별로 나와 있다 해도 어느 집이나 김치 맛이 비슷비슷하다면 좀 삭막하지 않을까. 이럴 때 나만의 맛을 살린 김치를 만들어 보자. 좋은 재료 고르기와 정갈하게 담가 잡맛이 나지 않는 진짜 맛김치를 만들기를 소개한다.

우리 집만의 색다른 김치를 담가 본다

맛과 모양을 낸 김치를 내 손으로 직접 담그는 재미를 느껴 보자. 요즘 시중에는 각양각색의 별미김치들이 많이 나와 있다. 하지만 사서 먹는 김치는 그 맛이 그 맛인 경우가 많다. 나만의 맛, 우리 집 만의 맛을 지닌 김치를 만들 수 있는 것도 주부의 몫이다.

세계적으로 인정받는 우리 김치의 가치를 알자

요즘은 김치를 사먹는 가정이 많아졌다. 그러나 예로부터 우리 조상들은 김치와 장은 얻어먹는 것을 부끄러운 일로 여겼다. 이점에 대해 〈조선무쌍신식요리제법〉 이라는 문헌에 다음과 같이 기록되어 있다.
"우리나라 사람들은 밥에 김치가 없으면 못 견디니, 반만 진수가 있어도 김치가 없으면 음식 모양이 못될 뿐 아니라 입에도 버릇이 되어 안 먹고는 안 되니 어찌 소중하지 않은가. 봄, 여름은 춥지 않으므로 조금씩 담가 먹어도 무방하나 겨울에는 불가불 한꺼번에 담가 대여섯 달을 먹는다. 또 남에게 청하는 것 중에 장이나 김치를 얻어먹는 것은 아주 부끄러운 일이다."
이처럼 우리나라 사람들에게는 빈부귀천을 막론하고 밥에는 꼭 김치가 따라야 하고, 식량이나 마찬가지로 중요하게 여겼다. 이러한 김치가 한때는 외국 음식들에 밀려 천시를 당하는가 싶더니 요즘에 다시 김치의 가치가 세계적으로 인정을 받아 다른 나라 사람들도 좋아하는 음식이 되었다니 반가운 일이 아닐 수가 없다.

지역마다 담그는 법과 맛이 다르다

배추통김치, 깍두기, 기본 동치미 외에 맛과 모양을 달리한 여러 종류의 김치들을 별미 맛김치라고 한다. 별미 맛김치는 여러 가지가 있지만 그 대표적인 것으로 보쌈김치, 파김치, 고들빼기김치, 백김치, 궁중식 동치미, 총각김치, 명태서더리 깍두기 등 여러 가지가 있다.

더운 지방의 김치는 짜고 젓갈을 많이 넣는다

우리나라 지형은 남북으로 길게 뻗어 있어 남북간의 음식에 차이가 많다. 경상도나 전라도 같은 더운 지방의 김치는 양념을 많이 해서 짜게 담근다. 특히 전라도 지방 김치는 찹쌀풀을 넣어 국물 맛에 감칠맛을 내는 것이 특징이다. 또한 이 지역은 남해와 서해를 끼고 있어 해산물이 풍부한 곳이라 김치에 멸치젓과 갈치젓 등의 젓갈류와 고춧가루를 많이 넣는다. 그 대표적인 김치가 고들빼기김치, 파김치, 갓김치 등이다.

중부지방의 김치는 덜 맵고 담백하다

한편 중부 이북에서는 고추를 적게 쓰고 간도 싱겁게 하고 국물을 많이 부어서 담백하게 담근다. 백김치와 동치미는 이북 김치로 유명하다. 보쌈김치도 개성김치로 알려져 있는데 원래는 쌈김치라고 했다. 배추잎을 넓게 펴고 그 안에 낙지, 전복, 굴, 밤, 배, 대추, 잣 등 해물이나 과실을 넣어 맛과 영양을 살리고, 보앙도 보자기에 싸듯 동글동글하고 얌전하게 만들어 먹을 때 하나씩 꺼내 안에 들어 있는 소를 꺼내 먹는 재미를 느끼게 하는 정성이 가득 담긴 김치이다.

how to

보쌈김치는 안에 들은 해물이나 과일을 골라 먹는 재미도 있고, 또 넓은 배추 잎을 쭉쭉 갈라서 밥에 얹어서 싸 먹는 맛도 별미다. 보쌈김치는 개성 김치로 쌈김치라 함이 옳다. 특히 개성배추는 대표적으로 통이 크고 잎이 넓어 다른 곳에서는 없는 보쌈이 가능했다. 보쌈김치는 온갖 양념을 배추잎으로 보갈이 싸서 익히므로 익으면서 여러 가지 재료가 안에서 혼합되어 맛과 냄새가 새어나가지 않기 때문에 유난히 맛이 좋은 김치이다.

개성식 보쌈김치

밑준비하기

▲ **배추** 잎이 넓고 많은 것으로 골라서 반으로 갈라 배추 통김치 담는 요령으로 소금물(소금 2컵에 물 10컵 분량)에 절인다.

▲ **무** 깨끗이 씻어 잔뿌리만 떼고 껍질을 살짝 벗겨 4㎝ 폭으로 토막을 내어 1㎝ 두께로 납작하게 썬다. 소금(1/2컵 분량)에 절인다.

⊙ 기본 재료

배추 5포기(15㎏), 무 3개(3㎏)
실파 200g, 갓 200g
미나리 200g, 생굴 300g
낙지 2마리, 석이버섯 10g
표고버섯 5장, 배 1개 , 밤 3개
잣 2큰술, 실고추 약간
파(흰 부분) 100g, 마늘 100g
생강 30g, 새우젓 1/2컵
황석어젓국 1/2컵, 소금 4큰술
고춧가루 1컵반, 설탕 3큰술

⊙ 김칫국물

물 5컵, 소금 1큰술
황석어젓국 2큰술

만들기

배추는 4cm폭으로 썬다

낙지는 소금으로 주물러 씻는다

낙지 · 생굴을 넣어 골고루 섞는다

보시기에 배추를 깔고 속을 넣는다

배춧잎을 덮어 둥글게 아물린다

보시기에 김치잎을 깔고 버무린 재료들을 차례로 얹은 후 밑에 깐 배추잎을 차례로 넣어 둥글게 싸서 얹으면 모양이 예쁘다

1 배추 썰기 배추가 충분히 절여지면 씻어서 건져 물기를 뺀다. 커다란 잎은 떼어서 따로 두고 나머지는 4㎝ 폭으로 썬다.

2 양념속 준비하기 실파 · 갓 · 미나리는 다듬어서 4㎝ 길이로 썰고, 파는 어슷하게 채로 썬다. 마늘 · 생강은 다듬어서 곱게 다지고 새우젓도 건더기를 대강 다진다.

3 고명 준비하기 배는 껍질을 벗겨서 무와 같은 크기로 썰고, 밤은 껍질을 벗겨 납작납작하게 썬다. 잣은 고깔을 떼어 놓는다. 석이버섯은 불려서 손질하여 굵은 채로 썬다. 표고버섯은 불려서 채로 썰고, 실고추는 3㎝ 길이로 썰어 놓는다.

4 생굴 · 낙지 손질하기 생굴은 소금물에 흔들어 깨끗이 씻어 건지고, 낙지는 소금으로 주물러 씻어서 4㎝ 길이로 썰어 놓는다.

5 버무리기 큰 그릇에 절인 배추와 무 · 배를 담고 먼저 고춧가루로 물을 들인 후 준비한 양념속과 고명, 새우젓 · 황석어젓국을 섞고 설탕을 넣어 잘 버무린다. 낙지와 생굴은 나중에 넣고 살짝 버무린다.

6 보쌈김치 싸기 김치 보시기에 절인 배춧잎을 3장 정도 고르게 펴놓고 그 안에 버무린 김치와 석이 · 표고 · 밤 · 잣 · 실고추 등의 고명을 얹고, 배춧잎을 한 장씩 차례로 덮어서 둥글게 만들어 항아리에 차곡차곡 담는다.

7 김칫국물 만들어 익히기 분량의 물을 끓여서 소금과 황석어젓국으로 간을 맞춰 김칫국물을 만들어 항아리에 붓고 익힌다.

plus tip

낙지 손질하기

낙지를 손질할 때는 우선 낙지 머리에 칼집을 넣어 먹통을 떼내고 내장을 잘라낸다. 그런 다음 낙지의 눈을 도려내고 다리 안쪽 빨판도 빼낸 다음 굵은 소금을 듬뿍 뿌려 거품이 나도록 바락바락 문질러 미끈한 기를 제거한다.

how to

총각김치를 담그려면 우선 억센 무청은 떼어내고 무 머리 쪽의 껍질을 대강 벗기고 뿌리를 떼고 절인다. 무가 굵으면 네 갈래로 갈라서 절인다. 또 총각김치는 김칫국물을 거의 붓지 않고 빡빡하게 버무리는데 특히 고춧가루는 거칠게 빻은 것을 쓰고, 새우젓이나 멸치젓은 넉넉히 넣어 진한 맛으로 담근다. 한편 총각무로 동치미 담듯이 국물김치를 만들어 먹으면 파란 무청을 무와 함께 먹는 맛이 좋다.

총각김치

⊙ 기본 재료

총각무 2㎏, 실파 300g,
갓 300g, 파 50g, 마늘 30g
생강 20g, 멸치젓국 1/2컵
새우젓 1/2컵, 고춧가루 1컵
설탕 2큰술

⊙ 찹쌀풀

물 1컵, 찹쌀가루 3큰술
소금 2큰술

밑준비하기

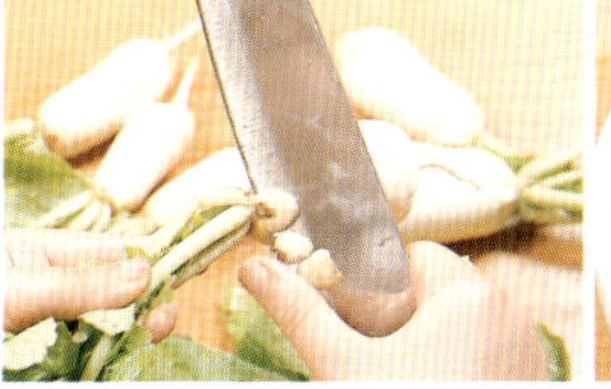

총각무는 깨끗이 씻어 절인 다음 살짝 헹구어서 물기를 뺀다

▶ **총각무** 잔털을 떼고 무청 달린 부분의 껍질을 도려낸 후 깨끗이 씻어 소금을 고루 뿌려서 절인다. 적당히 절여졌으면 물에 살짝 헹구어서 소쿠리에 건져 물기를 뺀다.

▶ **실파 · 갓** 다듬어서 무를 절이는 도중에 넣어 함께 절여 살짝 씻어 건진다.

만들기

파는 어슷하게 썬다

찹쌀풀은 소금으로 간한다

찹쌀고춧가루에 양념을 섞는다

총각무에 양념을 넣어 버무린다

둥글게 말아 항아리에 담는다

총각무, 실파, 갓을 두 가지씩 모아 둥글게 말아서 항아리에 차곡차곡 담는다

1. **양념 준비하기** 파는 어슷하게 썰고, 마늘과 생강은 다듬어서 곱게 다진다.
2. **찹쌀풀 쑤기** 냄비에 물 1컵을 붓고 분량의 찹쌀가루를 잘 풀어서 풀을 쑨 후 소금으로 간을 하여 식힌다.
3. **양념 만들기** 큰 그릇에 멸치젓국을 넣고, 먼저 고춧가루를 섞는다. 여기에 식힌 찹쌀풀을 고루 섞은 후에 파 · 마늘 · 생강 · 새우젓 · 설탕을 넣어 걸쭉한 양념을 만든다.
4. **버무리기** 만들어 놓은 양념에 절인 총각무와 실파 · 갓을 넣어 고루 버무려 총각무 · 실파 · 갓을 두 가닥 정도씩 한데 모아 둥글게 말아 묶음을 만든 후 항아리에 차곡차곡 담고 꼭꼭 눌러서 익힌다. 김장철에는 2주 정도면 알맞게 익는다.
5. **썰어서 상에 내기** 상에 낼 때는 묶음을 풀어서 무청 · 실파 · 갓은 4㎝ 길이로 썰고 무도 작게 썰어 담아낸다.

plus tip

김장김치 맛있게 담그려면

채소와 젓갈, 고추, 마늘 양념이 한데 어울려 낸 맛이 일품인 김치는 지방에 따라, 가정마다 독특한 맛을 가지고 있다. 김치의 맛은 재료 선택에서부터 절이기, 버무리기, 국물 붓기, 저장하기 등 여러 단계와 숙성과 저장 중의 온도 유지 등에서 결정된다.

김치를 담글 때는 모든 준비가 깨끗해야 한다. 재료 자체는 물론, 김치를 담그는 항아리나 뚜껑, 누름돌까지 정결해야 잡맛이 안 생긴다. 또 담그는 야채의 종류나 계절, 저장 기간에 따라 소금의 양을 조절한다. 기온이 낮을 때는 싱겁게 하고, 더울 때는 소금의 양을 늘린다. 저장할 때는 땅에 묻거나 볕이 들지 않는 서늘한 곳에 둔다.

how to

파김치는 중간 굵기의 파를 멸치젓으로 절여서 고춧가루를 넉넉히 넣고 담는다. 실파는 재래종으로, 뿌리 쪽이 굵고 길이가 짧고 흰 부분이 많은 것이 단맛이 난다. 파를 다듬어 깨끗이 씻어 건져서 물기를 거둔 후 넓은 그릇에 파를 한 켜씩 펼치고 멸치젓국을 고루 뿌려 절이고 파가 숨이 죽으면 건져서 미리 불린 고춧가루에 다진 마늘, 생강 등을 넣어 버무린다. 파김치도 고들빼기나 갓김치처럼 오래 묵히면 깊은 맛이 난다.

파김치

⦿ 기본 재료

파 1㎏, 멸치젓 1/2컵
고춧가루 1컵, 마늘 5톨
생강 2톨, 설탕 1큰술
소금 적당량

⦿ 찹쌀풀

물 5컵, 찹쌀가루 1/2컵
소금 1큰술

밑준비하기

파를 절일 때는 파 한켜 깔고 멸치젓국을 뿌리고 그 위에 다시 파를 얹고 멸치젓국을 뿌려 고르게 절여지도록 한다

▶ **파** 싱싱한 파를 골라서 씻어 건져서 물기를 빼고 그릇에 실파를 한켜 고르게 편 후 멸치젓을 수저로 고루 뿌리고, 그 위에 다시 파를 얹고 멸치젓을 끼얹어서 멸치젓이 파에 고루 묻게 해서 절인다. 도중에 위와 아래를 뒤집어 주는 것도 방법이다.

만들기

묽게 찹쌀풀을 쑨다

고춧가루에 찹쌀풀을 넣어 불린다

양념에 멸치젓국을 섞어 갠다

실파에 양념을 묻혀 버무린다

5가닥씩 감아서 묶어 담는다

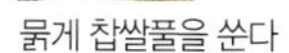

파를 5가닥씩 잡고 돌돌 말아 풀어지지 않게 해서 항아리에 담는다

1 **멸치젓국 만들기** 멸치젓은 미리 같은 양의 물을 부어서 끓인 후 소쿠리에 한지를 깔고 걸러서 맑은 젓국을 만든다.

2 **마늘 · 생강 다지기** 마늘과 생강은 다듬어서 곱게 다진다.

3 **찹쌀풀 쑤기** 냄비에 분량의 물을 담아 찹쌀가루를 잘 풀어서 묽은 찹쌀풀을 쑨다

4 **양념 만들기** 고춧가루와 찹쌀풀을 섞어서 잠시 두어 불린 후 다진 마늘과 생강 · 설탕 · 통깨를 넣어 섞고, 파를 절였던 멸치젓국도 따라 붓는다. 간이 부족한 듯하면 소금을 넣어 걸쭉한 양념을 만든다.

5 **버무리기** 절인 파는 양념에 넣어서 고루 주물러 버무려 5가닥 정도씩 잡고 한데 감아 묶은 후 항아리에 차곡차곡 담아 꼭꼭 눌러서 익힌다. 김장철에는 담가서 한달 이상 두어 잘 익혀야 맛이 좋다.

plus tip

멸치젓국 만들기

파김치는 파를 소금에 절이지 않고 맑은 멸치젓국에 절여 짙은 향기를 살리는 것이 특징이다. 멸치젓국을 만들 멸치젓은 비린내가 나지 않고 푹 삭아 빛이 불그스름하면서 거므스름한 것이 좋고, 멸치젓과 같은 양의 물을 붓고 달여서 완전히 식힌 후 사용한다. 멸치젓국을 맑게 사용하려면 소쿠리에 한지를 깔고 달인 멸치젓을 부어서 한지 위의 찌꺼기를 버리고 맑은 젓국만 사용한다. 멸치젓을 달이지 않은 채 그대로 사용하면 색이 검고 비린내가 난다.

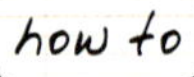

고들빼기로 김치를 담그려면 먼저 삭혀야 한다. 고들빼기는 잔뿌리를 잘라내고 누런 잎을 따버린 다음, 씻어서 한 열흘쯤 슴슴한 소금물에 담가 삭힌다. 도중에 2~3회 물을 갈아주고, 잘 삭혔으면 헹구어 소쿠리에 건져 큰 줄기는 둘 셋으로 길게 가른다. 고들빼기김치는 먼저 멸치젓에 물을 섞어 끓여서 체에 밭쳐서 사용하는데, 여기에 고춧가루를 풀고, 다진 파와 마늘 · 생강 · 통깨를 넣고 고루 버무려서 사용한다.

고들빼기 김치

⊙ 기본 재료

고들빼기 2kg, 실파 200g
밤 5개, 멸치젓 1컵
고춧가루 1컵반, 다진 마늘 4큰술
다진 생강 2큰술, 설탕 1큰술
통깨 1큰술, 소금 적당량

밑준비하기

고들빼기를 어떻게 삭히느냐에 따라 김치맛이 달라진다. 고들빼기를 골고루 삭히려면 소금물에 담가 무거운 것으로 떠오르지 않게 한다

▲ **고들빼기** 뿌리가 굵고 잎이 연한 것으로 골라 시든 잎과 뿌리의 잔털을 떼고 깨끗이 다듬어 씻어 건져서 물기를 뺀다. 물기를 뺀 고들빼기는 소금물(소금 1/2컵, 물 5컵)을 부어서 떠오르지 않게 눌러놓고 1주일 정도 삭힌다.

만들기

1

삭힌 고들빼기는 물기를 뺀다

3

실파와 밤을 썰어 놓는다

4-1

멸치젓국과 고춧가루를 섞는다

4-2

준비한 양념을 모두 섞는다

5

양념에 버무린다

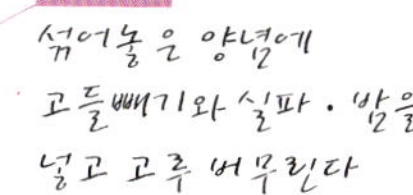
섞어놓은 양념에
고들빼기와 실파·밤을
넣고 고루 버무린다

1 삭힌 고늘빼기 물기 빼기 삭힌 고들빼기는 깨끗이 여러 번 씻어서 소쿠리에 건져 물기를 완전히 뺀다.

2 멸치젓국 만들기 멸치젓은 미리 같은 양의 물을 부어서 끓여 소쿠리에 한지를 깔고 걸러서 맑은 젓국을 만든다.

3 실파 · 밤 준비하기 실파는 다듬어서 반을 자르고, 밤은 속껍질까지 깨끗이 벗기고 동글납작하게 썬다.

4 김치양념 만들기 그릇에 멸치젓국을 담고 고춧가루를 섞어서 잠시 두었다가 고춧가루가 불어나면 다진 마늘과 생강 · 설탕 · 통깨를 고루 섞어 걸쭉한 양념을 만든다.

5 버무리기 섞어놓은 양념에 고들빼기와 실파 · 밤을 넣고 고루 버무려 항아리에 꼭꼭 눌러 담아서 익힌다.

plus tip

겨울철 밑반찬용 고들빼기 김치

고들빼기 김치는 전라도 특히 전주의 음식이다. 약간 쌉쌀한 맛과 향기가 일품인데, 인삼을 씹을 때의 맛과 같아 인삼김치라고도 한다. 쓴맛을 빼고 맑은 멸치젓국으로 간하는데 젓국이 텁텁하면 고들빼기의 빛깔이 안 나고 맛 또한 떨어진다.

고들빼기 김치는 보통 음력 설 이후에 별미로 먹는데 겨울 김장 때 따로 담가 놓으면 겨우내 가끔씩 입맛 돋우는 김치로 먹을 수 있다. 풋고추를 삭혀서 넣으면 더욱 향기롭다.

how to

추운 한겨울, 뜨거운 온돌방에서 서걱서걱 얼음이 뜬 동치미를 맛보아야 제맛이라 한다. 우리 식사 예법에서는 밥상을 받으면 가장 먼저 수저를 들어 동치미나 나박김치의 국물을 떠먹고 나서 밥을 한 수저 넣는 것이 순서이다. 배나 유자를 넣고, 청각이나 갓을 넣으면 향이 좋고 시원한 맛이 난다. 푸른 잎이 달린 총각무로 담근 동치미도 맛이 있다. 동치미가 익으면 국물이 약간 뿌옇게 된다. 국물이 짜면 물을 타고 설탕을 조금 넣어 맛을 낸다.

궁중식 동치미

⊙ 기본 재료

동치미무 20개(10kg), 배 2개
실파 100g, 갓 100g
청각 100g, 다홍고추 5개
풋고추(삭힌 것) 100g
마늘 40g, 생강 20g

⊙ 동치미 물

소금 2컵, 물 10ℓ

밑준비하기

동치미무를 절일 때는 소금 담은 그릇에 무를 굴려서 하룻밤 두든지 무에 소금을 골고루 발라 절인다

▶ **무** 작고 단단한 것으로 골라서 잔뿌리를 떼고 솔로 깨끗이 씻어서 건져 소금(2컵 분량)에 굴려 항아리에 담고 남은 소금은 위에 뿌려서 하룻밤을 절인다.

만들기

실파와 갓을 말아서 묶는다

마늘 · 생강 주머니를 만든다

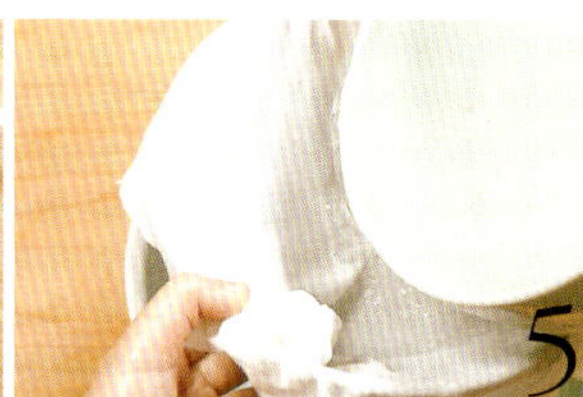

소금물을 고운 면보에 밭친다

무와 부재료를 켜켜로 넣는다

돌로 눌러놓고 소금물을 붓는다

동치미 국물로 사용할 소금물은 물 10ℓ에 소금 2컵 분량이 적당하다

1 **실파 · 갓 묶기** 실파와 갓은 깨끗이 씻어서 소금을 뿌려 살짝 절인 후 두 세 가닥씩 모아 말아서 묶는다.

2 **청각 · 고추 준비하기** 청각은 깨끗이 씻어서 건지고, 삭힌 풋고추와 다홍고추는 씻어서 건져 물기를 뺀다.

3 **배 준비하기** 배는 껍질째 깨끗이 씻어서 반을 갈라 넣는다.

4 **양념 주머니 만들기** 마늘과 생강은 껍질을 벗기고 깨끗이 씻어서 얇게 저며 면보에 넣어 양념주머니를 만든다.

5 **소금물 체에 밭치기** 소금 2컵과 물 10ℓ를 섞어 고운 면보에 밭친다.

6 **항아리에 담기** 항아리 제일 밑에 양념 주머니를 놓고 그 위에 절인 무를 한 켜 놓고 준비한 부재료들을 얹는다. 다시 무와 부재료 담기를 반복한다. 맨 위에 갓을 놓고 떠오르지 않도록 돌로 눌러 놓는다.

7 **소금물 붓기** 항아리에 만들어 놓은 소금물을 가만히 따라 부어서 뚜껑을 덮어서 익힌다.

8 **상에 내기** 상에 낼 때는 무를 건져서 반달 모양으로 썰고 부재료도 색이 고운 것으로 잘게 썰어서 담는다. 국물은 맛을 보아서 간이 세면 물을 섞고 설탕을 약간만 넣어 맛을 낸다.

plus tip

동치미는 국물맛이 좌우

동치미는 김장하기 몇 주 전에 먼저 담근다. 동치미의 포인트는 가슴까지 찡하게 쏘는 듯한 시원한 국물 맛이다. 배를 반 갈라 넣거나 유자나 석류 등을 함께 넣으면 더욱 향기롭고 시원한 국물 맛을 낼 수 있다. 동치미 무는 너무 연하면 익은 후에 물러지기 쉬우므로 몸이 단단하고 매운 맛이 강하며, 물이 많은 싱싱한 것으로 고른다. 잔털만 떼고, 살짝만 씻는다. 너무 박박 긁어서 씻으면 국물이 탁해지므로 주의한다.

how to

백김치는 고춧가루를 전혀 쓰지 않고 하얗게 만든 통배추 김치이다. 고추를 쓰지 않은 백김치를 맛보면 매운 김치와는 다른 매력을 느끼게 된다. 배추 본래의 맛과 양념들이 어우러지면서 익어서 생긴 곰삭은 맛이 아주 특이하다. 김치 국물을 넉넉히 부어서 익히므로 동치미처럼 국물을 떠먹을 수 있어 더욱 시원하다. 특히 이북 지방에서는 겨울에 동치미 담그듯 많이 담갔다가 김칫국물에 국수나 밥을 말아서 밤참으로 삼았다고 한다.

백김치

⊙ 기본 재료

배추 5포기(15㎏), 물 10컵
소금 2컵, 무 3개(3kg)
미나리 100g, 갓 100g
실파 100g, 파(흰 부분) 50g
마늘 40g, 생강 20g, 실고추 5g
배 1개, 밤 5개, 대추 5개
석이버섯 5장, 표고버섯 4개
소금 3큰술

⊙ 국물

배 1개, 물 10컵, 소금 1/2컵

밑준비하기

배추는 겉잎을 떼고 다듬어 뿌리 부분을 정리하고 칼집을 넣어 손으로 반을 갈라 놓는다

▶ **배추** 겉잎을 떼고 다듬어 반으로 갈라 물 10컵에 소금 2컵을 섞은 소금물에 절인다. 배추가 잘 절여졌으면 깨끗이 씻어서 큰 채반이나 소쿠리에 엎어서 건져놓아 물기를 뺀다. 포기가 큰 것은 다시 반으로 가르고 뿌리 부분을 깨끗이 도려낸다.

만들기

1 무는 채 썬다

2 김치소 재료는 4cm길이로 썬다

5 준비한 재료를 실고추로 고춧물을 들인다

6 모든 재료를 버무려 소금으로 간을 한다

7 절인 배추에 속을 넣는다

배춧잎을 한 장씩 헤치고 그 사이사이에 버무려 놓은 소를 빠지지 않게 넣는다

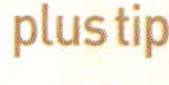

plus tip

맛있는 배추 고르기

배추의 당도가 높고 맛이 있는 시기는 11월~12월이다. 이때 나는 배추로 김장김치를 담가 먹어야 맛있다. 속대로 쌈을 싸먹거나 국을 끓이면 달착지근하고 고소하다. 싱싱한 배추는 포기 벤 자국이 싱싱하고 흰 줄기 부분에 광택이 있다. 배추 속이 꽉 차서 묵직한 것을 고른다. 줄기 부분이 푸석푸석하고 탄력이 없거나 잎 끝이 위로 향하면 속이 덜 찬 것이다. 저장할 때는 통째로 신문지에 여러 겹 싸서 서늘하고 그늘진 곳에 세워둔다.

1 **무 채 썰기** 무는 씻어서 0.3㎝ 정도 굵기로 채 썬다.

2 **김치소 재료 준비하기** 미나리 · 실파 · 갓은 깨끗이 손질하여 다듬어서 4㎝ 길이로 썬다. 파는 어슷하게 채 썰고, 마늘과 생강은 고운 채로 썬다.

3 **밤 · 대추 · 배 썰기** 밤은 껍질을 벗겨서 채 썰고 대추는 씨를 발라내어 채로 썬다. 배는 껍질을 벗겨서 채로 썬다.

4 **석이 · 표고 · 실고추 준비하기** 석이버섯은 불려서 손질하여 굵은 채로 썰고, 표고버섯도 불려서 채 썬다. 실고추는 3㎝ 길이로 끊어 놓는다.

5 **실고추로 물 들이기** 넓은 그릇에 채로 썰은 무 · 배 · 밤 · 대추를 실고추로 물들인다.

6 **버무리기** 미나리 · 갓 · 실파와 채 썬 파 · 마늘 · 생강 · 석이 · 표고 등의 재료를 모두 넣어 살살 버무린 후 소금으로 간을 맞춘다.

7 **배추소 넣기** 절인 배추에 준비한 속을 배춧잎의 사이사이에 채워 넣고 속이 빠지지 않게 겉의 큰 잎으로 잘 아물려서 항아리에 차곡차곡 담는다.

8 **김칫국물 붓기** 김칫국물은 배를 강판에 갈아서 즙을 거른 후 분량의 소금물과 섞어 항아리에 붓고 익힌다.

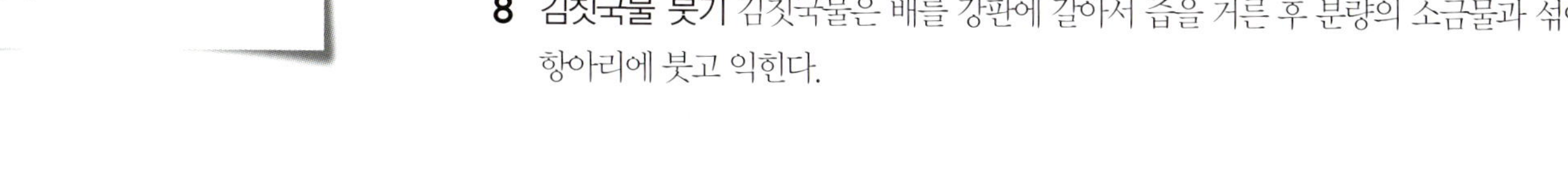

how to

김장철에 담그는 깍두기는 큼직하게 썬다. 싱싱하고 연한 무청이나 배추속대, 미나리 등을 함께 섞어 담그면 푸른색이 식욕을 돋우고, 씹히는 감과 맛이 더 좋다. 그리고 조기나 방어 등의 생선살을 넣고 묵은 새우젓을 넣으면 깊은 맛이 난다. 깍두기에 넣는 파, 마늘, 생강 등의 양념과 젓갈은 다져서 넣는 편이 낫다. 정월 무렵이나 햇무가 나올 때 조금씩 담는 햇깍두기는 젓갈을 적게 넣고 생굴을 넉넉히 넣어 담그면 맛이 싱싱하다.

명태서더리 깍뚜기

⊙ 기본 재료

무(큰것) 2개, 생태아가미 1kg
고춧가루 2컵, 사과 1개, 대파 1개
쪽파 100g, 양파 1개, 생강 20g
마늘 80g, 설탕 약간, 소금 약간

밑준비하기

김장철에 담그는 깍두기는 큼직하게 썰고, 햇깍두기는 좀더 잘게 썬다

▶ 무 솔로 깨끗하게 씻은 후 깍뚝썰기 한다. 소금물에 30분 정도 담가 절였다가 체에 건져 물기를 뺀다.

만들기

재료를 각각 갈아 놓는다

생태 아가미는 소금물에 씻는다

생태 아가미를 양념에 버무린다

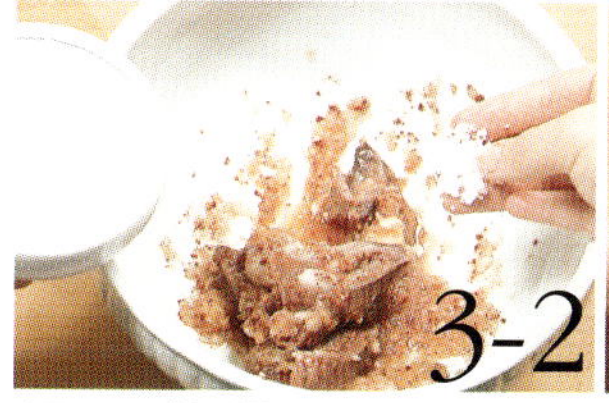

소금으로 간을 맞춘다

무를 넣어 고루 버무린다

생태 아가미 양념한 것에 절인 무를 한데 섞어 고루 버무린다

1 재료 갈기 사과, 생강, 양파, 마늘은 각각 믹서기에 갈아 놓고, 대파 · 쪽파는 3cm 길이로 썰어 놓는다.

2 생태 아가미 손질하기 생태 아가미는 소금물에 깨끗이 씻는다.

3 생태 아가미 버무리기 분량의 고춧가루와 사과 · 생강 · 양파 · 마늘 간 것으로 버무리되, 소금을 조금씩 넣으면서 간을 맞춘다.

4 무 섞어 버무리기 양념한 생태 아가미에 절인 무를 한데 섞어 고루 버무린 후 설탕, 소금으로 간을 하고 항아리에 담아 5일 정도 숙성시켜 먹는다.

plus tip

무는 푸른 부분이 많을수록 달다

무는 늦가을이 제철이므로 가을에서 겨울에 걸쳐 맛이 가장 좋다. 이때가 지나면 무가 싱거워지고 바람이 드는 경우가 많다. 무를 고를 때는 모양이 고르고 빛깔이 희며 싱싱한 것이 맛있다. 시커먼 빛이 나거나 울퉁불퉁한 것은 맛이 없다. 무는 전체가 흰 것과 무청 달린 부분이 푸른 것이 있는데, 푸른 부분이 많을수록 단맛이 강하다. 무는 오래 두거나 잘못 저장하면 바람이 잘 들기 때문에 되도록 싱싱한 것을 고르고 여러 개를 살 경우에는 잘라 보아 구멍이 있는지 살펴본다.

저장할 때는 흙이 묻어 있는 채로 신문지에 싸서 바람이 잘 통하고 햇볕이 들지 않는 5℃ 정도의 장소에 둔다. 무에 바람이 드는 것은 수분이 날아가버리기 때문이므로 이따금씩 분무기로 물을 뿌려 주면 좀더 싱싱하게 저장할 수 있다.

● **서더리** : 원래 말은 '서덜'이다. 생선의 살을 발라낸 나머지를 말하는데, 여기서는 아가미만을 깍두기 재료로 썼다. 김장 때 생태살은 배추김치에 다져 넣고 아가미는 깍두기에 넣으면 낭비가 없다.

how to

물김치에 넣는 양념은 모두 채 썰고 무와 배추속대도 작게 썰어 넣는다. 하루만에 급히 익히려면 소금물을 끓여서 미지근하게 식혀서 붓는다. 물김치에 국물을 붉게 물 들이기도 하는데 고춧가루를 그냥 풀면 지저분하니 헝겊에 싸거나 고운 망에 걸러서 색을 내야 깔끔하다. 제주도에서는 전복이 흔하여 얄팍하게 썰어서 넣는데, 다른 젓갈이 들어가지 않아도 전복이 삭아서 절로 시원한 맛이 난다. 전복은 반드시 싱싱한 것을 구하여 넣도록 한다.

전복물김치

⊙ 기본 재료

무 2개, 배추 1/2포기
파(흰 부분) 2뿌리, 마늘 2통
생강 1톨, 실고추 약간, 전복 2개
유자 1개, 소금 1컵

밑준비하기

무와 함께 떠먹는 물김치이므로 배추도 무와 비슷한 크기로 썬다

▶ **무** 3㎝ 두께로 둥글게 썰어 2.5㎝ 너비로 썬 후 얄팍하게 썬다.

▶ **배추** 무와 비슷한 크기로 썰어 소금을 뿌려 살짝 절인다.

만들기

1 김치 양념을 준비한다

2 전복은 깨끗이 씻어 내장을 뺀다

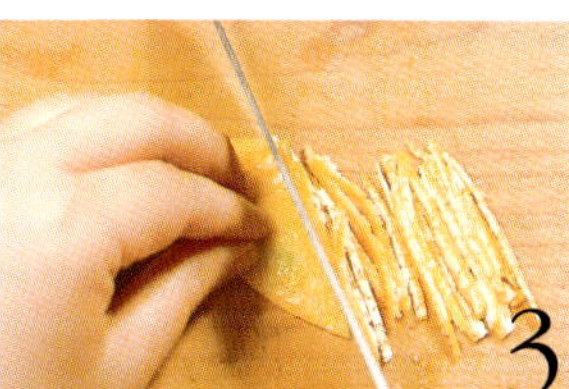

3 유자 껍질은 채 썬다

4 무·배추에 재료 섞어 버무린다

5 단지에 담고 김칫국물을 붓는다

김칫국물은 좀 슴슴할 정도의 소금물을 붓는다. 손가락으로 찍어먹어 보아 싱거울 정도가 알맞다

1 **양념 준비하기** 파와 마늘, 생강은 곱게 채 썰고 실고추는 짧게 끊는다.

2 **전복 준비하기** 전복은 솔로 깨끗이 문질러 씻고 내장을 뺀 후 살을 저며 놓는다.

3 **유자 채 썰기** 유자는 껍질을 깨끗이 씻은 후 속을 파내고 채 썬다.

4 **버무리기** 절여진 배추에 채 썬 양념과 무, 실고추, 전복, 유자를 모두 넣고 소금간을 약간 하여 버무려 단지에 담는다.

5 **김칫국물 붓기** 소금물을 슴슴하게 타서 김칫국물을 붓는다. 익으면 꺼내 먹는다.

plus tip

물김치를 맛있게 담그려면

물김치나 나박김치는 무와 배추를 주재료로 해서 국물이 흥건하면서도 맵지 않고 삼삼하게 담가 먹는 김치다. 어느 계절이나 먹을 수 있으며 젓갈을 쓰지 않는 것이 원칙이다. 김칫거리가 짜게 절여졌다고 해서 김칫국물로 맹물을 붓는다거나, 김칫거리는 절이지 않고 국물만 짜게 붓는 것은 김치가 물러지는 원인이 된다. 김치는 배추나 무 등의 주재료와 국물에 각각 간을 해야 제맛이 난다.

양념은 반드시 채로 썰어야 국물이 탁해지지 않는다. 또 파에서 진이 나오면 헹궈서 넣는다.

물김치에 넣을 전복은 껍질이 거칠고 살은 탄력이 있으며 내장이 터지지 않은 것을 준비한다. 살아 있는 것을 구하는 것이 안전하다. 손질법은 살 부분에 소금을 뿌리고 솔로 문질러 표면의 더러움을 제거한 다음 물로 씻어 물기를 거둔다.

Index

가

나

다

마

바

사

아

하